バイオ電池の最新動向

Recent Progress in Biofuel Cells

《普及版／Popular Edition》

監修　加納健司

シーエムシー出版

はじめに―バイオ電池とは―

生体系のエネルギー変換を概観すると，光合成，代謝・呼吸の2つに大きく分けることができる。光合成系では，光エネルギーを利用して，H_2Oという非常に弱い還元物質の電子を抜き取りそのエネルギーを引き上げ，酸化生成物としてのO_2を排出する。ここでできた高いエネルギーレベルの電子によりCO_2を還元し，グルコース（$(CH_2O)_6$）のような比較的強い還元物質を産生・蓄積する。一方，代謝・呼吸の過程では，総体としては光合成とまったく逆に，（$(CH_2O)_6$）の電子をO_2に渡し，その酸化還元反応で生まれるエネルギーで高エネルギー物質ATPを生成する。この過程で（$(CH_2O)_6$）はCO_2に酸化され，O_2はH_2Oに還元される。生命は，こうしてできたATPの加水分解エネルギーで活動しているので，ATPは生命エネルギーの通貨と呼ばれる。このように好気的生物の生体エネルギー変換系は（$(CH_2O)_6/CO_2$）の酸化還元対とH_2O/O_2の酸化還元対のサイクルで成り立っている。生物や環境によっては，糖類の代わりに，有機酸，無機イオン，水素などを用いることもあり，また，O_2の代わりに，NO_3^-（硝酸呼吸），SO_4^{2-}（硫酸呼吸）あるいは有機酸（嫌気発酵）を用いることがある。このように生体エネルギーはすべて酸化還元反応から生み出されており，その反応は酵素の働きで進行している。酸化還元反応の活性化エネルギーが高いからこそ，化学エネルギーを食物といった形で蓄え，必要な時に摂取して，生体エネルギーに変換していると考えることもできる。

一方，電池とは適当な酸化剤と還元剤から成るものであり，その酸化還元反応の活性化エネルギーが高く，触媒なしには反応が進行しない系を選び，適当な電極触媒の下で，必要に応じて反応を進行させ，化学エネルギーを電気エネルギーに変えるものである。このように考えると，生体エネルギー変換系と電池のエネルギー変換系の両者は驚くほど類似点が多い。したがってこの生体系に学び，その仕組みを利用することによって，新しいエネルギー変換装置をつくることができるはずである。これがバイオ電池（バイオ燃料電池）と呼ばれるものである。本書では，主に代謝・呼吸に相当する生体機能を利用したバイオ電池について，その作動原理や特徴を紹介し，未来の電源への展開へ向けた研究開発動向についてまとめた。本稿では，続く章との重複を避け，バイオ電池について概説したい。

バイオ電池において，最も重要な反応は，生体触媒酸化還元反応と電極反応を共役させた反応系，つまり生体触媒を電極触媒として利用する電極反応である。これを生体触媒電極反応（バイオエレクトロカタリシス反応）と呼ぶ。本触媒系は，活性化エネルギーが高い生体関連物質の電気化学反応を非常に穏和な条件下で実現できる利点がある。この反応系は，既にデバイスに組み込まれており，各種バイオセンサとして市販されている。特に血糖値センサは，現在では開発・販売競争が世界的規模で展開されている。バイオ電池の生体触媒として酵素を使う場合を酵素バイオ電池，そして微生物を用いる場合は微生物バイオ電池と呼ぶ。本書もそのような観点で，これら２つを大別して扱っている。

酵素バイオ電池の場合は，単位面積あたりの出力が数mW程度までと太陽電池に匹敵する程にまで向上しており，小型化が容易である利点もある。将来的には，携帯電子機器の電源や生体内埋め込み型医療装置の電源などへの展開が期待されている。一方，微生物バイオ電池は，その単位面積（体積）あたりの出力は，酵素バイオ電池の1/10～1/100程度であるので，大型化して利用することが想定されている。活性汚泥による水処理との関連から，微生物電池は水質浄化システムに組み込むことが提案されているほか，水田や海洋での利用形態も考えられている。いずれにしても身近な化合物を燃料とし，温和な条件で機能する安全，安価な次世代電源として位置付けることができ，世界中で活発に研究・開発が進められている。

バイオ電池の負極（陽極；アノード）側の反応としては，生物が生命維持のために進化・発展して創り出したすべての基質酸化触媒反応を利用することができ，結果として，燃料としては，糖，アルコール，水素，有機酸など，多種多様なものが対象となる。酸化還元酵素はそのほとんどが，基質としての電子供与体の２電子酸化を触媒する。したがって，１種の酵素で電極触媒とするならば，燃料はH_2（酵素：ヒドロゲナーゼ；単離酵素だけでなくヒドロゲナーゼを多く含む硫酸還元菌を“酵素の袋”として用いることもできる）を用いることとなる。最も単純なアルコールであるメタノールを燃料にした場合でも，CO_2までの６電子完全酸化系を組み立てた場合，アルコール脱水素酵素，アルデヒド脱水酵素，ギ酸脱水素酵素の３種類の酵素が必要になる。グルコースなどの炭素数が多い燃料を用いる場合は，現状では初発の２電子酸化反応を利用する場合が多い。糖類などの完全酸化系を実現するには，解糖系，TCAサイクル，ペントースリン酸サイクル系といった細胞が行っている代謝系を利用しなければならない。各代謝系では，酸化還元反応以外にも多くの種類の酵素が関与しているため，結果として多種類の酵素を用いて，目的とするサイクルを再構成することになる。このような再構成に関する煩わしさを回避するための一つの単純な考え方は，生きた微生物そのものを触媒として用いることである。微生物は，再生可能触媒という利点もあるし，酵素を単離する必要もないというコスト的な魅力もある。また，電極を微生物と接触しておくだけで自発的に電気化学的コミュニケーションができることが多い。つまりほっておけば何もせずにバイオ負極ができるということになる。しかし一方では，微生物から電極への電子移動速度は，酵素の場合に比べて，非常に遅いという欠点がある。また，電子移動のパスの詳細がわからないため，システムの高機能化に関する戦略をたてにくいという面もある。

一方，正極（陰極；カソード）側反応の電子受容体としてはまずO_2が考えられる。O_2のH_2Oへの４電子酸化反応を触媒できる酵素としては，好気的生物の呼吸鎖末端のチトクロームc酸化酵素が挙げられる。しかし，本来の電子供与体としてのチトクロームcの代わりに電極を用いることは困難である。O_2の４電子酸化反応を触媒できるもう一つの酵素として，マルチ銅酸化酵素が挙げられる。この酵素は，種々の電子供与体を基質とする上，電極をも直接電子供与体とすることができるので，バイオ正極触媒としては最も適わしいものであろう。マルチ銅酸化酵素の種類は非常に多いが，その主なものについてはほとんど電気化学特性評価が終わっており，目的に応じたマルチ銅酸化酵素選択ができる状況にある。O_2を電子受容体とした時の最大の弱点は溶存濃度が低いことである。したがって，空気相から酸素を取り入れる工夫が必須となり，酵素反応に適した新しい気相—液相—固相の三相界面（バイオ三相界面）の創製が重要になる。O_2以外の電子受容体としては，原理上，硝酸呼吸のNO_3^-や硫酸呼吸のSO_4^{2-}を用いることができる。特にNO_3^-はその還元生成物がN_2である上，O_2の場合のような溶存濃度問題を考える必要がないので非常に魅力的である。しかし，この反応は単一酵素による触媒系ではないため，その再構成は困難になり，未だ，バイオ電池としては実現できていない。

微生物触媒を用いた正極の例も報告はされているが，その機構はまったくわかっていない上，再現性にも大きな問題がある。そのように考えると，微生物バイオ電池でも正極触媒としては，マルチ銅酸化酵素に頼らざるを得ないのかもしれない。微生物バイオ電池は，単位面積（体積）あたりの出力が小さいので，比較的大きなスケールで環境中にて使用した例が多く報告されている。そのような場ではマルチ銅酸化酵素の利用は考えにくい。現状の微生物バイオ電池のほとんどは，正極には，触媒系を組み込んでいないか，白金をそのまま使うケースが多く，取り出せるエネルギーのロスは大きいのが現状である。生体触媒によらない新しい考えのO_2還元電極触媒の開発が始まっているので，今後はそうした研究とリンクすることも重要になる。

酵素反応の大きな特徴の一つとして基質（反応物）に対する選択性が高いことが挙げられる。それ故，バイオ電池では，白金触媒を用いる燃料電池で見られるような燃料のクロスオーバーによる電圧降下などを心配する必要はない。このことは，生体触媒を修飾させたアノードとカソードだけの非常に単純な電池構成につながり，サイズ，形状などの制約が少ない自由度の高い電池開発が可能となる。

生体触媒—電極間の電子移動形式を大別すると，低分子酸化還元物質をメディエータとするメディエータ型電子移動（MET）系と，メディエータを用いない直接電子移動（DET）系がある。MET型は，ほとんどの系に適用できる利点があり，メディエータの選択の戦略もほぼ確立している。今後，メディエータ（と酵素）の固定化法の開発が進むと，より実用化に近づくと思われる。もしメディエータを通さない隔膜があれば，メディエータを固定化することなく遊離状態で用いることができる。メディエータとは本来それ自体が充電機能を示すことになるので，こうした選択透過膜が開発されると，レドックスフロー型のバイオ電池が構築できる。もちろんこれは微生物バイオ電池などにも大変有効になる。一方，DET型は一部の酵素にだけしか実現できていない。しかし，METに劣らない電流密度でのDET反応系も見つかっている上，微生物—電極間もこのDET型反応が起きているという考え方が提唱されている。残念ながら，このDETの本質が未だに不明であり，この反応系を自在に制御，設計するには至っていない。この本質がわかると，DET型バイオ電池をはじめ，DETを利用したデバイス開発も活発化すると思われる。

電池は，触媒や電極の科学が必須であることはいうまでもなく，物質移動を考慮した構造設計やスタッキング技術の向上も必要で，さらにバイオ電池の場合には，酵素やメディエータの固定化も大きな鍵となる。まさに総合科学の結集であり，非常に魅力あるテーマでもある。一方，電池研究では時として，出力の議論に重点がおかれるが，バイオ電池の現状を考えるとまず単極反応の電流―電圧曲線を解析・議論することが重要であると思われる。その意味で，本書では，生体触媒電極反応の電流―電圧曲線の解析法に関する記述についても紙面を割いている。

実用化を視野に入れた場合にはいくつかの課題がある。酵素バイオ電池の場合，1）高電流密度化，2）耐久性の向上，3）多電子酸化系の構築，および4）電池構造や作動形態の検討が必要である。1）については，酵素とメディエータの固定化法の改善が最も重要であろう。炭素電極の開発も重要な鍵となる。2）については，現状では明確な指針を打ち出せないが，固定化酵素などのように工業レベルでの実用化の実例から考えて，よりサイエンティフィックなアプローチを重ねれば決して不可能ではないと思っている。3）については，どの燃料にターゲットをあてるかで，アプローチが決まるが，多種類酵素の固定化は重要な鍵となるであろう。

一方，微生物バイオ電池では，負極の反応機構の解明と正極の触媒に対する新規な提案が今後の鍵となるであろう。光合成系を利用した負極構築も魅力的であり，バイオ太陽電池への展開も期待できる。

このように，バイオ電池は多種多様なバイオマス燃料を利用できる新しい電池として注目を集めているだけでなく，その進展は，エネルギー問題だけでなく，環境問題解決への一つのアプローチとなる可能性がある。生体触媒と電極との界面の科学は未知な点が多い。さらにバイオ電池へと展開させるためには生物電気化学のみならず，材料科学，酵素科学，応用微生物学，機械工学といった多くの分野からの参入を呼び込みそれぞれの連携を深めていくことで，ブレークスルーする必要がある。基礎科学に立脚した多様な分野の融合により，新しい科学の創成も期待される。そのためにも根底となる基礎を固めていくことがなによりも必須である。本書を通じて，多くの方に，この領域に参画していただき，飛躍的な進展をすることを心から期待している。

文　　献

S. C. Barton, J. Gallaway and P. Atanassov, *Chem. Rev.*, **104**, 4867 (2006)
池田篤治監修，バイオ電気化学の実際―バイオセンサ，バイオ電池の実用展開―，シーエムシー出版 (2007)

2011年11月

京都大学　大学院農学研究科
加納健司

普及版の刊行にあたって

本書は2011年に『バイオ電池の最新動向』として刊行されました。普及版の刊行にあたり，内容は当時のままであり加筆・訂正などの手は加えておりませんので，ご了承ください。

2018年５月

シーエムシー出版　編集部

執筆者一覧（執筆順）

加 納 健 司	京都大学　大学院農学研究科　応用生命科学専攻　教授
辻 村 清 也	筑波大学　大学院数理物質科学研究科　物性・分子工学専攻 准教授
中 村 暢 文	東京農工大学　大学院工学研究院　准教授
冨 永 昌 人	熊本大学　大学院自然科学研究科　准教授
吉 野 修 平	東北大学　大学院工学研究科　バイオロボティクス専攻
三 宅 丈 雄	東北大学　大学院工学研究科　バイオロボティクス専攻　助教
西 澤 松 彦	東北大学　大学院工学研究科　バイオロボティクス専攻　教授
大 野 弘 幸	東京農工大学　大学院工学研究院　生命工学専攻　教授
矢 吹 聡 一	㈱産業技術総合研究所　バイオメディカル研究部門　主幹研究員
駒 場 慎 一	東京理科大学　理学部　応用化学科　准教授
勝 野 瑛 自	東京理科大学大学院　総合化学研究科
渡 辺 真 也	東京理科大学大学院　総合化学研究科
白 井 　 理	京都大学　大学院農学研究科　応用生命科学専攻 生体機能化学分野　准教授
四反田 　 功	東京理科大学　理工学部　工業化学科　助教
田 巻 孝 敬	東京工業大学　資源化学研究所　助教
酒 井 秀 樹	ソニー㈱　コアデバイス開発本部　環境エネルギー事業開発部門 環境技術部　バイオ電池開発Gp.　プロジェクトリーダー
中 川 貴 晶	ソニー㈱　コアデバイス開発本部　環境エネルギー事業開発部門 環境技術部　バイオ電池開発Gp.

山口猛央	東京工業大学　資源化学研究所　教授
山崎智彦	㈱物質・材料研究機構（NIMS）国際ナノアーキテクトニクス研究拠点（MANA）ナノバイオ分野生体機能材料ユニット 生命機能制御グループ　MANA研究員
早出広司	東京農工大学　大学院工学府　生命工学専攻／産業技術専攻 教授
中村龍平	東京大学　大学院工学系研究科　応用化学専攻　助教
中西周次	東京大学　先端科学技術研究センター　特任准教授
橋本和仁	東京大学　工学部　教授
井上謙吾	宮崎大学　IR推進機構　IRO特任助教
二又裕之	静岡大学　工学部　物質工学科　准教授
松本伯夫	㈶電力中央研究所　環境科学研究所　バイオテクノロジー領域 上席研究員
平野伸一	㈶電力中央研究所　環境科学研究所　バイオテクノロジー領域 主任研究員
渡邉一哉	東京薬科大学　生命科学部　教授
柿薗俊英	広島大学　大学院先端物質科学研究科　准教授
岡部聡	北海道大学　大学院工学研究院　環境創生工学部門　教授
西尾晃一	東京大学　大学院工学系研究科　応用化学専攻

執筆者の所属表記は，2011年当時のものを使用しております。

目　　次

〔酵素バイオ電池編〕

第1章　酵素電極反応　　加納健司，辻村清也

第2章　電池材料の研究開発

第3章　酵素電極の研究開発

第４章　酵素電池の研究開発

〔微生物電池編〕

第５章　微生物の電気化学　　中村龍平，中西周次，橋本和仁

第6章 微生物電池—アノード反応

第7章 電気培養

第8章　微生物電池の応用

第1章　酵素電極反応

加納健司[*1]，辻村清也[*2]

1　酵素型バイオ電池

酵素型バイオ電池は，糖やアルコールなどの多種多様な還元物質の酸化反応および酸素の4電子還元反応を一対の電極で行わせ，電子とイオンを別々に移動させることで，酸化還元反応のギブズエネルギー変化を電気エネルギーに変換するデバイスである（図1）。したがって，電池は酵素がよく働く条件，すなわち常温，常圧，中性付近でよく作動し，高い安全性を有している。固体高分子型燃料電池と比較して，出力密度やエネルギー密度，耐久性などの点では劣るが，固体高分子膜や改質器などを必要とせず，燃料の酸化アノード（負極）と酸素還元カソード（正極）のみからなる非常にシンプルな構成である。しかも，触媒，電極，燃料などが再生可能であり，持続可能な環境に優しい発電システムといえる。系がシンプルであるのでサイズの制約を受けにくく，電池の設計の自由度は高い。酵素型バイオ電池はいつでもどこでも安全に電力を得ることのできるユビキタス電源として，情報，通信，医療といった分野での応用が期待されている。携帯通信電子機器の電源，生体内埋め込み型医療装置などの電源，マイクロスケール機械の電源や，自己駆動型血糖センサなどの応用も検討されている。年々世界中での研究開発が活発になっている。また，酵素の電極触媒としての基礎特性を調べることは，固体高分子型燃料電池などの白金代替触媒開発の基礎知見を与えるものとしても注目を集めている。ただし，従来の電池や小型発電装置に比べ，電池の寿命や出力密度に課題があり，実用化への大きな障壁となっている。精製した酵素を用いるのでコスト高となり，安定性も必ずしもよくないという欠点もある。近年，酵素バイオ電池に関連する総説も多数発表されているので，本章と併せて参考にして頂きたい[1~8]。

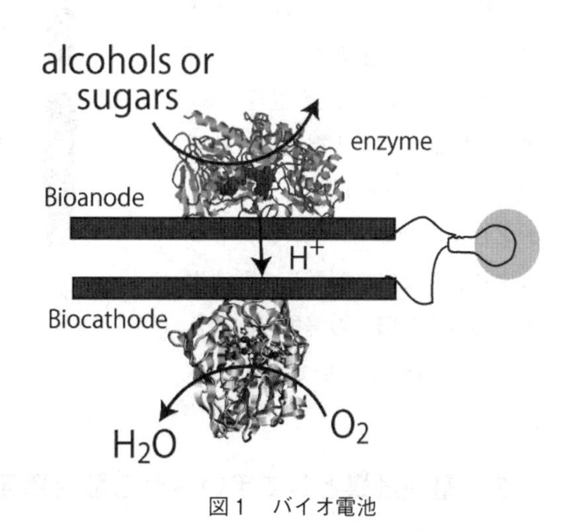

図1　バイオ電池

＊1　Kenji Kano　京都大学　大学院農学研究科　応用生命科学専攻　教授
＊2　Seiya Tsujimura　筑波大学　大学院数理物質科学研究科　物性・分子工学専攻　准教授

2　酵素電極反応

酵素反応と電極反応を結びつけた酵素電極反応（バイオエレクトロカタリシス反応）は，糖類，アルコール類，有機酸，アミン類あるいは酸素といった生体関連物質の電気化学反応を非常に穏和な条件下で実現する。図2に示すように，アノードでは基質が酵素によって酸化され，生成物になる。ここで還元された酵素が電極で直接的に再酸化されれば，再び基質と反応することができる。この反応系を直接電子移動（direct electron transfer, DET）型酵素触媒電極反応といい，適当な電極を用いることでいくつかの酵素において観察されている。しかし，酵素分子内の活性中心は絶縁性のタンパク質の殻や糖鎖に覆われているので，触媒電流として観測できるほど速い電極との間での電子移動を行うことは一般的には難しい。そのような場合，低分子酸化還元分子を酵素—電極間電子移動のメディエータとして利用して，酵素反応系と電極系を共役させる。これをメディエータ（mediated electron transfer, MET）型の反応という。ニコチンアミドジヌクレオチド（リン酸）(NAD(P)）依存性酵素とNAD(P) 非依存性酵素で反応様式は少し異なり，前者の場合，NAD(P) は酵素から遊離する。カソードにおいては，DET型もしくはMET型電子移動反応により酵素が電極から電子を受け取り，酸素を水に還元する反応が進行する。第1章では，バイオ電池の作動原理である，酸化還元酵素，DET型およびMET型バイオエレクトロカタリシス反応を概説し，電池出力を決定する因子の解析方法およびその改良指針について解説する。

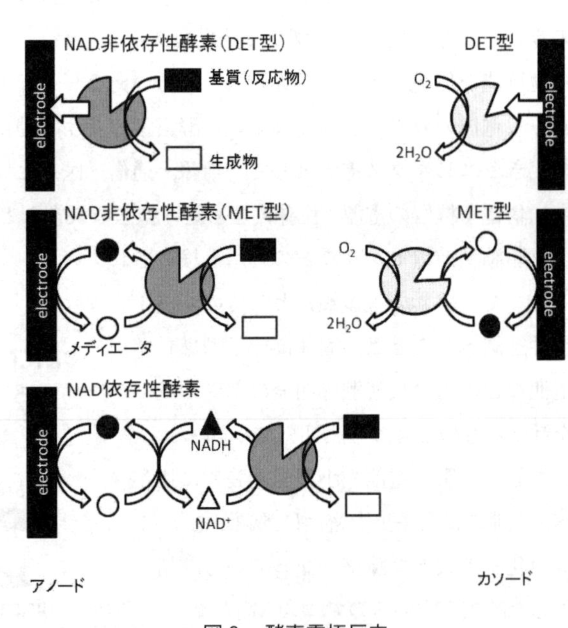

図2　酵素電極反応

3　電極触媒として用いられる酸化還元酵素

酵素とは細胞内で生産されたタンパク質で，生体を成長，維持させるために必要な合成，分解，酸化，還元などの複雑な化学反応を，常温，常圧，中性付近の環境下で効率よく進行させる触媒である。酵素反応は温度に依存し，多くは20～40 ℃の範囲が触媒作用を行うのに最適であり，60 ℃

以上では通常タンパク質が変性して機能を失う。また，触媒機能は一般に厳密な反応特異性を持っており，特定の化学構造を持つ一群（あるいは一個）の物質のみにその機能は限定される。バイオ電池に用いられる酸化還元酵素とは，酸化還元反応を触媒する酵素の一種である。還元剤（電子供与体）から電子を受け取り，酸化剤（電子受容体）に電子を渡す反応を触媒する。酸化還元酵素は電子受容体によって，主にデヒドロゲナーゼ，ペルオキシダーゼ，オキシダーゼに分類することができる。オキシダーゼは分子状酸素を電子受容体として利用し，酸素は過酸化水素もしくは水に還元される。ペルオキシダーゼは過酸化水素を電子受容体とする。デヒドロゲナーゼとは，酸素，過酸化水素以外の酸化還元分子を電子受容体として利用するものである。デヒドロゲナーゼのうち，酸化型基質の還元反応に重点をおく場合には，リダクターゼと呼ぶ場合もある。ヒドロゲナーゼは，分子状水素の酸化還元反応（水素の酸化反応，あるいはプロトンの還元反応）に関わる酵素である。

3.1　アノード用酵素

3.1.1　ニコチンアミドジヌクレオチド（リン酸）（NAD(P)）依存性脱水素酵素反応系

バイオ電池では，糖，アルコール，有機酸，アミン，水素，あるいは無機化合物などといった，生物がエネルギー源として利用できるすべての還元物質が燃料の対象となる。したがって，それらの酸化反応を触媒する膨大な種類の酵素がアノード用酵素として利用できる。その中で最も種類の多いのはNAD(P)を補酵素として利用する酵素群である。一般的なNAD(P)依存性脱水素酵素の関わる反応式は，

$$S+NAD(P)^+ \rightarrow P+NAD(P)H+H^+$$

である。Sは基質（反応物），Pは生成物であり，Sの２電子酸化反応を触媒する。電極反応と結びつけるには，NAD(P)Hを電解する必要があるが，NAD(P)Hを直接電解する際の過電圧は非常に大きい（活性化エネルギーが大きい）ため，酸化還元色素や*o*-キノン類といった触媒を利用する必要がある[9, 10]。図３(A)にキノン系の様々な電子受容体を用いたNADHの酸化反応の

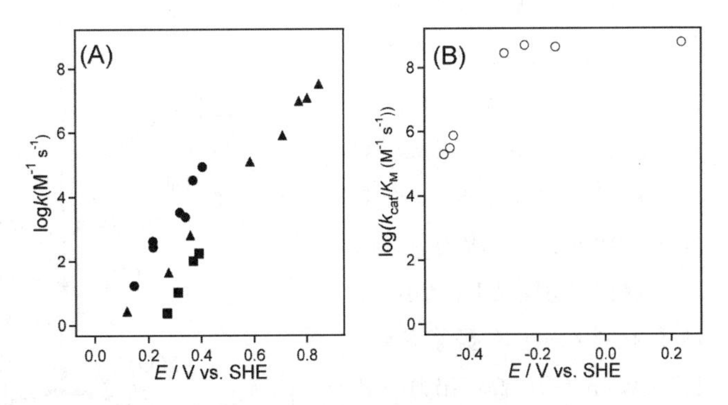

図３　(A)NADH酸化速度定数のキノン系電子受容体の電位の依存性（●*o*-キノン，■*p*-キノン，▲１電子電子受容体（文献11から引用））
(B)ジアホラーゼと電子受容体における２分子反応速度定数の電子受容体の電位依存性（文献13から引用）

2分子反応速度定数の対数と電子受容体の電位をプロットしたものを示す[11)]。電子受容体の電位が高くなるほど，すなわち両者の電位差が大きくなるにつれて，反応速度定数は大きくなる。また，*o*-キノンは*p*-キノンに対して2桁以上も高い触媒活性を示す。還元された電子受容体を電極上で効率よく酸化し再生するために，電極上に固定化されている方が望ましい。物理吸着や電解修飾といった方法が検討されてきた[10)]。Minteerらはメチレングリーンやメチレンブルーの電解重合ポリマーをNAD(P)H酸化触媒として用いている[12)]。NAD(P)Hを酸化するジアホラーゼ(DI)という酵素を用い，酵素と電極間の電子移動に適当な電子伝達メディエータを用いる反応系を用いることによってNAD(P)H電解の過電圧を最も効果的に下げることができる（図3(B)）[13)]。

本反応系は後述するNAD(P)非依存性酵素を用いた反応系に比べ，触媒反応が一つ多く必要となり，反応系がやや複雑になるというデメリットがある。NAD(P)依存性酵素，補酵素，電子伝達メディエータ，さらにはNAD(P)Hを酸化する酵素を電極表面近傍に安定かつ高密度に固定化する高度な技術が必要とされる。多種類の酵素が活性を発揮することのできるpHや温度などの条件を整えなければならない。筆者らは，最近NADを酵素とともにリポソームに内包し，その反応系の電極反応との共役に成功し，複合酵素系反応効率の向上を達成している[14)]。一方，NAD(P)依存性酵素の反応系の最大の利点は，多様な燃料に対応できること，さらには生体内代謝反応を模倣した有機化合物の二酸化炭素への完全酸化系の構築も可能となることである（図4）。一般的にほとんどの酸化酵素は，反応物を2電子酸化しかできない。したがって，グルコースやエタノールなどを燃料として用いた場合，体積もしくは重量あたりのエネルギー密度で従来の電池を超えるには，複数の酵素を用いた多電子反応系の構築は必須である。メタノールから二酸化炭素への生物電気化学的6電子酸化系を，3つのNAD依存性脱水素酵素とDIを利用して実現する系が報告されている[15)]。グルコースの場合，NAD依存性グルコース脱水素酵素とDIを用いたバイオアノードも提案され，1.5 mW cm^{-2}もの高い出力の電池が報告されている[16)]。しかし，グルコースは2電子しか酸化されず，酸化生成物であるグルコノ-1,5-ラクトン（あるいはその

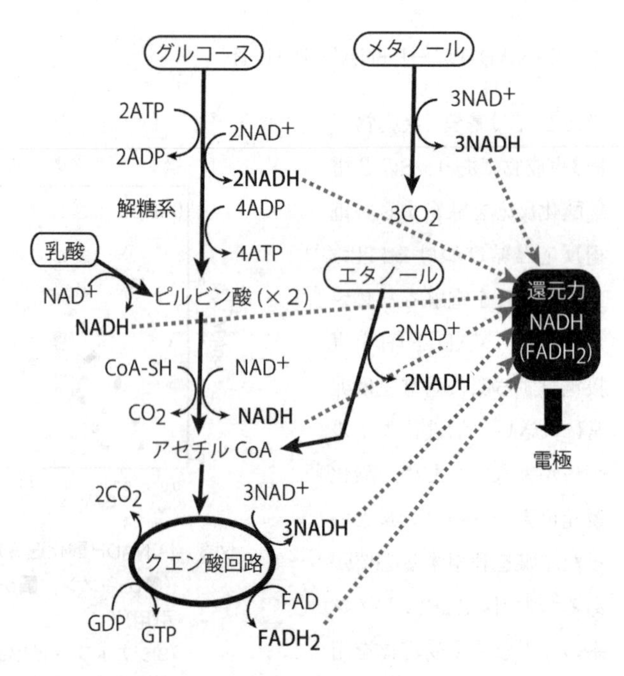

図4　生体系に倣った有機物の生物電気化学的完全酸化反応

加水分解生成物であるグルコン酸）を最終的にどこまで酸化できるかが今後の大きな課題である。二酸化炭素までの24電子酸化を実現するためには，グルコースデヒドロゲナーゼではなく，解糖系とクエン酸回路（トリカルボン酸回路）に関与するすべての酵素，補酵素が必要となってくる。また，グルコース6リン酸に変換しペントースリン酸回路にて完全酸化する系も考えられるが，やはり多種類の酵素，補酵素を必要とする。筆者らやMinteerらは，クエン酸回路を*in vitro*で再構成し，電極反応との共役系を報告している[17~19]。クエン酸回路内の有機酸の二酸化炭素までの酸化が達成できるだけでなく，乳酸の12電子酸化や酢酸の8電子酸化も可能になる。

3.1.2　NAD(P)非依存性の酸化還元酵素

NAD(P)非依存性の酸化還元酵素の多くは，フラビンやキノン，金属イオンなどを補酵素あるいは補因子として利用する。デヒドロゲナーゼのみならず，多くのオキシダーゼはデヒドロゲナーゼ機能も有しており，アノード触媒として利用できる。バイオ電池への応用が期待されている酵素をコファクターによって分類し，表1にまとめた。同じ分類に属する酵素であっても，由来が異なると，性質は大きく異なっている。電池への応用を志向した新規酵素のスクリーニングにより電池の新たな展開が期待できる。一般に酵素の電子受容体に対する特異性は電子供与体に対するそれほど高くなく，様々な電子伝達分子を用いることができ，ほぼすべての酵素でMET型反応系を構築できる。場合によっては，電極を直接電子受容体として利用することでDET型反応系を構築できる。DET活性を示すかどうかは，酵素の特性のみならず，電極側の性質も重要な因子となる。

バイオエレクトロカタリシス反応として最も多く研究されているのは，血糖センサで用いられているグルコース2電子酸化系である。フラビンアデニンジヌクレオチド（FAD）を活性中心に持つグルコースオキシダーゼ（GOD）は古くから市販されており，酵素の安定性が非常に高く，また安価であることからよく研究に用いられてきた[20]。ただしGODは本来酸素を電子受容体とするので，酸素がアノードに混入することにより出力低下を引き起こしかねない。また，オキシダーゼ反応により生成する過酸化水素による副反応の悪影響も無視できない。こうした問題を解決すべく，酸素を電子受容体として利用しないピロロキノリンキノン（PQQ）やFAD依存性のグルコース脱水素酵素が相次いで発見され，すでに血糖センサに適用されている。いずれの酵素反応においてもグルコースの酸化生成物は，グルコノ-1,5-ラクトン（グルコン酸）である。両酵素は酸素を電子受容体としない上，触媒活性が非常に高いのでバイオ電池の触媒としては非常に有望である。特に，アノードとカソードの間を隔てる仕切を必要としない一室型電池の開発を可能にする。燃料を完全酸化するという観点ではヒドロゲナーゼによる水素の酸化系が最も単純である。しかし，一般的にヒドロゲナーゼは酸素耐性に劣り単離および取り扱いは容易ではない。不安定なヒドロゲナーゼは，それを多く含む菌体（硫酸還元菌）を酵素の袋としてそのまま電極触媒として利用することができる[21, 22]。

一方，DET型酵素触媒反応が観測されるためには，（溶液中の）基質との触媒反応部位（フラビン，キノン，金属イオン）と，電極と電子授受できる別の酸化還元部位（ヘムや鉄硫黄クラス

表1　アノードに利用できるNAD非依存性酵素

基質を酸化するサイト	電子受容体と反応するサイト	酵素名	膜結合型／可溶性	EC番号	DET
FAD		グルコースオキシダーゼ	可溶	EC 1.1.3.4	△
		グルコースデヒドロゲナーゼ	可溶	EC 1.1.99.10	
FMN (FAD)		ジアホラーゼ，NADHデヒドロゲナーゼ	可溶	EC 1.6.99.3	△
PQQ		グルコースデヒドロゲナーゼ	可溶，膜	EC 1.1.5.2 EC 1.1.99.35	△
		アルコールデヒドロゲナーゼ (Type I　ADH)	可溶	EC 1.1.5.5 EC 1.1.99.8	−
FAD	ヘムc	フルクトースデヒドロゲナーゼ	膜	EC 1.1.99.11	○
		グルコン酸デヒドロゲナーゼ	膜	EC 1.1.99.3	○
FAD	ヘムb	セロビオースデヒドロゲナーゼ	可溶	EC 1.1.99.18	○
PQQ	ヘムc	アルコールデヒドロゲナーゼ (Type II　ADH, Type III　ADH)	可溶 (Type II)，膜 (Type III)	EC 1.1.99.8 EC 1.1.5.5	−
		アルデヒドデヒドロゲナーゼ	可溶，膜	EC 1.2.99.3	○
CTQ	ヘムc	アミンデヒドロゲナーゼ	可溶	EC 1.4.99.3	−
FAD	鉄硫黄クラスター	コハク酸デヒドロゲナーゼ	膜	EC 1.3.5.1	○
FMN	鉄硫黄クラスター	NADHデヒドロゲナーゼ (Complex I)	膜	EC 1.6.99.3	○
Fe/Fe, Ni/Fe, Ni, Se	鉄硫黄クラスター	ヒドロゲナーゼ	膜，可溶	EC 1.12.7.2 EC 1.12.2.1 etc	○

FAD, flavin adenine dinucleotide; FMN, flavin mononucleotide; PQQ, pyrroloquinoline quinone; CTQ, cysteine tryptophylquinone

ター）をその酵素が持っていることが重要であると提唱されている[23]。後者は触媒活性部位と電極間の分子内電子移動を橋渡ししており，built-in mediatorとして機能する（図5）。フラビンとヘム含有酵素（グルコン酸デヒドロゲナーゼ，フルクトースデヒドロゲナーゼ，セロビオースデヒドロゲナーゼ）[23~25]，フラビンと鉄硫黄クラスター含

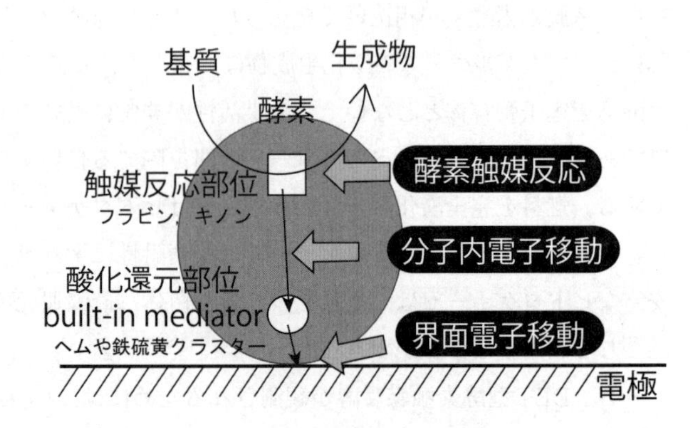

図5　直接電子移動型反応模式図

有酵素（NADHデヒドロゲナーゼ，フマル酸リダクターゼ（コハク酸デヒドロゲナーゼ））[26,27]，キノンコファクターとヘム含有酵素（アルコールデヒドロゲナーゼ，アルデヒドデヒドロゲナーゼ）や鉄，ニッケルなど金属イオンと鉄硫黄クラスターを有する酵素（ヒドロゲナーゼ）などがこれまでに報告されている（表1）。Ikedaらは，微生物膜結合型の脱水素酵素を対象として，DET型触媒電流を観察している[23]。これら酵素は，細胞内膜上に存在し，活性中心部位にて基質を酸化し，分子内電子移動を経て膜内のキノンに電子を渡す。GortonらがDET型触媒反応を報告したセロビオースデヒドロゲナーゼは，担子菌が菌体外に放出したものである[25]。Armstrongのグループは，酸素耐性のある膜結合型ヒドロゲナーゼを用い，隔膜なしで作動する水素―酸素バイオ電池を発表している[28]。平板電極で観察されるDET型触媒電流は小さくそのまま電池へ応用することは困難である。しかし，後述する多孔性電極などを利用することにより，電流密度を上昇させることが可能となる。最近注目を集めているフルクトースデヒドロゲナーゼは，多孔質電極に固定化することで数～十数mA cm^{-2}もの大きな電流密度を実現し，DET型バイオ電池の性能は飛躍的に向上している[29~31]。

3.1.3　アノード酵素に求められる特性

一般に産業用酵素に求められる特性は，高い活性，反応選択性，長期安定性，pH，熱，有機溶剤，界面活性剤，阻害剤などに対する高い耐性，そして高い生産性である。バイオ電池用酵素においてもそれらの特性は当然求められる。しかし，酵素の持つ高い基質選択性に関しては，バイオ電池においてはさほど重要でない。今後の興味あるアプローチとしては，基質特異性が低い酵素の開発である。例えば，セロビオースデヒドロゲナーゼやPQQ依存性グルコースデヒドロゲナーゼは基質選択性が低く，多くの種類の糖を酸化することが可能であり，多種類の糖の混合液において発電する際に都合がよい[25]。また，Minteerのグループは，PQQ依存性のアルコールデヒドロゲナーゼとアルデヒドデヒドロゲナーゼ，およびシュウ酸オキシダーゼの低い基質特異性を利用して，グリセロールから二酸化炭素への14電子酸化系を発表している[32]。同様の基質選択性の低い酵素のスクリーニングにより新たな展開が期待される。

電子を電子受容体に渡す部位の電位が低い方が，高い電池作動電圧を得るために都合がよい。メディエータ型反応においては，フラビン部位から低い電位差でなおかつ高い反応速度でメディエータに電子を渡すことができれば，十分に高い電圧で作動する電池を作製することができる。

また，多くの糖類を酸化する酵素においては，単糖もしくは二糖を酸化し，天然に多く存在している澱粉やセルロースといった多糖類を直接基質として利用できない。よって，それら多糖類を加水分解する高い活性を有する酵素の開発も同時に望まれる。

3.2　カソード用酵素

酸化剤には，空気中に豊富に存在している酸素が最も適している。溶液中濃度を増加させることが容易な過酸化水素や硝酸（亜硝酸）などを酸化剤として利用するカソード系も考えられる。しかし，現時点では，それら酸化剤を還元する酵素の活性がそれほど高くない上に，酵素の酸化還元部位の電位が負であり，電池への応用は難しい。酸素還元カソード酵素としては，$O_2^{\bullet -}$，H_2O_2，$OH^{\bullet}$といった酸素還元反応中間体（活性酸素種）を生成しないものを選ぶ必要がある。生体に倣うという意味では，呼吸鎖末端酵素であるサイトクローム*c*（Cyt *c*）オキシダーゼを利用することも考えられる。しかし，巨大な膜酵素であるために電極上への修飾が容易ではなく，Cyt *c*をメディエータとした反応系ではCyt *c*の酸化還元電位が低いために，Cyt *c*オキシダーゼはカソード用酵素としては相応しくない。カソード用酵素の有力な候補として，マルチ銅オキシダーゼ（MCO）が挙げられる[33, 34]。MCOとは，分光学的，磁気学的性質の異なる3種の銅（タイプ1，タイプ2，タイプ3の銅イオンをそれぞれ1，1，2個）を有する酵素の総称であり，(ジ)フェノール性化合物，アスコルビン酸，ビリルビンをそれぞれ酸化するラッカーゼ，アスコルビン酸オキシダーゼ，ビリルビンオキシダーゼ（BOD）や，SLAC（small laccase），大腸菌内の銅の恒常性に関わるCu efflux Oxidase（CueO），グラム陽性微生物由来のCotAなど自然界に広く多様に存在する[35, 36]。MCOは溶液中ではブルー銅とも呼ばれるタイプ1銅サイトで電子を受け取り，タイプ2-3銅クラスターで酸素を4電子還元する。表2にまとめるようにこれまで多くのMCOが電極触媒への応用を目指して研究されてきた。

多種多様なMCOから適切なカソード用酵素を選ぶ上で重要なポイントは以下の4つである。

① 酸化還元電位：電極や電子受容体と電子授受できる酸化還元部位（すなわちタイプ1銅）の式量電位（$E^{\circ\prime}_{\mathrm{E}}$）が酸素|水の式量電位により近ければ，電池は高い電圧で作動する。タイプ1銅の電位は，銅の周辺の環境に大きく影響を受けている。銅には，システインと2つのヒスチジンの他に第4番目のアミノ酸が軸配位子として配位しており（図6），その特性に電位は大きく影響を受ける。表2に示すように，ロイシンやフェニルアラニンが配位すると電位が高くなっている。酵素の探索や改良する際の一つの指標となる。筆者らは，*Trametes*属由来のラッカーゼをカソード触媒として選択し，非常に高い電圧で作動するDET型バイオ電池を構築することに成功している[45]。

② 酵素反応速度：酵素反応速度が最大電流値を決定するので，活性の高い酵素を用いることが望ましい。MCOの電極触媒活性はそれぞれ大きく異なり，電子供与体を酸化する反応速度がそのまま電極触媒としての特性を表していない場合が多く，その評価は難しい。どの電子供与体を選ぶかもスクリーニングでは重要となる。例えば，大腸菌由来のCueOはきわめて高い電極触媒活性を示し，多孔性炭素電極を用いることにより，溶存酸素供給律速となる十数mA cm^{-2}の電流密度を実現できている[41, 46, 47]。しかし，この酵素自身は，酸化還元色素などの電子供与体を酸化する活性はほとん

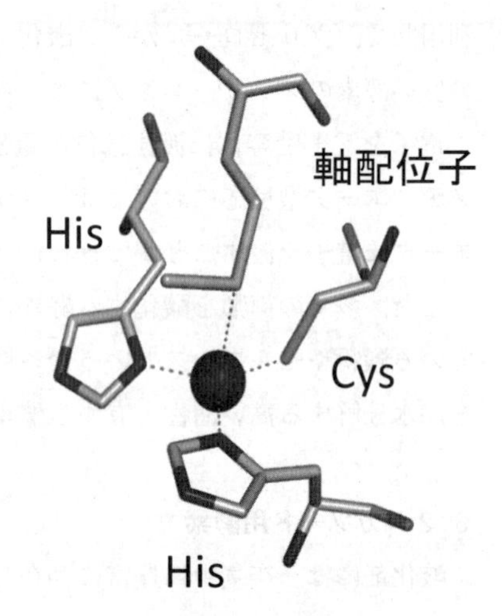

図6　MCOのタイプ1銅の構造
（図での軸配位子はメチオニン）

表2　MCOのタイプ1銅の軸配位子アミノ酸とその$E^{\circ\prime}_{E}$

	Axial ligand	$E^{\circ\prime}_{E}$ (mV vs. Ag|AgCl)	Ref.
Laccase (*Trametes versicolor*)	Phe	580	37)
Laccase (*Polyporus pinsitus*)	Phe	550～590	37)
Laccase (*Rhizoctonia solani*)	Leu	430～480	37)
Laccase (*Myceliophtora thermophila*)	Leu	250～280	37)
Fet3p (*Saccharomyces cerevisiae*)	Leu	236	38)
Bilirubin oxidase (*Myrothecium verrucaria*)	Met	460	39)
Bilirubin oxidase (*Trachderma tsunodae*)	Met	510	39)
Laccase (*Rhus vernicifera*)	Met	230	40)
CueO (*Escherichia coli*)	Met	260	41)
CotA (*Bacillus subtilis*)	Met	258	42)
Ascorbate oxidase (*Cucurbita pepo medullosa*)	Met	147	43)
Stellacyanin (*Rhus vernicifera*)	Gln	−20	44)

どない。

③　適応pH：腐朽菌由来のMCOが数多く報告されているが，そのほとんどが弱酸性中で機能する。しかし多くのアノード酵素の至適pHは中性付近にあるので，同じ条件で機能するMCOが必須となる。筆者らは*Myrothecium verrucaria*由来のビリルビンオキシダーゼ（BOD）がこの目的に適うことを示し，現在では世界中の研究者の間で利用されるに至っている[48]。さらにアルカリ側で十分な活性を示すMCOがあれば，より幅広い作動環境に対応できるバイオ電池が期待できる。逆にアノードに無機触媒を用いた電池を構築するのであれば，強酸性中で機能するMCOも魅力的である。また，CueOは炭素微粒子修飾電極に吸着固定させることにより，pH 2程度の低pHでも機能する[47]。

④　電極との反応性：多くのMCOで電極と直接電子移動できることがわかっている。しかし，構造と電子移動速度の関係が未だ不明であるので，酵素と電極との反応を様々な角度から検討し，MCOと電極間の電子移動メカニズムを明らかにする必要がある。金電極上に機能性チオールを修飾しMCOとの相互作用を調べた研究や，炭素電極上に様々な分子を修飾し，DET反応を促進させるという研究がなされている。炭素電極表面の改質方法の一例として，フェニルアミンの誘導体をジアゾ化し電気化学的に還元することで，炭素表面に容易に修飾する方法がよく知られている（図7(A)）。*Trametes*属由来のラッカーゼでは，図7(B)の**4**の分子を修飾した場合に，未修飾の電極に比べ電流値および安定性が向上した[49]。一方，BODの場合，**8**，**9**，**10**のカルボキシル基を有する分子を表面に修飾した場合に，電流値が増加していた[50]。分子ワイヤを介した電子移動によりタイプ1銅と電極間の長距離電子移動距離が促進されているのか，炭素表面と酵素分子との相互作用により配向性が改善されたのか，そのメカニズムについては詳細な検討が求められるが，酵素は電極表面の特性を強く受けることは明らかであり，より大きなDET型触媒電流密度

を得るためには，表面の改質は重要な技術である。

また，MET型酵素反応を実現する場合，酵素の電位と酵素との相互作用を考慮に入れたメディエータを選択しなければならない。表3にこれまで報告されている主なカソード用のメディエータをまとめた。熱力学的，速度論的なロスを抑え，より高い出力密度を得るためには酵素の特性に応じた最適なメディエータを選択することが重要である。

このようにMET型およびDET型それぞれの長所短所を十分理解した上で，電位的にかつ速度的に有利な反応系を探索，利用することで，常温，常圧，中性付近での酸素還元触媒としてMCOは過電圧や電流密度という観点から白金などの無機触媒をしのぐ性能があることが明らかにされつつある。

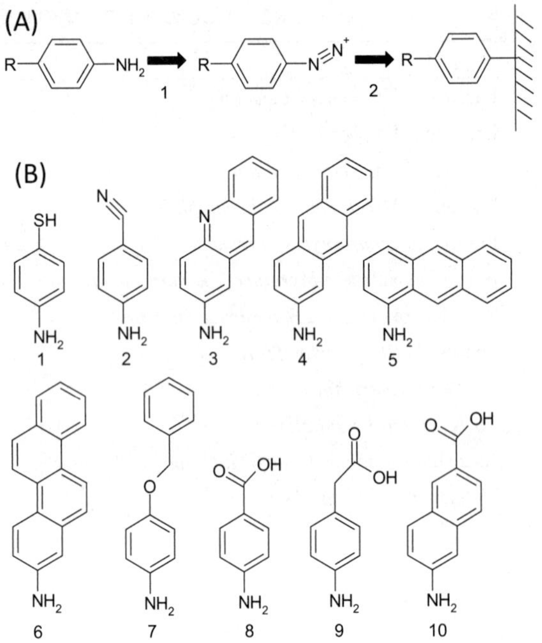

図7　DET促進のための炭素電極表面修飾

(A)電気化学的炭素表面修飾反応スキーム。1 ジアゾ化処理，2 電気化学的還元反応による炭素表面への修飾。
(B)BODのDETを調べるために用いられた化合物（文献50から引用）。

表3　MCOを用いたカソードに用いられるメディエータ

		Monomer	Polymer
Organic	2,2-azino-bis (3-ethylbenzothiazoline-6-sulfonic acid) (ABTS)	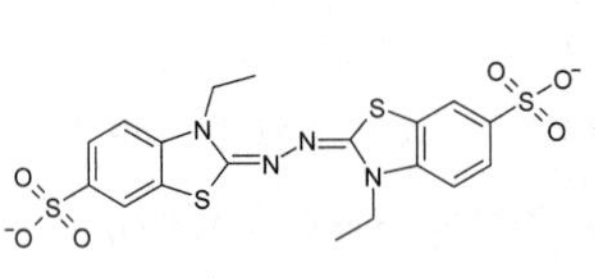 N S N=N S N O S O O- (Ref. 48, 51)	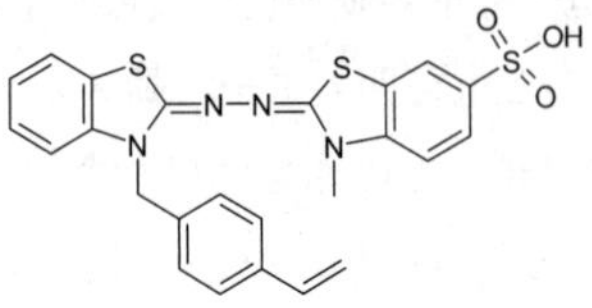 S N=N–N S N O S OH O (Ref. 52)
Inorganic	Os (Ru)-(pyridine or imidazole) complex	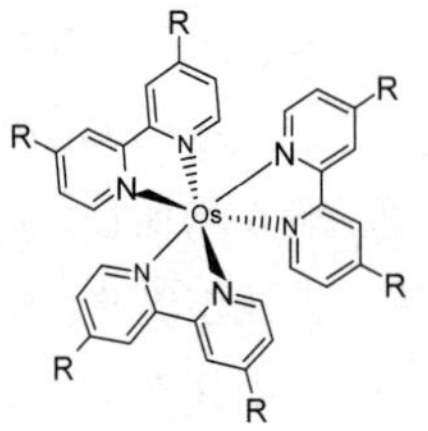 R N Os N R R N R R N R (Ref.53)	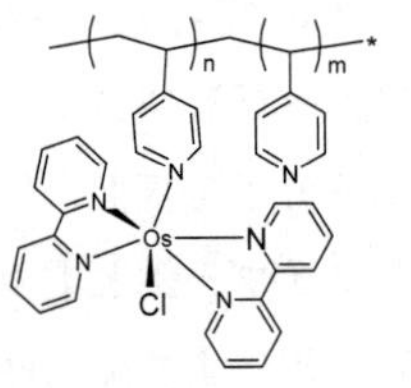 n m * N N Os N N Cl N (0.35 V, Ref. 54, 55)

			(0.58 V, Ref. 55, 56～58) (0.35 V, Ref.55, 59～61) (0.55 V, Ref. 62,63)
	Metal-CN complex	(M=Fe, Os) (M=W, Mo) (Ref. 64)	ポリＬリジン（静電相互的作用）(Ref. 64, 65) ポリビニルイミダゾールペンタシアノ鉄錯体（Ref. 66）

4　酵素電極反応とバイオエレクトロカタリシス

4.1　酵素反応機構

NAD依存性酵素を除く酸化還元酵素（E）のほとんどは“Ping Pong Bi-Bi”機構にしたがっ

て反応が進行する（注：本稿では，基質（＝S：酵素反応における反応物，還元剤）の酸化反応を触媒する酵素反応についてまとめた。還元反応の場合も考え方は同じである）。酸化反応は，次式に示すように，基質は酵素反応で酸化され，生成物（P）となる。

$$S+E_{ox} \longrightarrow P+E_{red} \tag{1}$$

続いて，酸化剤である電子受容体（EA）が電子を受け取り，酵素が再び酸化体に戻る。

$$E_{red}+(n_S/n_{EA})EA_{ox} \longrightarrow E_{ox}+(n_S/n_{EA})EA_{red} \tag{2}$$

nは反応電子数である。バイオエレクトロカタリシス反応においては，電極が最終的電子受容体となり，電極反応によってE_{red}はE_{ox}に再生される。その反応系は，図２に示すように，直接電子移動反応系とメディエータを用いる電子移動反応系の２つに大別できる。直接電子移動反応系の場合，式(5)に示す反応が進行する。

$$E_{red} \xrightarrow{\text{electrode}} E_{ox}+n_E{}^{e^-} \tag{3}$$

ただし，ほとんどの酵素は触媒活性中心が絶縁性のタンパク質の殻に覆われているため電極とは容易に反応できない。そこで，多くの場合，酵素を電気化学的に再酸化するためにはEAのように，埋れた活性中心の近傍まで近づき酸化還元反応し，電極と酵素間の電子伝達を仲介できる低分子酸化還元化合物（メディエータ，M）を用いる。メディエータ型の場合では式(1)の反応に続いて以下の反応が進行する。

$$E_{red}+(n_S/n_M)M_{ox} \longrightarrow E_{ox}+(n_S/n_M)M_{red} \tag{4}$$

$$M_{red} \xrightarrow{\text{electrode}} M_{ox}+n_M{}^{e^-} \tag{5}$$

このメディエータを用いる方法は非常に汎用性が高くほとんどの酸化還元酵素に適応できる。本稿では，基質の濃度分極が起こらないという条件下における触媒電流の触媒定常電流と電流―電圧曲線に関する理論式を直接電子移動型とメディエータ型に分類して紹介する。

4.2　バイオエレクトロカタリシス反応

4.2.1　メディエータ型酵素電極反応

(1)　理論

メディエータ型の場合，酸化還元酵素反応式は式(1)，(4)，(5)に示す通りである。このとき酵素反応速度（v）は

$$v=\frac{(n_S/n_M)k_{cat}c_E}{1+K_M/c_M+K_S/c_S} \tag{6}$$

と表される。ここでk_{cat}，K_M，K_Sは，ターンオーバー数，メディエータおよび基質に対するミカ

エリス定数である。ここで述べる基質の濃度分極がない場合では，式(6)は次に示すミカエリスメンテン型の式となる。

$$v=\frac{(n_S/n_M)k_{cat}c_E}{1+K_M/c_M} \tag{7}$$

この酵素反応がＭの物質輸送と釣り合い，定常状態となる場合，

$$D_M\frac{\partial^2 c_M}{\partial x^2}=v \tag{8}$$

となり，メディエータ濃度の時間変化はなくなり $\frac{\partial c_M}{\partial t}=0$ となる。D_M はメディエータの拡散係数であり，ポテンシャルステップクロノアンペロメトリ，回転ディスク電極法，サイクリックボルタンメトリなどにより評価できる。

また，本稿では反応層の厚み（μ）($c_M \ll K_M$ のとき $\mu=\sqrt{\frac{D_M K_M}{(n_S/n_M)k_{cat}c_E}}$，$c_M \gg K_M$ のとき $\mu=\sqrt{\frac{2D_M c_M}{(n_S/n_M)k_{cat}c_E}}$）に対する酵素とメディエータの存在している層の厚み（L）によって２つのケースに分けて，それぞれの触媒定常電流に関する理論式を紹介していく。

酵素層（L）が反応層（μ）を超えないとき，具体的には酵素反応速度が非常に遅いとき，あるいは膜厚が非常に薄いときは，膜内のメディエータの濃度分極が生じない。このときの定常電流は，

$$\frac{i_s^{lim}}{n_M FA}=\frac{n_M}{n_S}k_{cat}c_E L\left(\frac{c_M}{K_M+c_M}\right) \tag{9}$$

と表される。F，A はそれぞれ，ファラデー定数，電極表面積である。触媒定常電流は膜厚に比例する。また，c_M の上昇につれて電流が飽和するというミカエリスメンテン型の応答を示す。

L が μ よりも十分に大きくなるとメディエータの濃度分極の影響が大きくなり，電極から遠いバルク側では電解によって生成する M_{ox} がほとんど存在しない状態となる。よって最大電流は L に依存しなくなり，M_{ox} が存在している反応層の厚みが非常に重要になってくる。

定常触媒電流（i_s）のボルタモグラムは，次のように表される。

$$\frac{i_s}{n_M FA\sqrt{D_M k_c K_M c_E}}=\sqrt{2\left[\frac{\eta_M}{1+\eta_M}\frac{c_M}{K_M}-\ln\left(1+\frac{\eta_M}{1+\eta_M}\frac{c_M}{K_M}\right)\right]} \tag{10}$$

また，η_M はメディエータの電極表面における酸化還元種の平衡濃度を表し，酸化方向では

$$\eta_M=\exp\left[\frac{n_M F}{RT}(E-E_M^{\circ\prime})\right] \tag{11}$$

となる（$E_M^{\circ\prime}$：メディエータの式量電位）。式(11)からわかるように，式(10)はメディエータが電極表面でネルンスト応答できるほど，界面電子移動速度が十分大きい場合を表している。反応速度が

遅くなると，（通常の準可逆的定常電流と同様）シグモイド曲線の半波電位は，過電圧方向にシフトし，電流値が大きくなるにしたがい，顕著な電圧の降下が見受けられる。$\eta_M \rightarrow \infty$では電極反応速度には依存せず，酵素反応速度だけに律速される限界定常電流（i_s^{lim}）（式⑿）が得られる。

$$\frac{i_s^{lim}}{n_M FA\sqrt{D_M k_c K_M c_E}} = \sqrt{2\left[\frac{c_M}{K_M} - \ln\left(1+\frac{c_M}{K_M}\right)\right]} \tag{12}$$

$c_M \ll K_M$において，反応層の厚みは，$\mu=\sqrt{\frac{D_M K_M}{(n_S/n_M)k_{cat}c_E}}$であり，限界電流は，

$$\frac{i_s^{lim}}{n_M FA} = \sqrt{\frac{n_S}{n_M} D_M \frac{k_{cat}}{K_M} c_E c_M} \tag{13}$$

と表すことができ，触媒定常電流はメディエータ濃度に比例して増加する。$c_M \gg K_M$においては，反応層の厚みはメディエータ濃度の平方根に比例し（$\mu=\sqrt{\frac{2D_M c_M}{(n_S/n_M)k_{cat}c_E}}$），このときの限界電流は下記のように簡略化できる。

$$\frac{i_s^{lim}}{n_M FA} = \sqrt{2\frac{n_S}{n_M} D_M k_{cat} c_E c_M} \tag{14}$$

(2)　ボルタモグラム解析

メディエータ型の電流－電圧曲線についても簡単にまとめる。メディエータの電極反応速度が非常に速く，可逆反応である場合，定常電流の式におけるc_Mの項を$c_M\left(\frac{\eta_M}{1+\eta_M}\right)$（$\eta_M=\left(\frac{c_{M_{ox}}}{c_{M_{red}}}\right)_{x=0}$ $=\exp\left(\frac{nF}{RT}(E-E_M^{\circ\prime})\right)$）に置き換えることでボルタモグラムを表すことができる。

しかし，多くの場合メディエータの電極反応は準可逆であることが多く，その場合の電流－電圧曲線は，

$$i = \frac{i_s^{lim}}{1+D_M/\mu k_{M.f}+k_{M.b}/k_{M.f}} \tag{15}$$

$$k_{M.f}=k_M^{\circ}\exp[-\alpha(nF/RT)(E-E_M^{\circ\prime})] \tag{16}$$

$$k_{M.b}=k_M^{\circ}\exp[(1-\alpha)(nF/RT)(E-E_M^{\circ\prime})] \tag{17}$$

と表すことができる。k_M°はメディエータの拡散種としての標準電極反応速度定数である。

(3)　改良にむけた考察，指針

現実的な酵素・メディエータ固定膜を考えた場合，それぞれの濃度を増やすことで，平板電極で1～10 mA cm^{-2}もの電流密度が期待できる。このときバイオ電池に用いるメディエータの選択

は，電池のパフォーマンスを決定する最も重要な因子となる。メディエータの選択においては，電極反応速度，安定性，溶解度，固定化，コスト，安全性，酸素との反応性など様々な角度から検証する必要がある。特に，電池の高出力化には，メディエータの電位と酵素との反応速度の関係をよく理解し適切なメディエータを組み込むことが重要である。図8に示すようにメディエータの酸化還元電位が基質の酸化還元電位に近いほど，電池としてはより大きな電圧を得ることができる。しかし，両者の酸化還元電位の差（反応の駆動力）が小さくなればなるほど，直線自由エネルギー関係にしたがい，指数関数的に酵素とメディエータ間の電子移動反応速度が遅くなり，電流値は小さくなる。逆に大きな反応駆動力があると，反応は拡散など別の因子が律速段階となる。この直線自由エネルギー関係や電位非依存領域の限界値は，メディエータの拡散速度や自己電子交換速度といった速度因子のみならず，構造的因子や親水・疎水的や静電的分子間相互作用因子の影響が反映される。

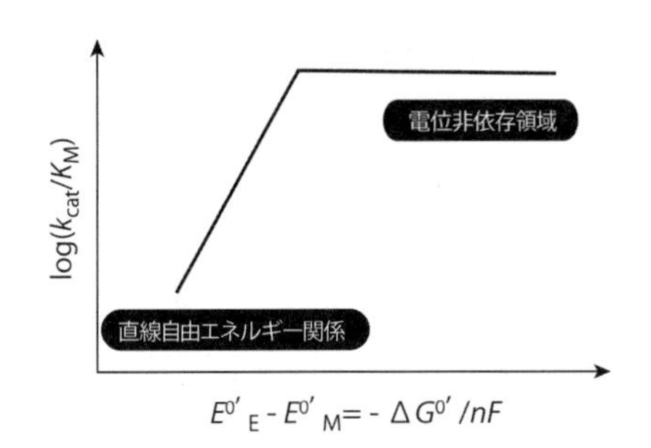

図8　酵素―メディエータ間の2分子反応速度定数（k_{cat}/K_M）の対数と酵素とメディエータの式量電位差の関係

拡散律速で決められる2分子反応速度定数（k_{diff}）と酵素―メディエータ間の相関関係で決められるパラメータ（ρ）の積で電位に依存しない反応速度定数（$k_{lim}=k_{diff}\times\rho$）を表すことができる。$k_{diff}$および$\rho$は，次式で表すことができる。

$$k_{diff}=4\pi N_{av}(D_E+D_M)(r_E+r_M) \tag{18}$$

$$\rho=\frac{A_{active}}{A_{whole}}\times\exp(-\beta(d-d_0)) \tag{19}$$

N_{av}はアボガドロ定数，D，rはそれぞれ拡散係数，半径である。添え字のE，Mはそれぞれ酵素，メディエータである。A_{active}/A_{whole}は酵素表面積に対する活性中心の面積を表している。また，d，d_0は，酵素―メディエータ間の距離と，両者の最近接距離である。メディエータが酵素の活性部位のポケットに入り込めないとき，その距離が大きくなり速度定数が小さくなる。

酵素とメディエータとの反応性は，酵素ごとに異なってくるので，個別に調べる必要がある。例えば，グルコースオキシダーゼと様々な電子受容体（メディエータ）との反応速度とメディエータの関係がこれまで研究されてきた（表4）。図9には，電子受容体（メディエータ）の電位と電子受容体（メディエータ）とGODとの2分子反応速度定数の対数をプロットしたものを示す[68~72]。実験条件が統一されていないために，詳細な議論をすることは難しいが，電位に依存する電位領域と電位に依存しない電位領域があることがわかる。電池への応用を考えると0.2～0.3 V（vs. SHE）付近のメディエータを利用することで，高い電池の出力が期待できる。また，$Fe(CN)_6^{3-/4-}$のように負電荷を有するメディエータを用いた場合，2分子反応速度定数は著しく低下していること

表4　酸化還元メディエータ，電位とグルコースオキシダーゼとの反応速度定数

Redox molecule	E/V (vs. SHE)	Bimolecular rate constant for GOD, k_{cat}/K_M (M^{-1} s^{-1})	Ref
Os(DMO-bpy)$_3$	0.466	2.5×10^6	67)
Os(DMO-bpy)$_2$(dm-bpy)	0.581	2.6×10^6	67)
Os(dm-bpy)$_2$(DMO-bpy)	0.641	6.0×10^6	67)
Os(dm-bpy)$_3$	0.666	3.2×10^5 1.2×10^6	67) 68)
Os(bpy)$_3$	0.851	2.1×10^6 4.1×10^5	67) 68)
Os(DEO-bpy)$_3$	0.451	1.7×10^6	67)
Os(DA-bpy)$_3$	0.011	2.2×10^2	67)
Os(DA-bpy)$_2$(dm-bpy)	0.181	6.7×10^6	67)
Os(DA-bpy)$_2$(bpy)	0.241	2.9×10^6	67)
Os(DMA-bpy)$_3$	−0.084	19	67)
Os(DMA-bpy)$_2$(dm-bpy)	0.116	1.4×10^5	67)
Os(DMA-bpy)$_2$(bpy)	0.201	1.2×10^6	67)
Os(DEA-bpy)$_2$(dm-bpy)	0.131	1.0×10^6	67)
Os(2-MeIm)$_2$(bpy)$_2$	0.502	3.6×10^6	68)
Os(Im)$_2$(bpy)	0.487	4.1×10^6	68)
Os(4-MeIm)$_2$(bpy)$_2$	0.453	5.7×10^6	68)
OsCl(1-MeIm)(bpy)$_2$	0.312	4.1×10^4	68)
OsCl(Im)(bpy)$_2$	0.304	1.2×10^5	68)
Os(Im)$_2$(dm-bpy)$_2$	0.351	2.2×10^6	68)
OsCl(1-MeIm)(dm-bpy)$_2$	0.199	7.7×10^3	68)
OsCl(Im)(dm-bpy)$_2$	0.191	2.7×10^4	68)
1,1'-dimethyl-Fc	0.341	7.7×10^4	69)
Fc	0.406	2.6×10^4	69)
vinyl-Fc	0.491	3.0×10^4	69)
carboxy-Fc	0.516	2.0×10^5 2.8×10^4	69) 68)
1,1'-dicarboxy-Fc	0.526	2.6×10^4	69)
(dimethylamino)methyl-Fc	0.641	5.3×10^5	69)
$Fe(CN)_6^{3-/4-}$	0.36	3.2×10^2	70)
tetracyano-*p*-quinodimethane	0.36	1.5×10^6	70)
2-bromo-1,4-BQ	0.31	5.9×10^5	70)
tetrabromo-1,4-BQ	0.29	2.6×10^5	70)
1,4-BQ	0.27	2.0×10^5	70)
2-methyl-1,4-BQ	0.21	5.3×10^4	70)
1,2-NQ	0.14	1.1×10^5	70)
Lithium salt of anion radical tetracyano-*p*-quinodimethane	0.11	3.4×10^4	70)

Phenazine methosulphate	0.12	1.8×10^4	70)
2,3-dichloro-1,4-NQ	0.08	4.9×10^3	70)
2-methyl-5-methoxy-1,4-BQ	0.08	3.5×10^3	70)
1,4-NQ	0.044	3.5×10^3	70)
9,10-phenanthrenequinone	0.02	3.9×10^3	70)
pyocyanin	−0.04	7.6×10^3	70)
1,2-NQ-4-sulphonate	0.21	8.6×10^2	70)
brilliant cresyl blue	−0.073	4.0×10^2	71)
azure A	−0.023	9.8×10^2	71)
thionine	0.017	1.6×10^4	71)
dopamine	0.367	1.2×10^6	71)
daunomycin	0.567	9.0×10^3	71)

Abbreviations;
bpy, 2,2'-bipyridine; dm-bpy, 4,4'-dimethyl-2,2'-bipyridine; DMO-bpy, 4,4'-dimethoxy-2,2'-bipyridine; DEO-bpy, 4,4'-diethoxy-2,2'-bipyridine; DA-bpy, 4,4'-diamino-2,2'-bipyridine; DMA-bpy, 4,4'-dimethylamino-2,2'-bipyridine; Im, imidazole; Me, methyl; Fc, ferrocene; BQ, benzoquinone; NQ, naphthoquinone
Experimental conditions;
(ref. 68) PBS(100 mM NaCl, 10 mM Na_2HPO_4, 0.1 mM EDTA, 0.01% sodium azide, 0.01 mM phenylmethylsulphonyl fluoride), pH 7.4, 20℃, 0.1 M glucose, GOD from *A. niger*
(ref. 69) 0.1 M PBS, pH 7, 25℃, 50 mM glucose, GOD from *A. niger*
(ref. 70) 0.1 M PBS, pH 7, 25℃, 50 mM glucose, GOD from *A. niger*
(ref. 71) 0.1 M PBS containing 6.6% ethanol, pH 7, 25℃, 6 mM glucose, GOD from *P. vitale*
(ref. 72) 0.1 M PBS, pH 7, 25℃, 0.1 M glucose, GOD from *A. niger*

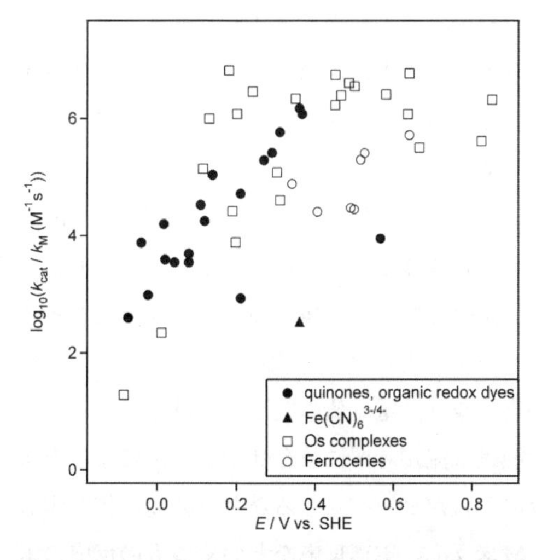

図9　グルコースオキシダーゼと電子受容体間の2分子反応速度定数と電子受容体の電位の関係

がわかる。このことよりGODの活性中心付近が負電荷を有しており，静電的な斥力が働いていることが予想される。実際に酵素の構造（PDB 1gal）を見てみると，FADの存在する基質と反応するポケットの入口付近に（FADの端から5Å程度の距離に）アスパラギン酸が2つ存在している。このように，電子受容体分子との反応性を調べることで，メディエータの最適化への指針を得ることができる。

また，触媒電流値は酵素メディエータ修飾層の特性に大きく影響を受け，i_s^{lim}がLに対してどのように変化するかということも非常に重要な考察点である。触媒定常電流は，メディエータのフラックス，つまり電極表面からのある厚みにおける単位時間あたりの濃度変化（mol s^{-1} cm^{-2}）で決まり，その厚みというのが酵素・メディエータ層（L）と反応層（μ）の薄い方で決まる。触媒定常電流値とLの関係式は次に示す式(20)で表すことができる。$c_M \gg K_M$の場合においては，

$$\frac{i_s^{\lim}}{n_M FA} = \sqrt{2\frac{n_S}{n_M} k_{cat} c_E D_M c_M} \tanh\left(\frac{L}{\mu}\right)$$
$$= \sqrt{2\frac{n_S}{n_M} k_{cat} c_E D_M c_M} \tanh\left(L\sqrt{\frac{(n_S/n_M) k_{cat} c_E}{2 D_M c_M}}\right) \tag{20}$$

で表される。上式より，触媒定常電流値は膜厚に対して双曲線を描き，膜厚が反応層の厚みより十分に厚くなると飽和し層厚に依存しなくなることがわかる。$c_M \ll K_M$のときもまったく同様に定常電流値は膜厚に対してtanhの関数となり触媒電流がLに対して比例して増加し，やがて一定値をとるという以下の式で表される。

$$\frac{i_s^{\lim}}{n_M FA} = \sqrt{\frac{n_S}{n_M}\frac{k_{cat}}{K_M} c_E D_M c_M} \tanh\left(\frac{L}{\mu}\right)$$
$$= \sqrt{\frac{n_S}{n_M}\frac{k_{cat}}{K_M} c_E D_M c_M} \tanh\left(L\sqrt{\frac{(n_S/n_M) k_{cat} c_E}{D_M K_M}}\right) \tag{21}$$

バイオ電池への応用を目指し酵素およびメディエータを電極上に固定化し大きな電流値を得るためには，この酵素膜厚は非常に重要な因子となる。おおよその酵素反応速度パラメータが得られていれば，投入酵素量に対して最大の電流値を得ることができる最適な膜厚を予測することができる。一方，膜厚が厚くなると実際の反応が進行している電極表面への基質の供給が滞り，基質の濃度分極が生じ定常電流が得られなくなることもある。

また，膜内の反応物や生成物の輸送やイオンや電荷の移動は非常に重要である。例えば，Hellerらは，ポリマーにペンダント状にぶら下がったオスミウム錯体をメディエータとし，酵素も架橋剤を用いてそのポリマーに共有結合させて，電極に固定化している。多くの場合，固定化することでメディエータの拡散係数は低くなるが，メディエータとポリマーとの間のリンカーの長さを伸ばすことで錯体自身が動き易くなり，拡散係数が高くなり，電流値の向上を達成している[72)]。

反応解析にまつわる注意事項として，本稿では，触媒電流が時間に依存せずに一定になる定常状態について紹介してきたが，実際には，触媒電流の形状がピークになるなど，時間に依存する触媒電流応答が得られることも多い。物質の拡散，酵素反応，電極反応などいくつもの反応の素過程を十分考慮に入れた解析をする必要がある。燃料電池の作動を考えたときに，特に注意すべきは基質の枯渇であり，反応が進行するに伴い，反応が進行しているエリア内の基質濃度が時間とともに減少する。c_SがK_S付近もしくはそれ以下の濃度になると，式(8)においてK_S/c_S項が無視

できなくなり酵素反応速度が急速に低下し，定常電流が得られなくなる。特に酵素およびメディエータを電極上に修飾した場合，その解析は，固定化層への基質の膜透過など十分考慮して解析する必要がある。

4.2.2　直接電子移動型酵素電極反応

(1)　理論

酵素の酸化還元部位が酵素表面の近傍に存在しているような酵素が電極表面に吸着している場合に酵素―電極間の直接電子移動が観察される。このとき得られる触媒定常電流（限界電流，$i_s^{\lim}$）は次式で表される。

$$\frac{i_s^{\lim}}{n_E FA}=k_c \Gamma_E \lambda \tag{22}$$

n_E，k_c，Γ_Eはそれぞれ酵素の反応電子数，吸着した酵素のターンオーバー数と電極表面の酵素濃度である。λ（$0<\lambda<1$）は電極上に固定化された酵素のうち直接電子移動可能な酵素の割合を示し，電極表面での酵素の配向性や安定性の情報を含んでいる。

また，この場合の電流―電圧曲線は以下の式で表すことができる[73]。この式は，酵素反応速度と電極反応速度が釣り合うことから導かれる。

$$i=\frac{i_s^{\lim}}{1+k_c/k_{f.s}+k_{b.s}/k_{f.s}} \tag{23}$$

またk_fとk_bは吸着酵素種の界面電子移動速度定数で，例えば，酸化反応を例にとれば次の式で表される（E：電極電位，$E_E^{\circ\prime}$：酵素の式量電位，α：転移係数，k_s°：界面電子移動の標準速度定数）。

$$k_f=k_s^\circ \exp\left\{\frac{\alpha F}{RT}(E-E_E^{\circ\prime})\right\} \tag{24}$$

$$k_b=k_s^\circ \exp\left\{\frac{(\alpha-1)F}{RT}(E-E_E^{\circ\prime})\right\} \tag{25}$$

典型的ボルタモグラムを図10の実線で示す。この式より，反応の進行する電位が酵素反応と電極反応の比で決まることがわかる。k_c/k°が大きくなるにしたがい（つまり，酵素―電極間界面電子移動速度が低下するにしたがい），準可逆系定常電流の場合のように，半波電位が過電圧側にずれたシグモイド型電流―電圧曲線となる（図10，破線）。酵素の電位がシフトしているように見えるので，解析の際には注意が必要である。触媒電流の立ち上がり電位は，$E_E^{\circ\prime}$に近接している。この性質を利用して，触媒波から$E_E^{\circ\prime}$

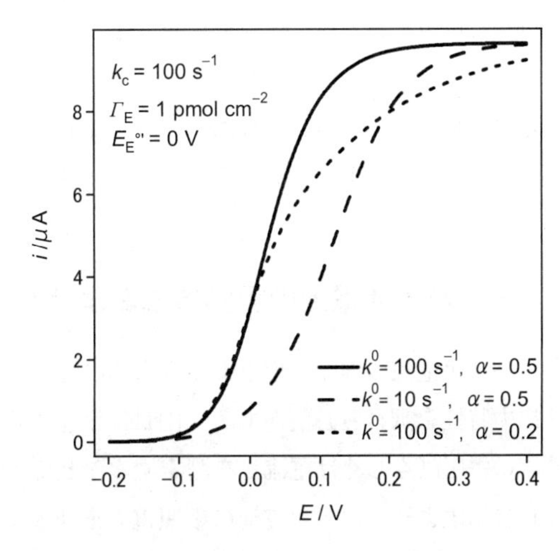

図10　直接電子移動反応のボルタモグラム

を大まかに評価することもできる。$E_E^{\circ\prime}$については，反応物がない条件でのサイクリックボルタンメトリや，分光電気化学的酸化還元滴定法[39]などで求めることができる。

酵素触媒反応においては，図10の点線で示すように触媒定常電流が限界値をとらず，電位を正側に掃引するにつれて，増加し続けるという独特の波形が観察されることが多い。これを説明するため，配向性のばらつきなどを考慮したより複雑なモデルも提案されており，実験結果の波形をよく説明できている[27]。上述の単純なモデルでもαをパラメータとすることにより（移動係数αは一般的な電気化学反応では0.5と考える），実験結果と理論曲線を合わせることができる。ただし，この場合，αの持つ物理的意味は，一般的な電極反応のそれとは異なり，酵素の配向分布や酸化還元中心の情報も含まれてくるものと考えられる。

また，k_cを溶液中での酵素反応速度定数（k_{cat}）（ただし，酵素と電子受容体との電位差に依存しない反応速度定数である）と同じと仮定すると，$\Gamma_E \lambda$やk_s°を得ることができる。k_s°の値は，電極の種類，酵素の酸化還元活性中心と電極との距離が大きく影響していると考えられる。また，電極表面での酵素について，水晶振動子マイクロバランス測定[74~76]や表面分光法，もしくは吸着前後でのバルク中の酵素母液の濃度変化などから算出されるΓ_E値と比較することで，吸着状態すなわちλに関する検討が可能になると考えられる。

(2) 改良にむけた考察，指針

平滑な電極に酵素が単分子層を形成し，吸着している酵素すべてが反応している場合，その触媒電流はおおよそ数百μA cm^{-2}程度と計算できる。酵素は，一般に分子あたりの触媒機能は優れているが，pH，電場や温度変化による構造変性，凝集または環境中の分解酵素などにより，その活性を失い易い。また，電流密度の向上には，電極上での活性を維持した状態の酵素量を増やさなければならないが，酵素自身が高分子であるために，平坦な電極での単位面積あたりの固定化量には限界がある。また，電子移動可能な配向に関わる問題もあり，実際に得られる電流はさらに小さくなる。したがって，$\Gamma_E \lambda$の積極的な改善が求められる。ナノメートルオーダー構造を制御した電極を作製し，酵素を吸着させることで，電流値を100～1000倍（～10 mA cm^{-2}）程度にまで向上させることが可能である。詳細については，第2章第4節や第4章第3節で詳述する。酵素と電極間における相互作用および電子移動メカニズムをよく理解し，電極および酵素の構造および表面修飾を進めていくことで，電子移動効率のさらなる向上が期待される。

5　バイオ電池の評価方法および出力決定因子の解析

バイオ電池の作動特性をより定量的に評価し議論するためにも，電流—電圧曲線すなわち電池出力特性を調べる必要がある。図11に示すように，バイオ電池の端子間抵抗を変化させ，そのときの電圧（もしくは電流）を測定することで，電流—電圧曲線を得ることができる。さらに，図11に示すようにバイオ電池に参照電極を挿入し，アノード，カソードの電位も同時に測定することで，それぞれの電極の反応を詳しく見ることができる。理論上得られる（開回路での）最大電圧は，燃料（還元剤）の酸化還元電位と酸素（酸化剤）の酸化還元電位の差で決まり，例えばグルコース―酸素バイオ電池では水素―酸素燃料電池とほぼ同程度の約1.2Ｖである。しかし，実際のバイオ電池の開回路電圧はアノード・カソードそれぞれの電極において，直接電極反応を行う酸化還元酵素やメディエータの酸化還元電位差でおおよそ決定される。これらの電位と燃料の電位との差が熱力学的ロスとなる（図11の①）。作動時の電池の出力電圧（V_{cell}）はアノード側の電流―電圧曲線とカソード側の電流―電圧曲線の，ある電流（i）におけるアノードの電位（E_a）およびカソードの電位（E_c）の差から，内部抵抗（R_{inner}）の補正したものであり次式で表すことができる。

$$V_{cell}=E_c-E_a-iR_{inner} \tag{26}$$

ここでのR_{inner}には電極反応速度と電池内溶液抵抗，隔膜を入れたときはその膜内でのイオン輸送抵抗などが含まれ，電流値が大きくなるほど電圧低下が大きくなる。電池の最大電流（短絡電流）i_{max}は２つの電流―電圧曲線の交点で決まる。また，負荷があるときの電力（P）は$P=iV_{cell}$で与えられる。バイオエレクトロカタリシス反応の電流―電圧曲線を正しく理解し，評価することが，バイオ電池の評価および出力向上に非常に重要である。

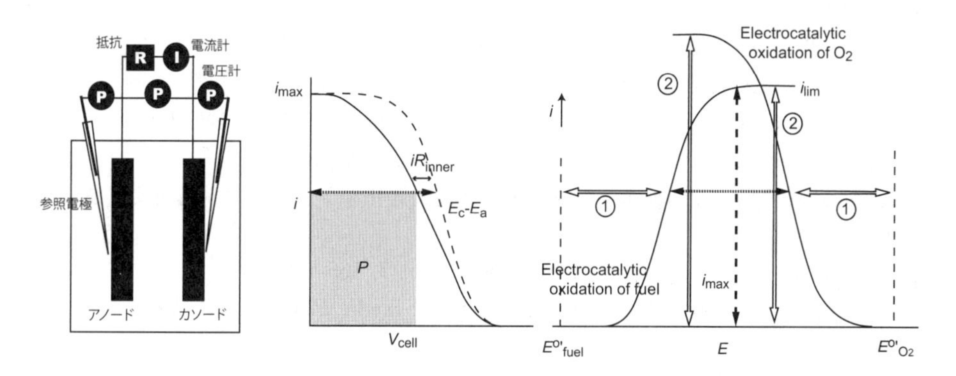

図11　バイオ電池の電流―電圧曲線と制御因子

左）　バイオ電池の電流―電圧曲線測定

中）　電池の電流―電圧曲線

右）　アノードおよびカソードの電流―電圧曲線

①電池電圧制御因子：メディエータもしくは酵素の酸化還元電位，電極反応速度

②電池電流制御因子：物質輸送，酵素反応速度

文　献

1) G. T. R. Palmore, G. M. Whitesides, *ACS Symp. Series,* **566**, 271 (1994)
2) S. C. Barton, J. Gallaway, P. Atanasov, *Chem. Rev.*, **104**, 4867 (2004)
3) J. Kim, H. Jia, P. Wang, *Biotech. Advances*, **24**, 296 (2006)
4) S. D. Minteer, B. Y. Liaw, M. J. Cooney, *Current Opinion in Biotechnology*, **18**, 228 (2007)
5) J. A. Cracknell, K. A. Vincent, and F. A. Armstrong, *Chem. Rev.*, **108**, 2439 (2008)
6) 辻村清也，加納健司, *Electrochemistry*, **76**, 900 (2008)
7) I. Willner, Y.-M. Yan, B. Willner, R. Tel-Vered, *Fuel Cells*, **9**, 7 (2009)
8) I. Ivanov, T. Vidaković-Koch, K. Sundmacher, *Energies*, **3**, 803 (2010)
9) L. Gorton and E. Domínguez, *Rev. Mol. Biotech.*, **82**, 371 (2002)
10) I. Katalis, E. Dominiguez, *Mikrochim. Acta*, **126**, 11 (1997)
11) N. K. Cenas, J. J. Kanapieniene, J. J. Kulys, *Biochim. Biophys. Acta*, **767**, 108 (1984)
12) R. A. Rincón, K. Artyushkova, M. Mojica, M. N. Germain, S. D. Minteer, P. Atanassov, *Electroanalysis*, **22**, 799 (2010)
13) K. Takagi, K. Kano, and T. Ikeda, *J. Electroanal. Chem.*, **445**, 211 (1998)
14) R. Matsumoto, M. Kakuta, Y. Goto, T. Sugiyama, H. Sakai, Y. Tokita, T. Hatazawa, S. Tsujimura, S. Shirai, K. Kano, *Phys. Chem. Chem. Phys.*, **12**, 13904 (2010)
15) G. T. R. Palmore, H. Bertschy, S. H. Bergens, G. M. Whitesides, *J. Electroanal. Chem.*, **443**, 155 (1998)
16) H. Sakai, T. Nakagawa, A. Sato, T. Tomita, Y. Tokita, T. Hatazawa, T. Ikeda, S. Tsujimura, K. Kano, *Energy Environ. Sci.*, **2**, 133 (2009)
17) D. Sokic-Lazic, S. D. Minteer, *Electrochem. Solid-State Lett.*, **12**, F26 (2009)
18) D. Sokic-Lazic, S. D. Minteer, *Biosens. Bioelectron.*, **24**, 939 (2008)
19) 福田潤，辻村清也，加納健司，第22回生体機能関連化学シンポジウム講演要旨集，288 (2007)
20) R. Willson, A. P. F. Turner, *Biosens. Bioelectron.*, **7**, 165 (1992)
21) S. Tsujimura, M. Fujita, H. Tatsumi, K. Kano, T. Ikeda, *Phys. Chem. Chem. Phys.*, **3**, 1331 (2001)
22) H. Tatsumi, K. Kano, T. Ikeda, *J. Phys. Chem. B*, **104**, 12079 (2000)
23) T. Ikeda, in "Frontiers in Biosensorics I", (W. Scheller, F. Schubert and J. Fedrowitz, eds.), p. 243, Birkhäuser Verlag, Berlin (1997)
24) T. Larsson, A. Lindgren, T. Ruzgas, S.-E. Lindquist, L. Gorton, *J. Electroanal. Chem.*, **482**, 1 (2000)
25) R. Ludwig, W. Harreither, F. Tasca, L. Gorton, *ChemPhysChem*, **11**, 2674 (2010)
26) C. Léger, S. J. Elliott, K. R. Hoke, L. J. C. Jeuken, A. K. Jones, F. A. Armstrong, *Biochemistry*, **42**, 8653 (2003)
27) C. Léger, P. Bertrand, *Chem. Rev.*, **108**, 2379 (2008)
28) K. A. Vincent, J. A. Cracknell, O. Lenz, I. Zebger, B. Friedrich, F. A. Armstrong, *Proc. Natl. Acad. Sci. USA*, **102**, 16951 (2005)

29) Y. Kamitaka, S. Tsujimura, N. Setoyama, T. Kajino, K. Kano, *Phys. Chem. Chem. Phys.*, **9**, 1793 (2007)
30) K. Murata, K. Kajiya, N. Nakamura, H. Ohno, *Energy Environ. Sci.*, **2**, 1280 (2009)
31) T. Miyake, S. Yoshino, T. Yamada, K. Hata, M. Nishizawa, *J. Am. Chem. Soc.*, **133**, 5129 (2011)
32) R. L. Arechederra, S. D. Minteer, *Fuel Cells*, **9**, 63 (2009)
33) M. R. Tarasevich, A. I. Yaropolov, V. A. Bogdanovskaya, S. D. Varfolomeev, *Bioelectrochem. Bioenerg.*, **6**, 393 (1979)
34) S. Shleev, J. Tkac, A. Christenson, T. Ruzgas, A. I. Yaropolov, J. W. Whittaker, L. Gorton, *Biosens. Bioelectron.*, **20**, 2517 (2005)
35) T. Sakurai, K. Kataoka, *Chem. Rec.*, **7**, 220 (2007)
36) E. I. Solomon, U. M. Sundaram, T. E. Machonkin, *Chem. Rev.*, **96**, 2563 (1996)
37) F. Xu, R. M. Berka, J. A. Wahleithner, B. A. Nelson, J. R. Shuster, S. H. Brown, A. E. Palmer, E. I. Solomon, *Biochem. J.*, **334**, 63 (1998)
38) C. S. Stoj, A. J. Augustine, E. I. Solomon, D. J. Kosman, *J. Biol. Chem.*, **282**, 7862 (2007)
39) S. Tsujimura, A. Kuriyama, N. Fujieda, K. Kano, T. Ikeda, *Anal. Biochem.*, **337**, 325 (2005)
40) F. Xu, W. S. Shin, S. H. Brown, J. A. Wahleithner, U. M. Sundaram, E. I. Solomon, *Biochim. Biophys. Acta*, **1292**, 303 (1996)
41) Y. Miura, S. Tsujimura, K. Kurose, Y. Kamitaka, K. Kataoka, T. Sakurai, K. Kano, *Fuel Cells*, **9**, 70 (2009)
42) P. Durao, I. Bento, A. T. Fernandes, E. P. Melo, P. F. Lindley, L. O. Martins, *J. Biol. Inorg. Chem.*, **11**, 514 (2006)
43) P. M. H. Kroneck, F. A. Armstrong, H. Merkle, A. Marchesini, *Adv. Chem. Ser.*, **200**, 223 (1982)
44) O. Ikeda, T. Sakurai, *Eur. J. Biochem.*, **219**, 813 (1994)
45) Y. Kamitaka, S. Tsujimura, N. Setoyama, T. Kajino, K. Kano, *Phys. Chem. Chem. Phys.*, **9**, 1793 (2007)
46) Y. Miura, S. Tsujimura, Y. Kamitaka, S. Kurose, K. Kataoka, T. Sakurai, K. Kano, *Chem. Lett.*, **36**, 132 (2007)
47) S. Tsujimura, Y. Miura, K. Kano, *Electrochim. Acta*, **53**, 5716 (2008)
48) S. Tsujimura, H. Tatsumi, J. Ogawa, S. Shimizu, K. Kano, T. Ikeda, *J. Electroanal. Chem.*, **496**, 69 (2001)
49) C. F. Blanford, R. S. Heath, F. A. Armstrong, *Chem. Commun.*, 1710 (2007)
50) L. dos Santos, V. Climent, C. F. Blanford, F. A. Armstrong, *Phys. Chem. Chem. Phys.*, **12**, 13962 (2010)
51) G. T. R. Palmore, H. Kim, *J. Electroanal. Chem.*, **464**, 110 (1999)
52) J. Fei, A. Basu, F. Xue, G. T. R. Palmore, *Org. Lett.*, **8**, 3 (2006)
53) K. Ishibashi, S. Tsujimura, K. Kano, The 214th ECS Meeting (PRiME 2008), Abs. #1437 (2008)
54) S. Tsujimura, K. Kano, T. Ikeda, *Electrochemistry*, **70**, 940 (2002)
55) J. W. Gallaway, S. A. Calabrese Barton, *J. Am. Chem. Soc.*, **130**, 8527 (2008)

56) T. Chen, S. C. Barton, G. Binyamin, Z. Gao, Y. Zhang, H-H. Kim, A. Heller, *J. Am. Chem. Soc.*, **123**, 8630 (2001)
57) S. Calabrese Barton, H.-H. Kim, G. Binyamin, Y. Zhang, A. Heller, *J. Phys. Chem. B*, **105**, 11917 (2001)
58) S. Calabrese Barton, M. Pickard, R. Vazquez-Duhalt, A. Heller, *Biosens. Bioelectron.*, **17**, 1071 (2002)
59) N. Mano, H. H. Kim, Y. C. Zhang, A. Heller, *J. Am. Chem. Soc.*, **124**, 6480 (2002)
60) N. S. Hudak, S. C. Barton, *J. Electrochem. Soc.*, **152**, A876 (2005)
61) N. Mano, J. L. Fernandez, Y. Kim, W. Shin, A. J. Bard, A. Heller, *J. Am. Chem. Soc.*, **125**, 15290 (2003)
62) N. Mano, V. Soukharev, A. Heller, *J. Phys. Chem. B*, **110**, 11180 (2006)
63) V. Soukharev, N. Mano, A. Heller, *J. Am. Chem. Soc.*, **126**, 8368 (2004)
64) S. Tsujimura, M. Kawaharada, T. Nakagawa, K. Kano, T. Ikeda, *Electrochem. Comm.*, **5**, 138 (2003)
65) T. Nakagawa, S. Tsujimura, K. Kano, T. Ikeda, *Chem. Lett.*, **32**, 54 (2003)
66) K. Ishibashi, S. Tsujimura, K. Kano, *Electrochemistry*, **76**, 594 (2008)
67) S. M. Zakeeruddin, D. M. Fraser, M. K. Nazeeruddin, M. Gratzel, *J. Electroanal. Chem.*, **337**, 253 (1992)
68) Y. Nakabayashi, A. Omayu, S. Yagi, K. Nakamura, J. Motonaka, *Anal. Sci.*, **17**, 945 (2001)
69) A. E. G. Cass, G. Davis, G. D. Francis, H. A. O. Hill, W. J. Aston, I. J. Higgins, E. V. Plotkin, L. D. L. Scott, A. P. F. Turner, *Anal. Chem.*, **56**, 667 (1984)
70) J. J. Kulys, N. K. Cenas, *Biochim. Biophys. Acta*, **744**, 57 (1983)
71) F. Battaglini, M. Koutroumanis, A. M. English, S. R. Mikkelsen, *Bioconjugate Chem.*, **5**, 430 (1994)
72) A. Heller, *Curr. Op. Chem. Biol.*, **10**, 664 (2006)
73) S. Tsujimura, T. Nakagawa, K. Kano, T. Ikeda, *Electrochemistry*, **72**, 437 (2004)
74) Y. Kamitaka, S. Tsujimura, T. Ikeda, K. Kano, *Electrochemistry*, **74**, 642 (2006)
75) S. Tsujimura, T. Abo, Y. Ano, K. Matsushita, K. Kano, *Chem. Lett.*, **36**, 1164 (2007)
76) S. Tsujimura, T. Abo, K. Matsushita, Y. Ano, K. Kano, *Electrochemistry*, **76**, 549 (2008)

第2章　電池材料の研究開発

1　金ナノ粒子電極

中村暢文*

1.1　はじめに

電池の構成部品中で電極は電池の出力を支配する最も重要なパーツであり，電極の選択によって，電池の性能が決まるといっても過言ではない。バイオ電池の電極に要求されることの第一は，酵素—電極間の速い電子移動が達成されることである。酵素の触媒反応速度が十分大きければ，燃料や電子受容体の供給速度以外では，酵素—電極間の電子移動速度によってシステム全体の能力が規定される。そこで，酵素の配向を制御したり，メディエータを固定したりするなどの，速い電子移動が達成されるような電極表面を作製することが最大の課題となる。また，出力向上のためには電極単位面積当たりの電流値を大きくする必要があり，そのためには速い電子移動の達成とともに電極上の3次元的な利用による実効表面積の拡大を達成する必要がある。微細加工技術を利用して表面積の大きな電極を作製することや，もともと表面積の大きなカーボンペーパーを電極として利用するなどのトップダウン型の方策とともに，炭素ナノ粒子，カーボンナノチューブ，金属ナノ粒子などを基盤電極の上に固定して表面積を大きくする，所謂ボトムアップ型の方策があり，これらの両方を組み合わせた戦略も多く報告されるようになってきている。ここでは，金ナノ粒子を用いて電極を作製する方法に絞って記述する。

1.2　金ナノ粒子電極の利点

金ナノ粒子は，バイオ電池のみならずバイオテクノロジーの分野では良く用いられる材料であり，透過型電子顕微鏡のための生体染色剤としての利用[1]にはじまり，DNA解析への利用[2,3]など，様々な応用が既になされている。電極修飾剤として用いる際の金ナノ粒子の利点としては大きく以下の2点が挙げられる。第一に，プラズモン共鳴を利用した高感度な分光法の併用が可能なことである。先にも述べたが，電池の性能を向上させるためには，電極—触媒間の速い電子移動を達成する必要があり，そのための電極表面や酵素の配向などの情報を得ることは非常に重要である。金ナノ粒子や銀ナノ粒子上に存在する有機物やタンパク質を高感度で測定することが可能な，表面増強赤外分光（SEIRAS）[4]や表面増強共鳴ラマン分光（SERRS）[5]を用いることができることは，電極表面の状態を知る上で都合が良い。第二に，チオール基やジスルフィド基は金，銀などの金属上で自己組織化単分子膜（SAM）を形成することが知られており，このSAM形成を利用

---

* Nobuhumi Nakamura　東京農工大学　大学院工学研究院　准教授

すれば，容易に電極表面の状態をコントロールできるところも利点である[6)]。炭素ナノ粒子に比較すると高価ではあるものの，使用量が少量で済めば実用上問題ないかもしれない。また，金属ナノ粒子とSAMを用いて調べた電極表面の状態を実用段階では炭素ナノ粒子上で再現して用いるという戦略も考えられる。

1.3 金ナノ粒子電極に関する報告

金ナノ粒子を酵素電極に用いた報告は，Crumblissらによる西洋わさびペルオキシダーゼ（HRP）を金ナノ粒子（金コロイド）に固定して平板電極上に固着させ，その電極を用いてメディエータレスの直接電子移動による過酸化水素の還元反応を観測したものが最初である[7,8)]。その後，金ナノ粒子と様々な酵素を組み合わせた酵素電極が報告されてきているが，電極上に単層でナノ粒子を固定した報告がほとんどであり，金に対する吸着挙動や導電性に注目しているものの，金ナノ粒子の最大の利点の一つである大きな比表面積を持つという点を積極的に利用した報告はあまりなされてきていない。電極表面積を増大させる目的で金ナノ粒子を利用した例としては，layer-by-layer法[9~11)]とゾル―ゲルマトリックス[12,13)]を利用した報告がある。いずれの報告においても繋ぎとして用いるポリマー，クロスリンカーあるいはタンパク質そのものが電極との間の電子移動を阻害してしまうという問題を抱えている。一方で3次元的に多孔質の金電極を作製する試みもなされてきており，この場合，多孔質材料そのものがタンパク質の足場となるとともに導電材料として働くことから，電極との電子移動可能な状態でより多くのタンパク質を固定できるものと考えられている。実際にSiO_2のナノ粒子を鋳型として用いて作製した3次元多孔質金フィルム電極を用いた場合，通常の平板な金電極を用いた場合と比較して，約10倍のヘモグロビンの電極応答を得たという報告がある[14)]（図1）。

我々の研究室においても金ナノ粒子を用いた電極応答の増大に取り組んでおり，以下に詳しく述べる。金ナノ粒子で粗い電極表面を作製し，その上にタンパク質を固定する方法により，多くのタンパク質分子を電極上に固定できることを示した[15)]。金ナノ粒子電極の作製法は，金ナノ粒子を既報の方法により作製した後，その分散液を遠心して50倍に濃縮したものを基板となる電極にキャストして風乾するという簡便な方法である。基板の撥水性によっては前処理が必要になる

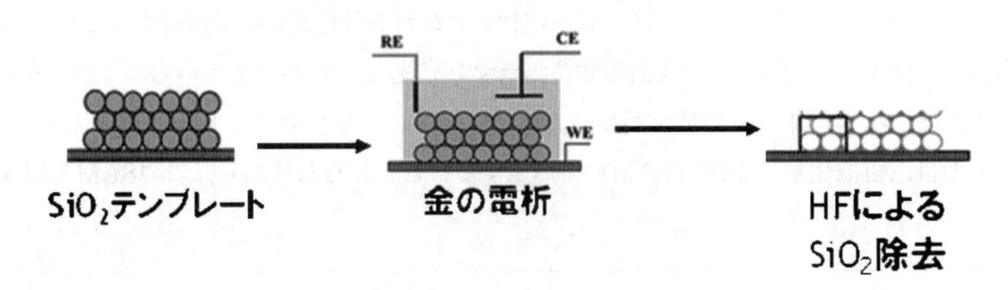

図1　3次元多孔質金フィルム電極の作製[14)]

図2　金ナノ粒子電極のSEM画像[15]

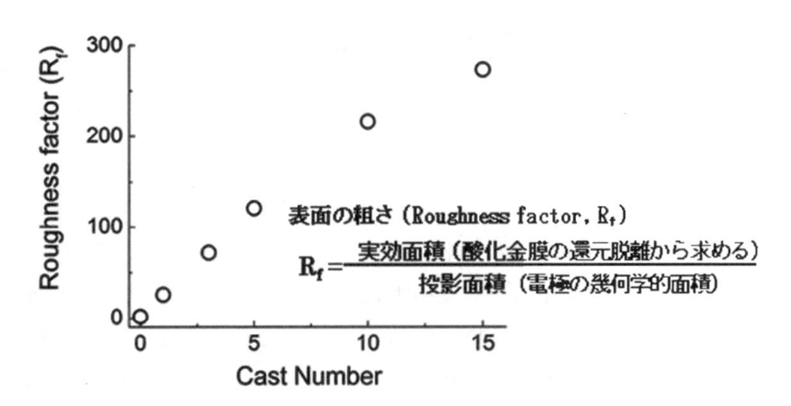

図3　金ナノ粒子分散液のキャスト回数と表面粗さとの関係[15]

場合もあるが，ほとんどの材質，形状の電極に応用できるという利点がある。キャストして風乾するという一連の操作を複数回繰り返すことによって，さらに表面積を増加させることが可能である。作製した金ナノ粒子のSEM画像を図2に示す。この場合，金ナノ粒子としては当初平均粒径15 nmのものを用いているので，ナノ粒子分散液の濃縮過程か風乾過程のいずれかの過程で，ある程度の凝集が起こり，サイズがやや大きくなり，それらがさらに集まって3次元的な構造を形成したものと考えられる。図3は，多結晶金電極上にキャストして作製した金ナノ粒子電極の粗さの程度と金ナノ粒子溶液のキャスト回数との関係を示したものである。キャスト回数を増やすに従って，直線的にラフネスファクター（R_f）が増大し，15回のキャストの際には，$R_f = 270$となった。ただし，キャストを繰り返すと電極上に構築された多孔質構造が徐々に不安定になるので，キャスト回数の多い電極の応用については注意が必要である。キャスト回数3の金ナノ粒子電極上に11-メルカプトウンデカン酸（11-MUA）のSAMを形成し，その上に電子伝達タンパク質の一種であるシトクロム*c*を吸着させ，サイクリックボルタンメトリを行った（図4）。明瞭な酸化

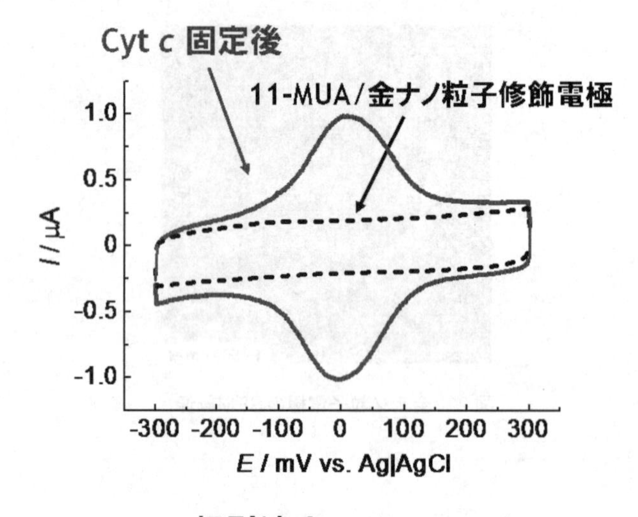

図４　金ナノ粒子電極上に11-MUAを介して固定したシトクロム*c*の酸化還元応答[15]

還元応答が観測され，電荷から計算し，電極上に密にシトクロム*c*が並んだモデルを仮定してそれを１層と考えた場合，金ナノ粒子のキャスト回数が３回の金ナノ粒子電極で約33層分に相当し，15回キャストした金ナノ粒子電極では約170層分に相当していた。この金ナノ粒子電極を用いることで，バイオ電池なら電流値の増大に伴う出力アップ，バイオセンサであれば感度向上が期待でき，これまで応答が小さくて観測できなかったタンパク質の電気化学に関する基礎研究についても威力を発揮するものと考えられる。

1.4　金ナノ粒子電極を用いたバイオ電池

先に述べた金ナノ粒子電極をアノード，カソードの両方に用いて直接電子移動型（DET型）バイオ電池を構築した[16]。酵素の選択によって，酵素の直接電子移動に適した電極表面を作製する必要があることから，様々な官能基を持つアルカンチオールによるSAM形成を利用して，両極に用いる酵素それぞれに対して最適となるような条件の検討を行った。カソード触媒としてビリルビンオキシダーゼ（BOD）を用いた。金ナノ粒子電極上に様々な官能基を持つアルカンチオールのSAMを形成させ，BOD一電極間の直接電子移動に基づく酸素の還元反応について検討を行ったところ，チオール類によるSAM形成をさせないで金ナノ粒子電極そのものを用いた場合に最も大きな触媒電流が観測されることが分かった。アノード触媒には，以前から金ナノ粒子（金コロイド）電極で直接電子移動が観測されると報告されており，酵素反応も十分速いフルクトースデヒドロゲナーゼ（FDH）を用いた[17~20]。出力の増大を期待して，両極ともカーボンペーパー電極を選択し，その上に金ナノ粒子修飾を行った。電池の評価を行ったところ（図５），静置した状態で

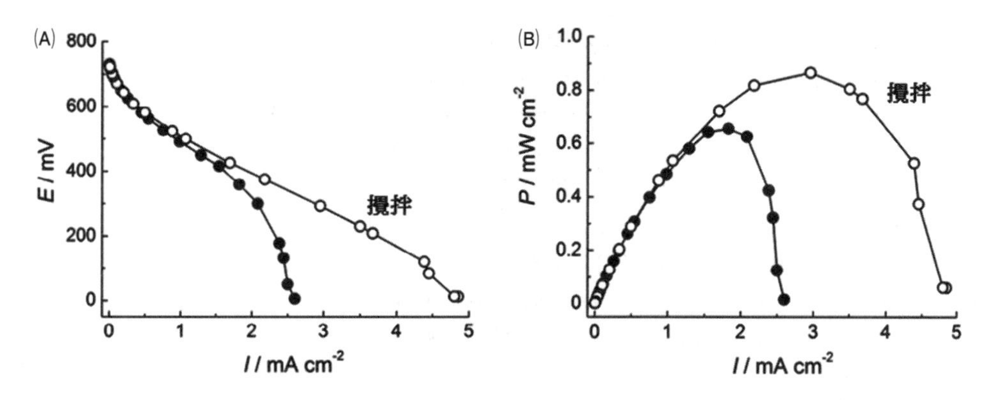

図5　フルクトース／酸素型バイオ電池の電流―電圧特性(A)と電力密度(B)[16)]

0.66 mW cm^{-2} (at 360 mV)，攪拌状態で0.87 mW cm^{-2} (at 300 mV) の値が得られ，カソードおよびアノードの両極がともに直接電子移動型であるバイオ電池としては，比較的出力の大きな値を得ることができた。このバイオ電池では，カソードにおける酸素の拡散が電池の出力を規定しており，より高出力のバイオ電池を得るためには空気中の酸素を上手く取り込む工夫が必要である。

1.5　おわりに

金ナノ粒子などのナノ構造を持つものを電極材料として用いることによって，バイオ電池の出力はかなり向上してきており，実用化されるのに必要な値へあと少しという領域に入ってきているように思われる。また，はじめは予想していなかったこととして，ナノ構造が形成された界面に固定された酵素の安定性が向上するとの結果がある。固定化酵素が安定化される理由についてはこれから明らかにすべき課題であるものの，電極上へのナノ構造の形成が，バイオ電池の出力のみならず，耐久性にも寄与できるという結果は注目に値する。

文　　献

1) H. A. Hayat, Colloidal Gold, Principles, Methods, and Applications, **1**, Academic Press, New York (1989)
2) C. A. Mirkin *et al., Nature*, **382**, 607 (1996)
3) A. P. Alivisatos *et al., Nature*, **382**, 609 (1996)
4) K. Ataka *et al., J. Am. Chem. Soc.*, **126**, 9445 (2004)
5) D. H. Murgida *et al., Chem. Soc. Rev.*, **37**, 937 (2008)

6) J. C. Love *et al., Chem. Rev.*, **105**, 1103 (2005)
7) A. L. Crumbliss *et al., Biotechnol. Bioeng.*, **40**, 483 (1992)
8) J. G. Stonehuerner *et al., Biosensors Bioelectronics*, **7**, 421 (1992)
9) W. Yang *et al., Electrochem. Commun.*, **8**, 665 (2006)
10) H. Zang *et al., J. Phys. Chem. B*, **110**, 2171 (2006)
11) A. F. Lofitus *et al., J. Am. Chem. Soc.*, **130**, 1649 (2008)
12) J. Jia *et al., Anal. Chem.*, **74**, 2217 (2002)
13) L. Wang *et al., Electrochem. Commun.*, **6**, 49 (2004)
14) C. Wang *et al., Adv. Funct. Mater.*, **15**, 1267 (2005)
15) K. Murata *et al., Electroanalysis*, **22**, 185 (2010)
16) K. Murata *et al., Energy Environ. Sci.*, **2**, 1280 (2009)
17) S. Yabuki *et al., Electroanalysis*, **9**, 23 (1997)
18) Y. Kamitaka *et al., Chem. Lett.*, **36**, 218 (2007)
19) M. Tominaga *et al., J. Electroanal. Chem.*, **610**, 1 (2007)
20) K. Murata *et al., Electrochem. Commun.*, **11**, 668 (2009)

2　ナノ構造金属カーボン複合電極

冨永昌人*

2.1　はじめに

酵素反応をベースとしたバイオ燃料電池は，生体と同様の穏和な条件下での発電が可能なために安全性が高く，また種々の酵素による多様な燃料を利用可能であり，エネルギー変換効率も高い理想の電池である。しかしながら，電流密度が必ずしも高くないこと，酵素の安定性が無機触媒に比べて低いこと，さらには酵素と電極間の電子移動が容易ではないことが問題として挙げられる。酵素の安定化については工業的に固定化酵素の利用がなされている現状を考慮すると，安定化剤添加などの工夫によりその安定化の向上が期待できる。酵素反応による電流密度が高くないことは次のことから理解できる。直径10 nmの酵素を考えた場合，その酵素の専有面積を約100 nm^2と仮定すると酵素量は約 8×10^{-12} mol cm^{-2} である。これらの酵素が基質と反応し，仮に一秒間に5電子を電極と授受した場合の電流密度は0.8 μA cm^{-2}と計算される。電池の実用化の観点からは，10 mA cm^{-2}程度以上の出力が望まれることから，上記の約 13×10^3 倍の単位時間当たりの酵素反応による電子授受が必要である。1 cm^2の電極面積であれば酵素単分子層の約 13×10^3 倍に相当する酵素反応層が必要であり，もしくは酵素単分子層で考えた場合には約 13×10^3 cm^2の電極面積が必要である。もちろん反応活性がさらに高い酵素を利用すれば，必要な酵素量を少なくできるがそのオーダーを十分に小さくするには至らない。

酵素を電極上の触媒にすることは，基質の一方を電極に置き換えることであり，酵素の特徴である高い基質特異性を考えると酵素と電極間の直接的な電子移動反応は容易ではない。この場合，電極上での酵素の吸着配向が重要になり，そのための工夫が電極界面に必要である。一方，酵素と電極間の電子伝達媒体（電子メディエータ）として酸化還元低分子を用いることができる。しかしながら，酵素によって最適な電子メディエータの探索が必要なこと，電子メディエータの固定化が必要になるなどの問題点はあるものの，単位電極面積当たりの反応酵素量を極めて大きくするためには電子メディエータの利用も有効な手段である。また，酵素と電極間の直接的な電子移動反応の場合には，電極面積の増大は反応酵素量の増加に繋がり極めて重要である。電極界面上でのナノ構造体の構築は，飛躍的に比表面積を増大するため，バイオ燃料電池構築において極めて重要なアプローチである。電極上の酵素単分子層が直接的に電極と電子移動反応するケースを考える場合には，いかに電極の比表面積を大きくするかが重要である。また実用化のためにはコスト観点からの電極材料の選択も重要である。カーボン素材は電極特性およびコスト的に優れる。例えば，カーボンアエロゲル[1]は850 m^2 g^{-1}の極めて大きな比表面積を有する。また，ケッチェンブラック[2]，カーボンブラック[3]やカーボンナノチューブ[4~7]，さらには最近大面積の合成が可能になったグラフェンシート[8]といったナノカーボンの利用も有効である。高価な貴金属もナノ

---

* Masato Tominaga　熊本大学　大学院自然科学研究科　准教授

粒子化により微量で極めて大きな表面積が得られる。例えば，直径4 nmの金ナノ粒子の場合には約77 m^2 g^{-1}の表面積が得られる。上述の13×10^3 cm^2の比表面積を得るために必要な金は，約17 mgであり60円程度（3500円/gの場合）である。ここでは，著者らの最近の研究として，酵素直接電子移動反応型フルクトース一酸素燃料電池作製のための，3次元マトリックス炭素ファイバーに金ナノ粒子を埋め込んだナノ構造金属カーボン複合電極の開発について記述する。

2.2 SAMを用いた金電極界面デザイン

電極上での酵素の直接電子移動反応は，高い基質特異性の反応の一方を電極反応に置き換えることであることから，電極上での酵素の吸着配向が重要である。加えて，電極上の酵素の容易な脱離を防ぐ必要があると同時に，酵素は変性しやすいソフトな物質であるので電極上への強吸着も問題である。酵素と電極との直接電子移動反応を達成するには，電極表面を最適にする界面設計が必要である。

金電極界面の設計には，金とチオール基との結合からなる有機小分子の自己組織化単分子膜（self-assembled monolayer：SAM）修飾[9,10]が有用である。アルキルチオール（RS-H）とアルキルジスルフィド（RS-SR）の金への化学吸着は次式で示される。

$$\mathrm{RS{-}H + Au \longrightarrow RS{-}Au + 1/2H_2} \quad (1)$$

$$\mathrm{RS{-}SR + 2Au \longrightarrow (RS{-}Au)_2} \quad (2)$$

いずれの反応も自発的な発熱反応である。RS-Auの結合エネルギーは約170 kJ mol^{-1}と強固である。SAM修飾金電極の作製は容易であるが注意も必要である。SAM修飾剤に含まれる不純物の吸着には細心の注意が必要である。精製されたSAM試薬においても，硫黄原子やそのオリゴマー体などがごく微量混入している場合が多い。これらの不純物は目的とするSAMよりも金への結合力が強いため，金電極の修飾溶液への浸漬時間とともに徐々にSAMと吸着置換するケースが多い。SAM修飾溶液作製には薄いアルカリ水溶液や純水を用いるなどで不純物吸着の影響を最小限に抑えた電極の修飾が必要である。電極界面の特性はSAMのR基にどのような官能基を用いるかで大きく変わる。疎水性界面・親水性界面・負電荷・正電荷に帯電した界面など，利用する酵素に最適なものを探索する必要がある。

2.3 ビリルビンオキシダーゼおよびラッカーゼとの直接電子移動反応のためのSAM修飾金電極

ビリルビンオキシダーゼ（BOD）およびラッカーゼ（Lac）はマルチ銅酵素として知られ，酸素分子を水まで4電子還元可能であること，またその還元電位は貴であることからバイオ燃料電池のカソード極酵素として有用である。これらの酵素と直接電子移動反応を可能とするSAM修飾金電極界面を探索した。電気化学的還元脱離によるSAM修飾量の評価を精度良く行えることから単結晶金（111）面を用いた。SAM用試薬として図1に示すものを用いた。図2に金（111）上へのSAM修飾とSAM修飾量評価の模式図を示す。SAMの金電極上からの還元脱離[11]は下記の反応

HS╲╱╲╱COOH
3-Mercaptopropionic acid (C_3-COOH)

HS╲╱╲╱SO3H
3-Mercapto-1-propane sulfonic acid (C_3-SO_3H)

HS╲╱╲╱╲╱COOH
5-Carboxy-1-pentanethiol (C_5-COOH)

HS╲╱╲╱╲╱OH
6-Hydroxy-1-hexanethiol (C_6-OH)

HS╲╱╲╱╲╱╲╱COOH
7-Carboxy-1-heptanethiol (C_7-COOH)

HS╲╱╲╱╲╱NH2
6-Amino-1-hexanethiol (C_6-NH_3)

HS╲╱╲╱╲╱╲╱╲╱COOH
10-Carboxy-1-decanethiol (C_{10}-COOH)

HS╲╱╲╱╲╱CH3
1-hexanethiol (C_5-CH_3)

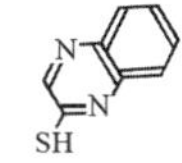

2-Mercaptopyridine (2-PySH)

N N SH
2-Mercaptopyrazine(2-PyZSH)

N N SH
2-Mercaptoquinoxaline (2-MQ)

図１　SAM修飾剤

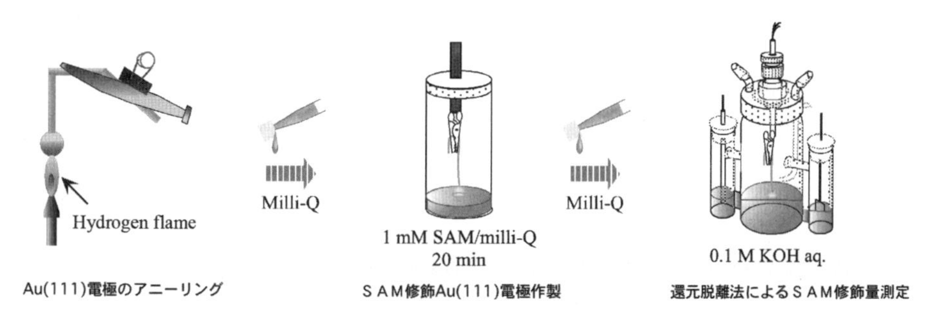

図２　電気化学的還元脱離法によるSAM修飾量評価

式で示される。

$$\mathrm{RS\text{-}Au} + \mathrm{e} \longrightarrow \mathrm{RS^-} + \mathrm{Au} \qquad (3)$$

すなわち，電極表面のSAMの還元脱離に関与した電気量を見積ることで，その修飾量を容易に算出できる（図３）。厳密には電気二重層容量の変化分を含んでいるのでその考慮が必要ではあるものの，実際の近似値を得ることができる簡便かつ有用な手法である。例えば，アルカンチオールの金（111）上での吸着は$(\sqrt{3}\times\sqrt{3})$R30°であること[12)]がプローブ顕微鏡解析から明らかになっている。この場合の吸着量は7.6×10^{-10} mol cm^{-2}と計算され，実際，還元脱離測定からはその近似値が得られる。

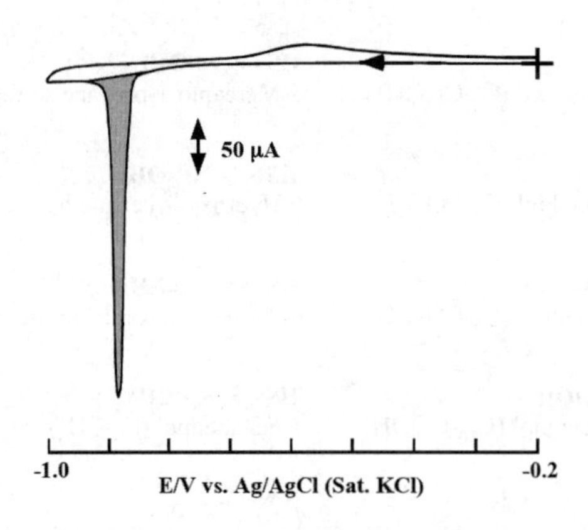

図3　0.1 M KOH水溶液中での金（111）上からのC_5-COOHの還元脱離反応
電極面積：0.051 cm^2，電位掃引速度：50 mV s^{-1}。

表1　SAM修飾Au（111）電極上での酵素吸着量と触媒還元電流応答

電極	SAM吸着量[a)] /10^{-10}mol cm^{-2}	BOD吸着量[b)] /10^{-12}mol cm^{-2}	BODによる酸素触媒還元電流/μA cm^{-2}	Lac吸着量[b)] /10^{-12}mol cm^{-2}	Lacによる酸素触媒還元電流/μA cm^{-2}
C_2-COOH	9.1	7.5	*ca.* 15	4.2	*ca.* 8
C_5-COOH	10.1	8.2	*ca.* 5	4.5	*ca.* 2
C_7-COOH	6.5	0.7	*ca.* 1	3.0	×
C_{10}-COOH	8.0	1.2	×	5.4	×
C_3-SO_3H	6.9	1.7	*ca.* 7	4.7	*ca.* 1
C_6-OH	7.0	1.5	×	4.6	×
C_6-NH_2	10.0	7.9	×	5.6	×
C_6-CH_3	5.7	6.7	×	4.6	×

a）0.1 M KOH中でのAu（111）表面からの電気化学的還元脱離法による測定結果
b）クオーツクリスタルマイクロバランス法による測定結果

金（111）上の各種SAM吸着量を還元脱離法により評価した（表1）。各種SAM吸着は金（111）上で$(\sqrt{3}\times\sqrt{3})$R30°であり，およそ8×10^{-10}mol cm^{-2}の値が得られたことから，SAM単分子層が電極上に形成されたと判断できる。これらのSAM修飾金電極上でのBOD（EC 1.3.3.5, *Myrothecium verrucaria*由来）およびLac（EC 1.10.3.2, *Trametes* sp.由来）の吸着量をクオーツクリスタルマイクロバランス（QCM）法[13)]で測定した（表1）。QCM法では水晶振動子を用いた回路の共振周波数変化から振動子表面に付着あるいは脱離した物質の質量変化を算出することができる。この方法ではナノグラムオーダーの質量変化を検出することが可能である。QCMの金電極面を洗浄後，SAM修飾を施し，40 unit/ml BODを含むリン酸緩衝溶液（pH 7）100 μLを QCM測定セル（8 mL，25℃）中に添加した。周波数変化が安定したのを見計らった後，再度BOD溶液を添加してそれ以上の吸着が起こらないことを確認している。BODの分子量は約60 kDa

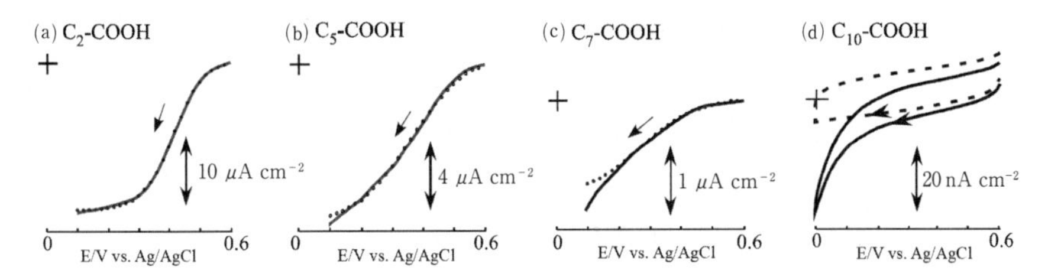

図4　金（111）電極上に吸着したBODの直接電子移動反応に基づく酸素触媒還元電流
酸素飽和リン酸緩衝溶液（pH 6.8）中，電位掃引速度5 mV s^{-1}で測定。バックグラウンド差引きリニアボルタモグラム(a)～(c)およびサイクリックボルタモグラム(d)。点線は反応速度解析のシミュレーション結果。

であり，そのBOD単分子層は5～7 ×10^{-12}mol cm^{-2}と報告[14]されている。したがって，各種SAM修飾金電極上のBODは単分子層もしくはそれ以下の吸着量である。しかしながら，BODと電極との直接電子移動反応に基づく酸素触媒還元電流は，BODが修飾される下地のSAMによって大きく影響を受けることがわかる。BODの吸着はいずれのSAM上でも観測されたことを考えると，BODの吸着配向がSAM膜の影響を受けたと判断される。中性溶液中で負電荷を有する官能基（C_n-COOH(n=2,5,7), C_3-SO_3H）のSAMがBODの吸着配向に有効である（図4）。BODの等電点は約4.1であることから，中性溶液中ではBOD分子全体としては負電荷を帯びているものの，負電荷をもつ官能基のSAMがBODの直接電子移動反応に有効である。このことは酵素分子全体の電荷よりも，有効な吸着配向に影響を及ぼす酵素の局部的なアミノ酸の電荷が重要であることを示す。BODの触媒電流値はC_n-COOHの鎖長に依存する（図4）。C_2-COOH修飾金（111）上で観測された酸素触媒還元波をシミュレーション解析[15]した結果，BODと電極間の電子移動速度定数は60(±10)s^{-1}，電極表面の活性酵素濃度は4.8(±1.0)×10^{-13}mol cm^{-2}と評価される。C_n-COOHの鎖長が長くなるに従って速度定数と活性酵素濃度は小さくなる。鎖長が長いとSAM膜厚（n=2：0.4 nm, n=5：0.7 nm, n=7：0.9 nm）が厚くなり電子移動反応が困難になったためであるが，電子移動反応距離はその速度に極めて大きな影響を及ぼすことがわかる。電子移動反応距離に大きな影響を及ぼす酵素の電極上での吸着配向の重要性がこの結果からもわかる。

Lacの測定結果を表1に示す。Lacの吸着量は，2.5 μM Lacを含むリン酸溶液（pH 5）100 μLをQCM測定セル（8 mL，25℃）中に添加して計測した。測定法はBODの場合と同じである。Lacの分子量は約60 kDaであり，そのLac単分子層は約5 ×10^{-12}mol cm^{-2}である。各種SAM修飾金電極上のLacは，下地のSAMに依存せずにほぼ単分子層程度の吸着量である。Lacと電極との直接電子移動反応に基づく酸素触媒還元電流は，下地のSAMによって大きく影響を受ける。Lacとの直接電子移動反応に適したSAMは，BODと同じ傾向である。すなわち，中性溶液中で負電荷を有する官能基（C_n-COOH（n=2,5），C_3-SO_3H）のSAMが有効である。Lacの等電点もBODと同じで，約4.2であることから，リン酸溶液（pH 5）中では酵素分子全体としては負電荷であるものの，負電荷を有する官能基のSAMが直接電子移動反応に有効である。直接電子移動反応に最適な酵素吸着配向に影響を及ぼす局部的なアミノ酸の電荷が重要であることを示す。電極上のC_n-COOH(n=2,5)のSAMはpH 5溶液中では十分に解離していない。一方，C_3-SO_3Hは十分な解離が起こっていることを考えると，表面全体がマイナスチャージを有するものよりも，局所的にマイナスチャージが存在するSAM膜が良いと考えられる。

2.4　フルクトースデヒドロゲナーゼとの直接電子移動反応のためのSAM修飾金電極

D-フルクトースはフルクトースデヒドロゲナーゼ（FDH）のフラビン部位で酸化されて5-ケト-D-フルクトースとなる。FDHのフラビン部位の電子はサブユニット間の分子内電子移動により，もう一つの酸化還元中心であるヘムc部位へ移動する。ヘムc部位と電極間との間で直接電子移動反応が起こる[16)]。

SAM修飾金（111）電極上へのFDH（EC 1.1.99.11, *Gluconobacter* sp.由来）の吸着量とその直接電子移動反応について検討した結果を表2に示す。FDHの吸着量はQCM法を用いた。2 unit/μL FDHを含むリン酸溶液（pH 5）100 μLをQCM測定セル（8 mL，25℃）中に添加して計測した。その他はBODの場合と同様である。原子間力顕微鏡から観察されたFDH分子のサイズ（約7 nm）[16)]から，FDHの単分子吸着量は約4×10^{-12}mol cm^{-2}と見積もられる。SDS-PAGE電気泳動から評価されたFDHの分子量は約128 kDaである。QCMの測定結果から求められたFDH吸着量は，酵素単分子層の1～2層分に相当する。FDHと電極との直接電子移動反応に最適なSAMは，C_n-COOH(n=2,5)やC_3-SO_3Hである（図5）。C_3-SO_3HよりもC_2-COOHのSAM膜の場合に触媒電流値が十分に大きいことから，負電荷が表面全体に高密度に存在するよりも，局所的に存在するSAM膜が良いと考えられる。これはLacのケースとほとんど同じ結果である。

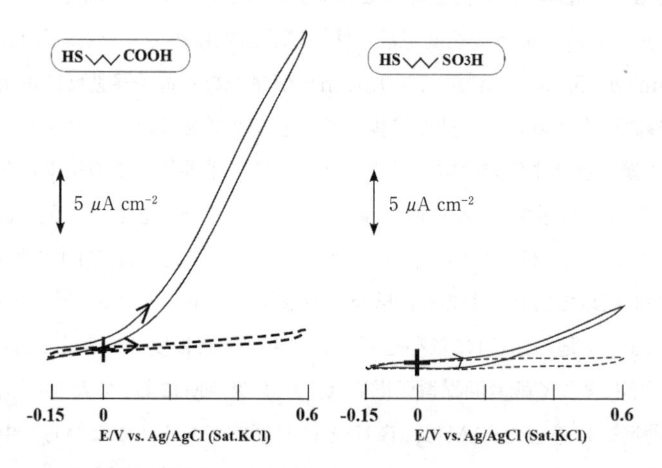

図5　SAM修飾単結晶金（111）上に修飾されたFDHによるフルクトースの触媒酸化電流
電位掃引速度：5 mV s^{-1}。0.1 Mフルクトースを含むリン酸溶液（pH 5，0.1 M）。

表２　SAM修飾Au（111）電極上でのFDH吸着量とフルクトース触媒酸化電流応答

電極	SAM吸着量[a)]/10^{-10}mol cm^{-2}	FDH吸着量[b)] /10^{-12}mol cm^{-2}	FDHによるフルクトース触媒酸化電流/μA cm^{-2}
C_2-COOH	9.1	7.0	*ca.* 78
C_5-COOH	10.1	10.5	*ca.* 1
C_7-COOH	6.5	10.0	×
C_{10}-COOH	8.0	8.0	×
C_3-SO_3H	6.9	10.5	*ca.* 6
C_6-OH	7.0	7.8	×
C_6-NH_2	10.0	9.3	×
C_6-CH_3	5.7	10.1	×
2-PySH	4.9	—	×
2-PyZSH	5.2	—	*ca.* 9
2-MQ	4.8	—	*ca.* 4

a）0.1M KOH中でのAu（111）表面からの電気化学的還元脱離法による測定結果
b）クオーツクリスタルマイクロバランス法による測定結果

ところで，FDH分子との直接電子移動反応はFDHのヘムcを有するサブユニットと電極間で起こる。ヘムcを酸化還元中心とする電子伝達タンパク質としてチトクロムcが良く知られている。チトクロムcと電極間の電子移動反応を促進するSAMとして，図１に示す2-PyZSHや2-MQ修飾金表面[17]などが挙げられる。一方，2-PySH修飾金表面ではその反応は全く起こらない。チトクロムcとFDHのSAM修飾金表面に対する相同性について検討した結果，FDHについても同様に2-PyZSHや2-MQ修飾金（111）電極ではFDHとの直接電子移動反応に基づくフルクトースの触媒酸化電流を観測できるが，2-PySHのケースではその反応が全く観測されないことがわかった（表２）。FDH分子のX線構造解析などの詳細の解明が今後必要であるが，SAM修飾金表面に対するFDHとチトクロムcの高い相同性は興味深い。

2.5　金ナノ粒子を用いたナノ構造金属カーボン複合電極の作製とバイオ燃料電池への応用

SAM修飾により金電極表面の設計を酵素によって最適化できることを上述した。３次元カーボンマトリックスに金ナノ粒子を埋め込んだ複合電極は，金電極の比表面積の飛躍的な増大をもたらすばかりでなく，マトリックス内部への物質供給にも優れておりバイオ燃料電池用の電極としての期待が大きい。電極の作製法としては，別途合成した金ナノ粒子を３次元カーボンマトリックスに塗布し，大気下で加熱することで金ナノ粒子の保護剤である有機分子を分解除去する（図６）。バルクの金の融点は1064℃であるが，金ナノ粒子は表面張力が増してその融点が低くなる。直径３nmの金ナノ粒子の融点は500℃程度まで低くなっており，高温での長時間加熱処理は適さない。大気下300℃での加熱により有機分子保護膜はほぼ分解除去[18,19]できる。また，塩化金酸溶液中での電解によって直接カーボンマトリックス上に金ナノ粒子を析出させることも可能であるが，詳細な電解条件の検討が必要である。

ナノ構造金属カーボン複合電極の金ナノ粒子表面をSAM修飾し，酵素をさらに吸着固定化することでバイオ燃料電池の電極が容易に作製できる。カーボンフェルト（CF）電極に直径2 nmの金ナノ粒子を加熱処理して埋め込み，SAMとしてC_2-COOHを修飾して作製したナノ構造金属CF複合電極は，FDHおよびLacとの直接電子移動反応に優れている。FDH固定化C_2-COOH修飾CF複合電極をフルクトース酸化極，Lac固定化C_2-COOH修飾CF複合電極を酸素還元極として燃料電池を作製した（図7）。最大電圧：0.84 V，最大電流密度：0.15 mA cm^{-2}，最大出力：0.05 mW cm^{-2}のバイオ燃料電池が作製される。酵素の基質特異性によりクロスオーバーの心配

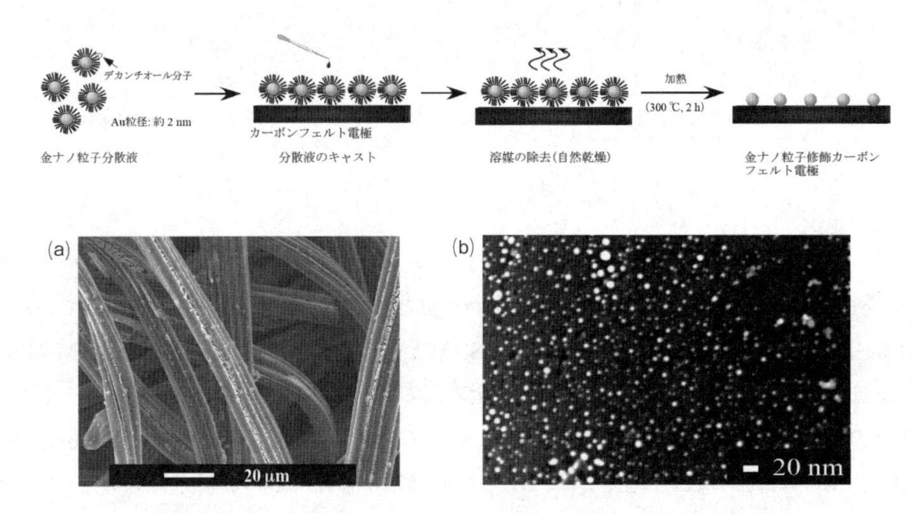

図6　金ナノ粒子修飾フェルト電極作製法および金ナノ粒子修飾フェルト電極のFE-SEM写真
(a)低倍率写真，(b)高倍率写真。

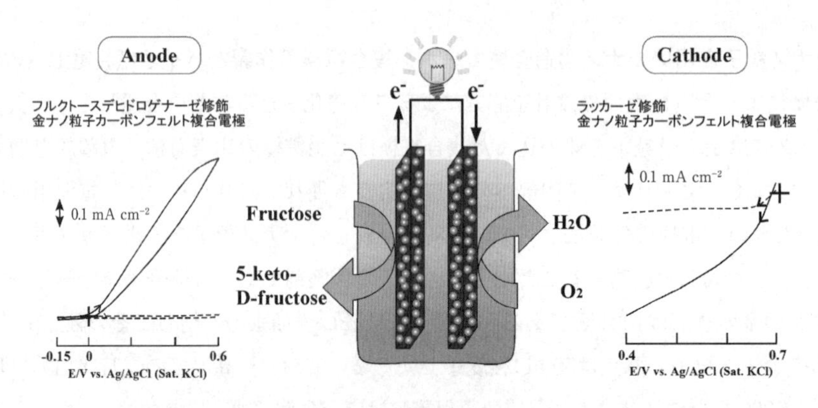

図7　酵素固定化SAM修飾金ナノ粒子CF複合電極を用いた酵素バイオ燃料電池
0.1 M D-フルクトースを含む酸素飽和リン酸溶液（0.1 M，pH 5）。

がないため，電極上に特殊構造を施す必要もなく，もちろんアノードとカソード間にセパレータも必要ない。極めてシンプル構造のバイオ燃料電池は微細化が容易であり安全なことから，将来の小型モバイル発電デバイスとして有力な位置付けにある。

文　　献

1) S. Tsujimura, Y. Kamitaka and K. Kano, *Fuel Cells*, **7**, 463 (2007)
2) Y. Kamitaka, S. Tsujimura and K. Kano, *Chem. Lett.*, **36**, 218 (2007)
3) M. Tominaga, M. Otani, M. Kishikawa and I. Taniguchi, *Chem. Lett.*, **35**, 1174 (2006)
4) M. Tominaga, S. Nomura and I. Taniguchi, *Electrochem. Commun.*, **10**, 888 (2008)
5) M. Tominaga, S. Nomura and I. Taniguchi, *Biosens. Bioelectron.*, **24**, 1184 (2009)
6) M. Tominaga, S. Kaneko, S. Nomura, S. Sakamoto, H. Yamaguchi, T. Nishimura and I. Taniguchi, *ECS Transactions*, **16**, 1 (2009)
7) M. Tominaga, H. Yamaguchi, S. Sakamoto and I. Taniguchi, *Chem. Lett.*, **39**, 976 (2010)
8) X. Li *et al.*, *Science*, **324**, 1312 (2009)
9) A. Ulman, *Chem. Rev.*, **96**, 1533 (1996)
10) M. Tominaga, M. Otani and I. Taniguchi, *Phys. Chem. Chem. Phys.*, **10**, 6928 (2008)
11) C. A. Widrig, C. Chung and M. D. Porter, *J. Electroanal. Chem.*, **310**, 335 (1991)
12) C. A. Alves, E. L. Smith and M. D. Porter, *J. Am. Chem. Soc.*, **114**, 1222 (1992)
13) G. Z. Sauerbrey, *Z. Phys.*, **155**, 206 (1959)
14) S. Tsujimura, K. Kano and T. Ikeda, *J. Electroanal. Chem.*, **576**, 113 (2005)
15) S. Tsujimura, T. Nakagawa, K. Kano and T. Ikeda, *Electrochemistry*, **72**, 437 (2004)
16) M. Tominaga, C. Shirakihara and I. Taniguchi, *J. Electroanal. Chem.*, **610**, 1 (2007)
17) I. Taniguchi *et al.*, *Electrochem. Commun.*, **5**, 857 (2003)
18) M. Tominaga, A. Ohira, A. Kubo, I. Taniguchi and M. Kunitake, *Chem. Commun.*, 1518 (2004)
19) M. Tominaga, T. Shimazoe, M. Nagashima and I. Taniguchi, *Electrochem. Commun.*, **7**, 189 (2005)

3 カーボンナノチューブ電極

吉野修平*[1]，三宅丈雄*[2]，西澤松彦*[3]

3.1 はじめに

炭素材料は，導電性や化学的安定性に優れ比較的安価でもあるため，バイオ電池用の電極材料として魅力的であり，特にナノスケール形状を有するナノカーボンの活用がもたらす電極比表面積と酵素固定密度の増大は，近年著しいバイオ電池の高出力化を支える立役者である。本節で扱うカーボンナノチューブ（Carbon Nano Tube, CNT）の特徴を図1に示した。比表面積が大きく均一なナノチューブ形状を上手く活かせれば，電流密度や再現性に優れる酵素電極の作製が期待できる。またチューブ表面への分子修飾が容易であるために，多様な電子伝達系をナノレベルで設計して酵素電極に造りこめると期待できる。以下では，CNTで電極を作製する方法を分類して紹介し，各々の長短所を整理する。CNTにメディエータや酵素を修飾する方法と効果についても概説する。

3.2 CNTによる電極の作製方法

CNTを用いてバイオ電池の電極（mm～cmスケール）を作製する方法が数多く報告されている。ここでは，電極基板（集電体）にCNTを修飾して作製するCNT電極と，自立したCNT集合体電極（CNT製のフィルムやファイバー）に大別して解説する。

3.2.1 電極基板（集電体）へのCNT修飾

単体CNTの魅力的な特徴（図1）を保持して集電体上に堆積させるのは容易でない。先ず，凝集性が高いCNTを分散させる技術が重要となる。様々な溶媒や添加剤とCNTの表面改質を組み合わせ，時には酵素との共分散性なども考慮して，目的に応じた分散系が報告されてきた[1~5]。有

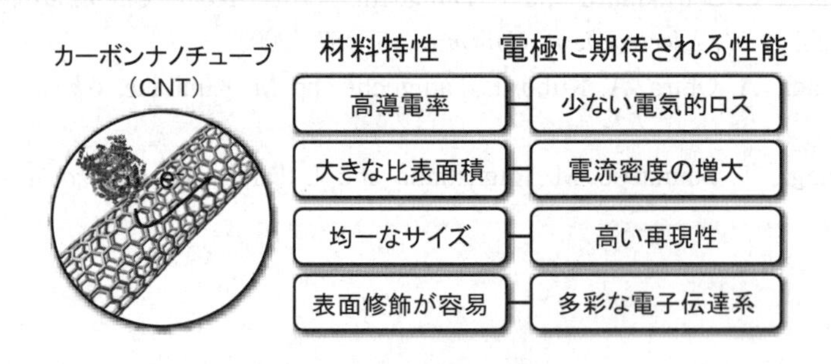

図1 CNTは魅力的な電極材料

＊1 Syuhei Yoshino 東北大学 大学院工学研究科 バイオロボティクス専攻 博士課程学生
＊2 Takeo Miyake 東北大学 大学院工学研究科 バイオロボティクス専攻 助教
＊3 Matsuhiko Nishizawa 東北大学 大学院工学研究科 バイオロボティクス専攻 教授

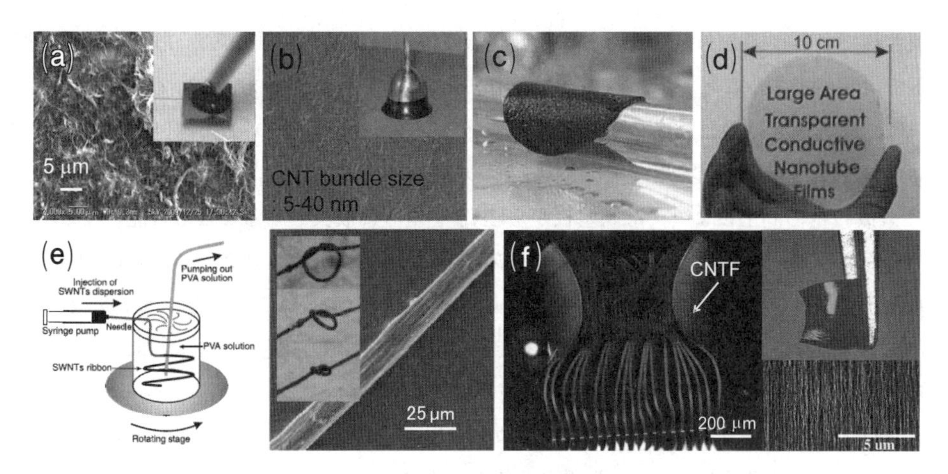

図2　様々なCNT電極

(a)金電極上へのCNT分散液の塗布で得られたCNT電極のSEM像，(b)真鍮の鈴に電着したCNT膜，(c)濾過法によるバッキーペーパー，(d)透明なCNT薄膜，(e)湿式紡糸法によるCNTの繊維化，(f)スーパーグロースCVD法で作製されたCNT-Forestフィルム（文献7，11，14，16より許可を得て転載）。

機溶媒へそのまま分散させる方法と，界面活性剤などを利用した水溶液への分散が有効である。

最も一般的で簡便なCNT電極は，CNT分散液を集電体上に滴下した後，乾燥・固着させて作製される（図2(a)）。CNTが絡み合うことで多くの細孔が形成され，その内部空間に酵素を大量に固定できるとされている。スプレーコーティング法などを利用すれば，曲面への成膜が可能であるし，膜厚の制御性も高まる[6]。表面処理によって固定電荷を導入したCNTの分散水溶液中では，泳動電着によるCNTの堆積も可能である（図2(b)）。この方法は，微細加工した集電体にも位置選択的に成膜できるという魅力がある。Abeらの報告によると，真に分散したCNTが優先的に泳動されるため，均質・均一なCNT電着膜が作製できるらしい[7]。

集電体上に直接CNTを合成する試みもある。Tominagaらは白金電極の表面にフェリチン由来の鉄ナノ粒子を配列固定し，これを触媒として成長させたCNTをそのまま電極に用いるというアイディアを検討している。これを用いて，フルクトースデヒドロゲナーゼ（FDH）やグルコースオキシダーゼ（GOD）への直接電子移動を観測している[8,9]。

3.2.2　自立したCNT集合体の作製と利用

フィルム状やファイバー状の自立したCNT集合体電極の報告が増えてきている[10~13]。バッキーペーパーと称される電極は，CNT分散水溶液をフィルターで濾過した後，分散のために加えた界面活性剤を溶かし出して作製される（図2(c)）。フィルターから剥離して柔軟な自立電極として利用でき，Vohrerらの報告では約680 $m^2\ g^{-1}$の高い比表面積が得られている[11]。薄いCNT堆積膜の場合は，フィルターの溶解除去によって透明電極となる[14]（図2(d)）。

エレクトロスピニング法[15]や，湿式紡糸法[16]などによって，CNTと樹脂による繊維状の複合体が作製されている（図2(e)）。Manoらは，こうして得られる複合繊維から樹脂成分のみを適切な熱処理で炭化除去することで，多数の空隙を有するCNTファイバーを得ている。このCNTファイバーは，酵素固定に適したナノ構造（300 $m^2\ g^{-1}$）と，燃料分子の輸送に必要なマイクロ空孔を併せ持つため，バイオ電池用の電極として極めて優れた性能を示した[17]。

CNT合成技術の向上により，触媒基板からCNTを垂直に成長させることも可能になっている。特に，産総研が開発を進めるスーパーグロースCVD法[18]によれば，長さ数mmのCNTからなるフィルム状の構造体が作製できる（図2(f)）。このCNTフィルムは，ピンセットで基板から剥がすことができ，そのまま電極として利用可能であるし，集電体に「貼ったり」「巻いたり」しても使える。分散したCNTを堆積させる他の方法とは異なり，CNTが一定間隔を保って配列しているため，2000 $m^2\ g^{-1}$に及ぶ極めて高い比表面積を有している。しかも，CNT間隙（16 nm×16 nm）に酵素溶液を十分に浸透させた後に乾燥させると，水の表面張力によってCNT間隙が「酵素のサイズまで」収縮する特徴を有している。得られる酵素電極における酵素の固定密度と均一性は極めて高く，よってバイオ電池への応用においても優れた出力特性が得られている[19]。最近では，このような配向性CNTの大面積フィルム化[20]や線維化[21]も可能になってきており，バイオ電池への応用も進むと思われる。

3.3 CNTの機能化

グラファイト系電極に対して従来から行われてきた分子修飾技術をCNTに適用すると，電子伝達メディエータ，補酵素，もしくは酵素などをCNTの表面に固定することができる。また，表面処理で制御可能なCNT自体の親疎水性や表面電位などは，電極作製時の分散・凝集状態を支配する重要因子である。以下では，CNT表面の機能化の概念と代表的事例について解説する。

3.3.1 共有結合的な分子修飾

CNTの側面や末端に存在する欠損部を強酸で処理すると，カルボキシル基をはじめとする含酸素官能基（キノンやヒドロキシル基など）が表出し[22]（図3(a)），これを起点とする多様な分子修飾が可能となる。例えば，メディエータの固定[23]や酵素の固定[24]が行われている。CNT末端へ導入した補酵素FADにアポ酵素GODを結合させて，酵素活性サイトにCNTを電線として接続する試みも報告されている[25]（図3(b)）。Baravikらは，電界重合性の官能基をCNTに修飾し，酵素と共に電界重合膜を作製している[26]。このような機能性分子の修飾に加えて，CNT表面の改質による分散・凝集特性の制御も重要である。例えばLeeらは，カチオン性・アニオン性のCNTを造り分け，これらを交互に堆積させて，構造異方性を持つ自立フィルムを作製している[27]。さらに，表面修飾はCNT自体の電気化学特性にも影響を与え，カルボキシル基の表出がNADH酸化の過電圧抑制に効果を有するとの報告がある[28]。

3.3.2 非共有結合的な分子修飾

CNTの構造欠損を必要としない吸着型の分子修飾が，特に芳香性分子のπ-π相互作用を利用して幅広く行われている。代表例として，N-ヒドロキシスクシンイミジル（NHS）エステルを付

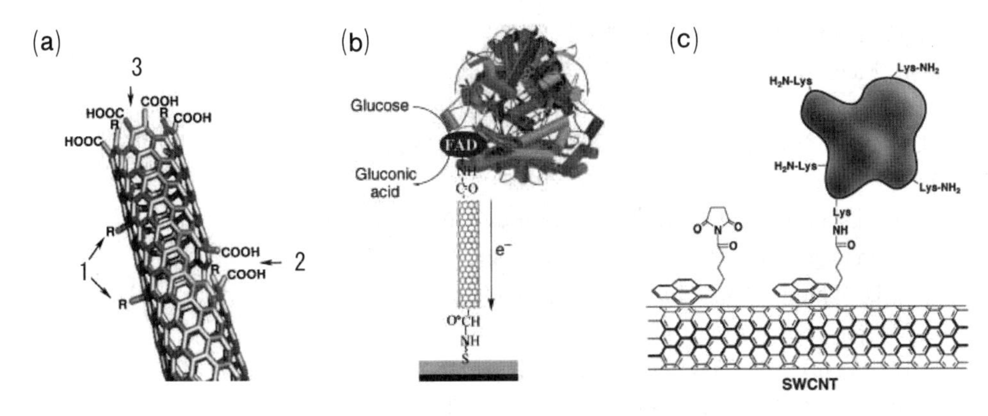

図3　カーボンナノチューブの機能化

(a)典型的なSWCNTの欠陥部位 **1**　sp^3混成軌道部位（-OH基など），**2**　炭素骨格が欠損して生じる-COOH基，**3**　末端部における-COOH基（他に$-NO_2$，-OH，-H，=Oなど），(b)CNTを酵素の電子伝達部位への接続に用いた例，(c)$\pi-\pi$スタッキングによるNHSエステル修飾と酵素固定（(a)，(b)，(c)それぞれ文献22，25，29より許可を得て転載）。

与したピレン誘導体をCNT側壁に吸着させ，これを足掛かりとして機能性分子の共有結合固定を行う方法がある[29]。また，NADHのメディエータとなるNile Blueなどの色素は，それ自体がCNTの表面によく吸着して機能するといわれている[30]。DNAが吸着したCNTは，水溶液への良好な分散性を示す[31]。

3.4　おわりに

本節では，CNTを用いた電極作製の方法と，CNT表面の分子修飾による機能化について述べた。CNTという材料自体が有する魅力を活かした電極づくりには，まだ工夫の余地が大いに残されている。特に，比表面積が大きな多孔性CNT電極を再現性よく作製するためには，表面修飾による分散・凝集過程の厳密なコントロールが求められる。一方で，CNTが均一に配列した集合体を合成することも可能となっており，これを電極に利用するメリットも紹介した。電極のナノ構造は，それを土台として作製される酵素電極の性能を決定的に左右する。CNTナノ電極の構造を制御する技術がさらに進歩し，酵素バイオ電池の格段の性能向上に結実することを期待する。

文　　献

1)　K. D. Ausman *et al.*, *J. Phys. Chem. B*, **104**, 8911 (2000)
2)　F. Inam *et al.*, *Nanotechnology*, **19**, 195710 (2008)

3) M. F. Islam *et al., Nano Lett.*, **3**, 269 (2003)
4) V. C. Moore *et al., Nano Lett.*, **3**, 1379 (2003)
5) A. Ishibashi *et al., Chem. Eur. J.*, **12**, 7595 (2006)
6) M. Kaempgen *et al., Appl. Surf. Sci.*, **252**, 425 (2005)
7) Y. Abe *et al., Adv. Mater.*, **17**, 2192 (2005)
8) M. Tominaga *et al., Electrochem. Commun.*, **10**, 888 (2008)
9) M. Tominaga *et al., Biosens. Bioelectron.*, **24**, 1184 (2009)
10) R. L. D. Whitby *et al., Carbon*, **46**, 949 (2008)
11) U. Vohrer *et al., Carbon*, **42**, 1159 (2004)
12) F. Hennrich *et al., Phys. Chem. Chem. Phys.*, **4**, 2273 (2002)
13) L. Hussein *et al., Phys. Chem. Chem. Phys.*, **13**, 5831 (2011)
14) Z. C. Wu *et al., Science*, **305**, 1273 (2004)
15) F. Ko *et al., Adv. Mater.*, **15**, 1161 (2003)
16) B. Vigolo *et al., Science*, **290**, 1331 (2000)
17) B. Gao *et al., Nat. Commun.*, **1**, 2 (2010)
18) K. Hata *et al., Science*, **306**, 1362 (2004)
19) T. Miyake *et al., J. Am. Chem. Soc.*, **133**, 5129 (2011)
20) M. Zhang *et al., Science*, **309**, 1215 (2005)
21) M. Zhang *et al., Science*, **306**, 1358 (2004)
22) A. Hirsch *et al., Angew. Chem. Int. Edit.*, **41**, 1853 (2002)
23) K. Sadowska *et al., Bioelectrochemistry*, **80**, 73 (2010)
24) L. A. Wang *et al., Journal of Biotechnol.*, **150**, 57 (2010)
25) F. Patolsky *et al., Angew. Chem. Int. Edit.*, **43**, 2113 (2004)
26) I. Baravik *et al., Langmuir*, **25**, 13978 (2009)
27) S. W. Lee *et al., J. Am. Chem. Soc.*, **131**, 671 (2009)
28) M. Musameh *et al., Electrochem. Commun.*, **4**, 743 (2002)
29) R. J. Chen *et al., J. Am. Chem. Soc.*, **123**, 3838 (2001)
30) Y. M. Yan *et al., Chem. Eur. J.*, **13**, 10168 (2007)
31) M. Zheng *et al., Nat. Mater.*, **2**, 338 (2003)

4　多孔性炭素電極

辻村清也*

4.1　2次元から3次元電極

バイオセンサへの応用を志向した酵素電極反応の基礎と応用がこれまで盛んに研究されてきた。精度や正確さの向上，ノイズの除去，妨害物質の影響の除去，耐久性および再現性の向上にむけて，様々な角度から研究が進められてきた。こうしたバイオセンサに用いられる電極は，ばらつきのない平滑なものが必要とされてきた。一方，バイオ電池における最優先課題は，電流密度と安定性の向上である。したがって，幾何表面積あたりの有効比表面積を増加することは，現実的な極めて重要な課題になる。これまでの燃料電池や色素増感太陽電池といった界面反応を利用するエネルギー変換デバイスにおいては，微細構造を有する電極の活用によってブレークスルーを達成し，実用化が見えてきたという経緯を踏まえれば当然のアプローチである。酵素反応が進行するバイオ電池において，炭素電極は大変都合がよい。酵素電極反応に適切な電位窓を有しており，物理的・化学的強度，安全性が十分にあり，価格，資源の観点からもふさわしい。また，炭素の表面化学特性を化学的，電気化学的手法を用いてコントロールすることも可能である[1]。本節では，多孔性炭素電極のバイオ電池への応用について解説する。なお，細孔のサイズに基づく分類については，IUPACの提案にしたがい，細孔径が2nm以下のものをマイクロ孔，2～50nmをメソ孔，50nm以上をマクロ孔と呼ぶ。

4.2　バイオ電池に適した細孔径の設計

触媒電流は，主に物質輸送速度，界面電子移動速度，界面酵素反応速度の遅い過程が決定する。界面酵素反応が律速となる場合，投影面積あたりの最大電流密度を増やすためには，酵素反応速度定数と酵素濃度の積で決まる酵応反応速度を上げなければならない。DET型触媒反応の場合，電極表面上の電気化学的に活性のある酵素濃度，酵素活性，酵素—電極間の電子移動速度が非常に重要な鍵となる。酵素サイズを6×6×6 nm^3，電極のラフネスファクターを1としたときに電極表面濃度Γ_Eは4×10^{-12} mol cm^{-2}となる（図1(A)）。ここで，吸着した酵素全てが反応し，k_{cat}を200 s^{-1}と仮におくと，最大電流密度はおよそ0.2 mA cm^{-2}となる（4電子反応の場合）。電池としての利用を目指すならば100倍程度以上の電流密度が望まれる。そのためには，高活性酵素の探索と同時に，表面酵素濃度の向上が必要となってくる。電極表面に微細構造を導入し表面酵素濃度を上昇させる場合，図の(B)や(C)のように酵素サイズと同程度のサイズのメソ孔を平面的に増やしても，表面酵素濃度はそれほど上昇しない。ただし，酵素と電極間の接触面積は増え，DET型電子移動反応には適していると考えられる。また，酵素が無機系触媒と異なる重要な点は，酵素のサイズがナノメートルオーダーであることに加え，変性しやすいソフトな物質であるということである。したがって，このようなメソ孔を活用した立体的な修飾方法によって酵素の安定性

---

* Seiya Tsujimura　筑波大学　大学院数理物質科学研究科　物性・分子工学専攻　准教授

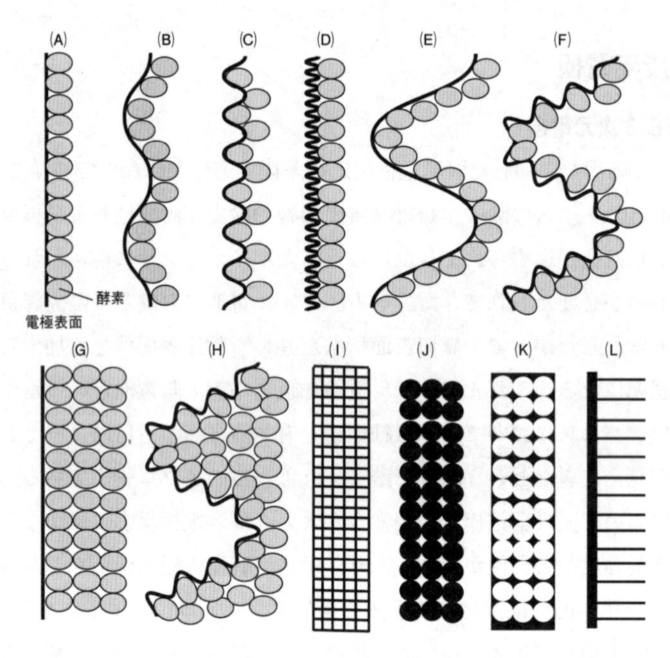

図1　多孔質電極（2Dから3D）

が向上する可能性はある。一方で，酵素サイズよりも小さいミクロ孔を増やしても，電極の比表面積は大きくなるが，表面酵素濃度は増えないばかりか，酵素電極間の接触面積が減少し，酵素電極反応に適するとは考えられない（図1(D)）。階層構造や図1の(E)や(F)のようなマクロ孔を導入するなど，3次元空間を十分に活用することで投影面積あたりの表面酵素濃度は上昇する。高さ方法をどの程度まで増やすことができるか，空隙率を減らし電極を密にすることができるのかは，燃料およびイオンの物質輸送との関係で決まる。また，酵素の修飾方法も電極反応特性に大きく影響する。実際にDET反応に関わるのは，電極表面に吸着した酵素だけであるので，図1の(G)や(H)のように多層に修飾した場合，酵素の利用効率が低下し，物質輸送も妨げられてしまう。

一方，メディエータ型触媒反応の場合，酵素反応速度やメディエータの拡散係数に依存する酵素触媒反応層の厚み（およそ数十～数百nm程度）を考慮しなければならない。単分子層と同程度の薄層フィルムを形成する場合は直接電子移動反応系と同じ考え方を適応し，細孔サイズを考えればよい。酵素メディエータ修飾フィルムが数百nmから数μm程度と反応層よりも厚くなる場合，フィルム内の物質輸送過程・濃度プロファイルを考慮する必要がある。細孔が酵素反応層の厚みと同程度あるいはそれ以下の場合，反応層はオーバーラップし，電気化学的に有効な表面積は実際の表面積よりも小さくなる。

基質の拡散が律速となる場合，多孔質電極の細孔サイズが基質の拡散層の厚みよりも小さいとき，拡散層はオーバーラップし，多孔質電極における投影面積あたりの電流密度は平板電極のそれと同じになる（図2）。拡散層の厚みは，静止溶液の場合は電解時間，拡散係数，回転電極を用

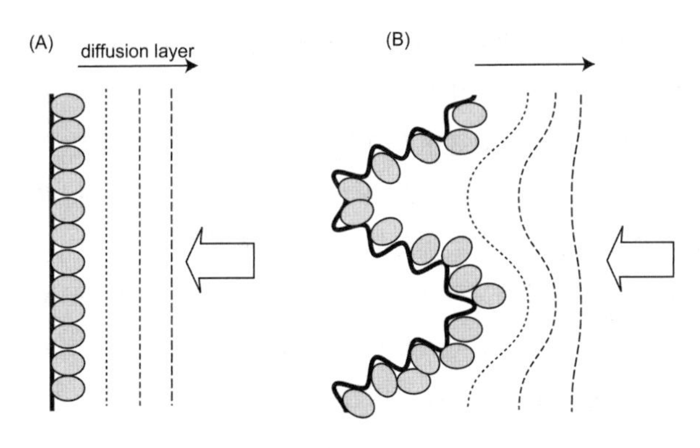

図2　電極構造と拡散層

いた場合は回転速度，拡散係数によって決まる。3次元構造を活用し，拡散層がオーバーラップすることのない電極配置，電極構造，燃料の供給を実現できれば，比表面積の増加に応じて，基質供給律速の電流密度は増加する[2]。

4.3　マクロ孔多孔質炭素マテリアル

基質とイオンを速やかに輸送するマクロ孔を制御することは燃料電池の高出力化や安定した運転に重要である。立体構造を有する多孔質炭素材料として，アクリル繊維（Polyacrylonitrile, PAN）系やピッチ系炭素繊維を骨格とした炭素材料が広く用いられてきた（図1(I))。炭素繊維は耐熱性，熱伸縮性，耐酸性，電気伝導性，耐引張力に優れ，樹脂やセラミックといった材料の補強剤などに広く用いられている。数μmの炭素繊維が束となり，繊維，クロス，フェルト，ペーパーなど様々な形状のものが東レ，三菱レイヨン，東邦テナックス，大阪ガスケミカルなどから市販されている。炭素繊維間の間隔は，基質の拡散層よりも十分広く，大変都合がよい。電池の形状，サイズなどに応じて，適当な材料を選択すればよい。また，シリカやポリスチレンなどの微粒子を鋳型とし有機分子を吸着や含浸させた後に，酸などで鋳型を除去し，炭素化させる方法によっても均一な細孔を有するマクロ孔炭素を形成させることができる。細孔サイズは，鋳型のサイズで制御できる。

4.4　メソ孔多孔質炭素中における酵素電極反応

多孔質炭素材料において重要な因子はその細孔のサイズと比表面積である。いかにして酵素電極反応に有効な細孔径を制御し，その細孔容積を増やすかが重要である。カーボンナノチューブ（CNT）やカーボンブラックといったナノ構造を有する炭素材を結着剤（バインダー）を用いることにより，メソスケールの空間を有する多孔性炭素を形成することができる（図1(J))[3,4]。結着剤として，ポリフッ化ビニリデン（Polyvinylidene difluoride, PVDF）などが利用できる。この方法では細孔径を自由に制御することが容易ではないという難点があるが，炭素微粒子を結びつける結着剤の特性，結着剤と炭素材との割合，それらを混合させる溶剤などを調製することで，炭素電極の特性をコントロールすることができる。例えば，バイオカソードにおいて，疎水的なテフロンを結着剤として利用することで電極の疎水性が増し，酸素の透過性が向上し，空気拡散型のカソード極ができる。ポンプやファンなどの補機を用いないパッシブ型カソードは20 mA cm^{-2}もの非常に高い酸素還元触媒電流密度を常温，常圧で達成している[5]。

また一方で，ナノスケールの鋳型，例えば，メソポーラスシリカやゼオライトを鋳型にして，炭素源を充填し，炭素化する方法でもメソ多孔体炭素が得られる（図1(K)）。筆者らは，比較的容易にメソ孔径が制御できるカーボンゲルに注目した[6,7]。含水有機ゲルを乾燥（凍結乾燥もしくは超臨界乾燥）させた後に炭素化させる方法であり，触媒量などを調整することで目的とする細孔特性をナノメートルスケールで調整することができる。平均細孔径が約5，11，16，26，40 nmのカーボンクライオゲルをグラッシーカーボン上に修飾し，フルクトースデヒドロゲナーゼを吸着させてフルクトースの酸化触媒電流を観察したところ，電極の細孔が大きくなるにしたがって電流値も増加するという結果が得られた（図3）[8]。個々の酵素のサイズや構造に適した炭素を開発することで，より大きく安定な触媒電流を得ることも可能であると考えられる。

化学気相成長（Chemical Vapor Deposition，CVD）法で，基板上からCNTを成長させてメソ

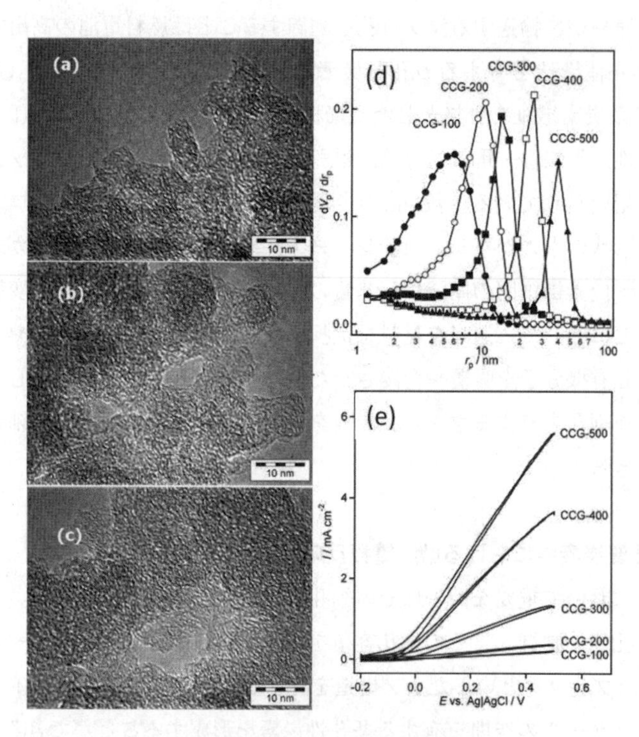

図3　カーボンクライオゲル電極

(a)～(c)TEM写真，細孔サイズ(a)4 nm；(b)16 nm；(c)50 nm，(d)細孔サイズ依存性，(e)フルクトースデヒドロゲナーゼによるフルクトース酸化触媒電流の細孔サイズ依存性[8]

孔を形成する研究も盛んに進められている（図1(L)）。Bartonらは，カーボンペーパー上にCVD法でCNTを成長させて，その表面にレドックスハイドロゲルと酵素を修飾した酵素電極を報告している（図4(A)）[9]。CNTが基板上から伸長するにしたがいBET比表面積は増加する。それに伴い触媒電流密度も上昇し20 mA cm^{-2}という高い電流密度を達成しているが，基質の拡散の影響などにより，それ以上増加せず，BET比表面積あたりの電流密度は減少している。Cooneyらはキトサンを骨格としたマクロ多孔性炭素材料をベースに，表面にCNTを修飾し，3次元メソ・マクロ多孔体電極を開発している（図4(B)）[10]。一方，Manoらは，界面活性剤を用い分散させたCNTを，バインダーを用いずに紡糸した炭素繊維を電極として用いている（図4(C)）[11]。ポリビニルアルコール（PVA）を含む状態で紡糸し得られたCNT炭素繊維をアルゴン雰囲気下，600℃で焼くことでPVAを分解除去し，空隙が発達したCNT炭素繊維を得ることができる。PAN系の炭素繊維が表面しか利用できないことに対して，このCNT炭素繊維は，繊維内部も利用でき，レドックスハイドロゲルと酵素をPAN系炭素繊維に同量修飾した場合，CNT炭素繊維では，4倍程度の触媒電流の増加が観測されている。レドックスハイドロゲルが多孔質なCNT炭素繊維の内

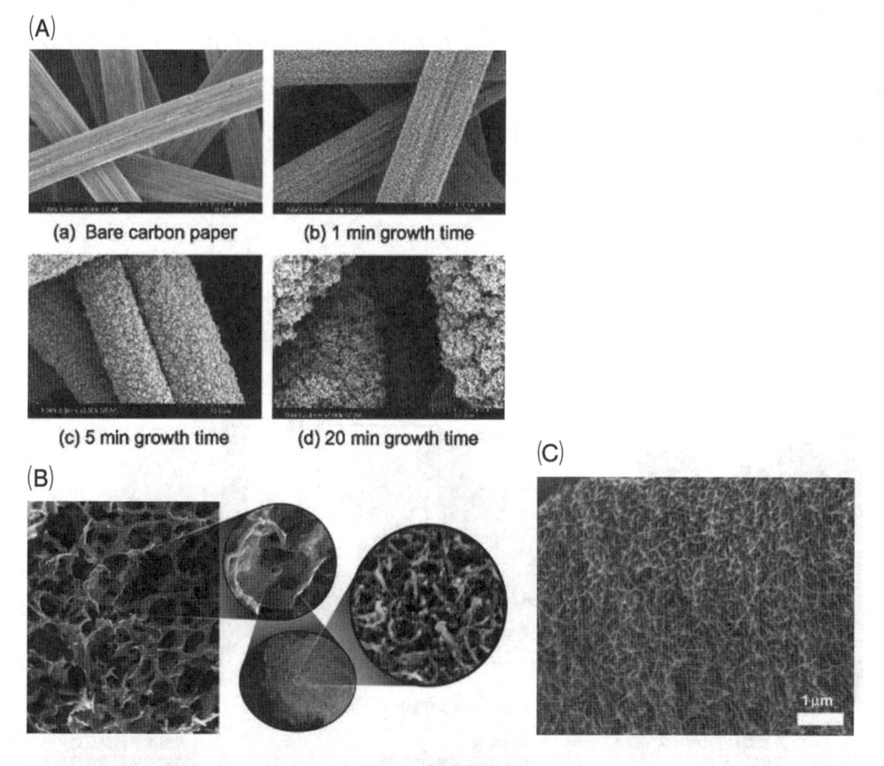

図4　多孔質電極
(A)CVD法でカーボンペーパー上に成長させたCNT[9]
(B)キトサンを骨格とする多孔質炭素（表面にはCNTが修飾されている）[10]
(C)CNTをベースに紡糸した多孔質炭素繊維[11]

部に浸透し，酵素薄膜が形成されたためだと考えられる。ただし，こうした多孔質材料の高表面積は十分には活用されていない。炭素繊維の細孔内部への物質輸送の影響を考慮した修飾方法の改良，炭素繊維の構造を活かした微小電極への応用が期待される。

従来の多孔性炭素への酵素の固定化方法は，多孔性炭素を作製し，酵素を吸着固定化するという手法がとられていた。一方，西澤らは，規則的に並んだCNTに酵素を浸透させて，穏やかな条件で乾燥させると，酵素が内包されたCNTシートができることを見いだした[12]。フルクトースデヒドロゲナーゼやラッカーゼを修飾し，直接電子移動反応に基づく高い触媒電流密度，電池の安定性の向上を同時に達成している。

4.5 まとめ

細胞内のエネルギー変換反応が細胞小器官内の微小空間およびその膜界面で効率よく進行している。真核生物は細胞内にエネルギー生産工場ともいえるミトコンドリアを有しており，触媒機能，分子認識能，電子伝達能など，高度な機能を発現するタンパク質（酵素）が微小空間および膜に高度に集積配置され，有機的に結びつき，高効率反応系が構築されている。膜に囲まれた微小空間は単位体積に対する界面面積が広い。さらに，ミトコンドリアは小さいために，その内部での物質の枯渇が起こらない。メソ孔空間および界面の効率のよい利用，そしてマイクロスケールの機能ユニットが生命現象の根幹を担っているともいえる。このような生体のしくみを模倣し，図5に示すようにマクロ，メソ孔の段階的高次構造を制御することで，バイオ電池の出力性能，安定性はまだまだ発展するものと期待される。

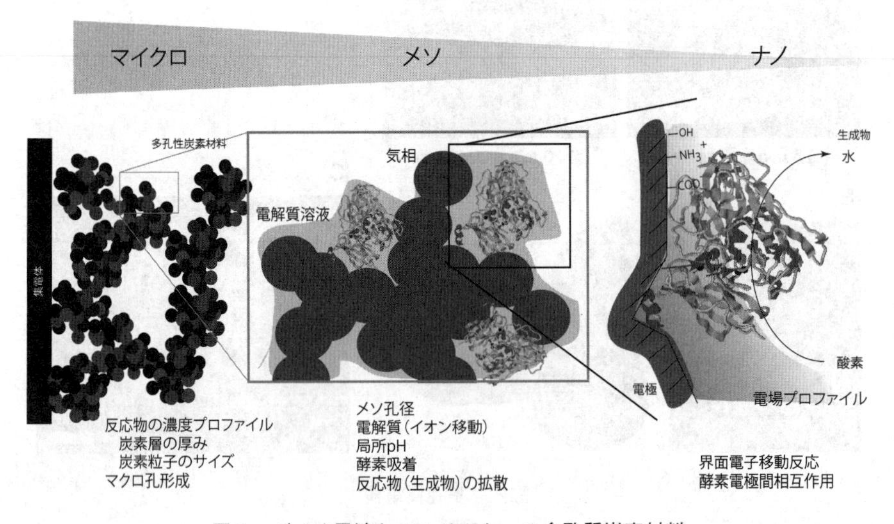

図5　バイオ電池とマルチスケール多孔質炭素材料

文　献

1) A. J. Downard, *Electroanalysis*, **12**, 1085 (2000)
2) R. T. Bonnecaze, N. Mano, B. Nam, and A. Heller, *J. Electrochem. Soc.*, **154**, F44-F47 (2007)
3) Y. Kamitaka, S. Tsujimura, N. Setoyama, T. Kajino, and K. Kano, *Phys. Chem. Chem. Phys.*, **9**, 1793 (2007)
4) Y. Kamitaka, S. Tsujimura, and K. Kano, *Chem. Lett.*, **37**, 218 (2007)
5) R. Kontani, S. Tsujimura, and K. Kano, *Bioelectrochemistry*, **76**, 10 (2009)
6) R. W. Pekala, *J. Mater. Sci.*, **24**, 3221 (1989)
7) H. Tamon, H. Ishizaka, T. Yamamoto, and T. Suzuki, *Carbon*, **37**, 2049 (1999)
8) S. Tsujimura, A. Nishina,Y. Hamano, K. Kano, and S. Shiraishi, *Electrochem. Commun.*, **12**, 446-449 (2010)
9) S. C. Barton, Y. Sun, B. Chandra, S. White, and J. Hone, *Electrochem. Solid-State Lett.*, **10**, B96 (2007)
10) C. Lau and M. J. Cooney, P. Atanassov, *Langmuir*, **24**, 7004-7010 (2008)
11) F. Gao, L. Viry, M. Maugey, P. Poulin, N. Mano, *Nat. Commun.*, **1**, 2 (2010)
12) T. Miyake, S. Yoshino, T. Yamada, K. Hata, M. Nishizawa, *J. Am. Chem. Soc.*, **133**, 5129-5134 (2011)

5 イオン液体

大野弘幸*

5.1 はじめに

バイオ電池，特に酵素を触媒とするバイオ電池は当然ながら水中で構築されると誰もが思っている。生命の誕生もその後の進化も維持も全て水という溶媒の中で行われてきた。このように水は生命の維持に不可欠な媒体であるものの，デバイスなどに使う時にはいくつかの欠点がある。例えば，蒸気圧が高いため徐々に蒸発してしまう，様々な（時には不都合な）ものを溶解する，雑菌やバクテリアが繁殖する，などが主なものであろう。それがバイオ電池の性能や寿命に関連するため，容器を含め様々な対応が求められている。一方，水の欠点を克服する溶媒を用いて新しいバイオ電池を構築するための基礎研究も始まっている。生命工学の分野で水に代わる溶媒を探すことは容易ではなく，これまでは挑戦すること自体が否定されていたが，興味ある展開が増えてきた。ここでは新しい液体として注目されている「イオン液体」を用いてこの研究に挑戦している最近の成果を紹介する。

5.2 イオン液体

イオン液体とは，室温付近で液体状態の有機塩であり，分子性液体を含まないイオンだけからなる液体である。これらイオン間に働くのは水素結合やvan der Waals力などよりも強い静電相互作用力である。この静電相互作用は遠達力であるため，隣のイオンだけの影響を受けるわけではなく，周囲の無数のイオンと静電的に相互作用している。そのため，個々のイオンは溶融状態にあっても相互の束縛力は大きく，それらの作用力を振り切ってイオンを気相に飛び出させるには相当なエネルギーが必要となる。イオン液体は液体であるにもかかわらず，蒸気圧がほぼゼロであるのはこのためである。また，幅広い温度域（例えば－20から＋300℃）で液状を保つことも大きな特徴である。このように幅広い温度域で分解しないイオン液体は少なくない。また，ある程度の極性も有している。しかし，利点は欠点にもなることを忘れてはならない。例えば，蒸気圧がほとんどないという安定性は，蒸留ができないという欠点につながる。したがって，イオン液体を精製する時に通常の分子性液体の手法をそのまま利用することはできない。詳細は略すが，イオン液体の合成法や精製法は多くの本[1)]に紹介されている。

イオンの種類を変えれば，形成される塩の物性も変化する。したがって様々なイオンを用いて塩を形成させれば，特性の異なる塩が得られる。積極的に融点などの物性を制御することもできるようになってきた。塩の融点を支配している因子として，イオン半径，イオン構造（特に対称性），自由度，コンホメーション，電荷密度，非局在性，水素結合など他の相互作用力の有無などが挙げられる。中でも構成イオンの大きさと電荷密度の影響が大きいことが知られているので，常温で液体の塩の設計はさほど難しいものではなくなっている。大きなイオンを使えば低融点の

---

* Hiroyuki Ohno　東京農工大学　大学院工学研究院　生命工学専攻　教授

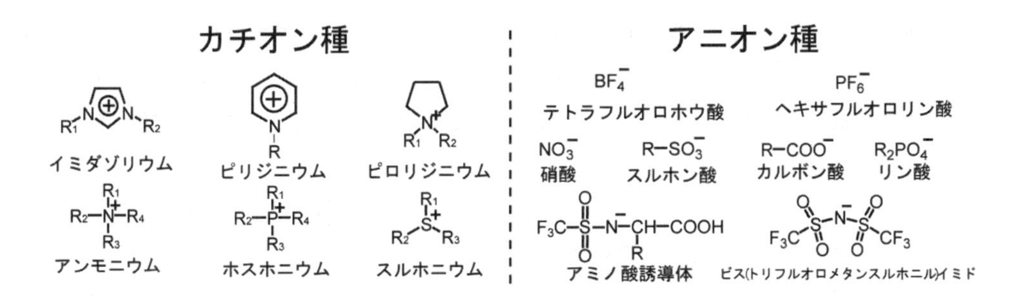

図１　イオン液体を作るのによく使われるイオンの例

塩になるが，大きすぎるとイオン性よりも分子性の特性が顕著となり，塩とは呼べないものになってしまう。高分子電解質やタンパク質が液体ではないことを思い出して欲しい。また，無機イオンの種類は限られており，イオン半径も比較的小さいため，それほど低融点の塩にはならない。それに対し有機物質は膨大な種類があり，ほとんどがイオンにすることも可能である。したがって，これら無数ともいえる有機イオンの中から適切なものを選び，様々な塩を形成させれば，個性的な塩が見いだされる。イオン液体の作製によく使われるイオンを図１に示す。これらのイオンが上述の因子のいくつかを満足していることが理解できるであろう。さらに，有機イオンでは様々な機能を付与させることもできる。しかし，機能を付与させることは，多くの場合イオン間の相互作用が増加することにつながる。そのためイオン液体としての物性は悪くなることが多い。機能を付与させながらイオン液体としての物性値を満足させるためにはいくつかの工夫が必要であるが，ここでは省略する。

5.3　バイオ電池にイオン液体は使えるか？

水の代わりにイオン液体を用いると，使用環境が大幅に広がることはわかったが，果たしてバイオの世界にイオン液体は使えるのであろうか？　イオン液体中に生体（物質）を入れることは，多くの人にナメクジに塩を振りかけることを思い出させるであろう。事実，生命のヒエラルキーの上位にある生物，組織，細胞などはイオン液体に導入できない。浸透圧差で体内の水分が細胞膜を通って外部に出て行ってしまう。あるいは，絶妙のバランスで集合し，高次構造を保っている分子が分散してしまうであろう。それに対し，タンパク質や各種生体分子などは特定なイオン液体には溶解させることができる。したがって，バイオ電池の中でも分子レベルの触媒機能に注目するもの，例えば酵素修飾電極を使った電池などでは，溶媒をイオン液体に変えることは不可能ではない。ポイントは酵素などの高次構造にできるだけ摂動を与えずに溶解させることである。さらに，イオン液体を使ってバイオ電池を構築するためには，①エネルギー源であるバイオマス，あるいはその主成分であるセルロースを溶かす，②セルロースを処理しやすいようにグルコースなどに加水分解する，③グルコースなどを酸化し，電子を取り出す，という３つのプロセスを行う必要がある。これらをイオン液体中で行うためには，それぞれのステップに最適なイオン液体を設計する必要がある。しかし，セルロースを溶解させるための戦略と，機能を保持したまま酵素などを溶解させる方法は同一レベルにはない。後者が溶媒として用いるイオン液体の特性は高度な制御を必要としていることはいうまでもない。

5.4　イオン液体を用いたバイオマス処理

バイオマスからセルロースを取り出す試みは古くから行われている。しかし，処理に必要なエネルギーと得られるエネルギーの差（エネルギー収支）を考えると，セルロースの抽出に熱などのエネルギーを使うことは望ましいことではない。したがって，非加熱でセルロースを抽出するのが望ましいが，今までそれを可能にする溶媒はなかった。2002年にRogersらが1-butyl-3-methylimidazolium chloride（[C_4mim] Cl）を加熱して利用すればセルロースを溶解できることを報告した[2)]。しかし，[C_4mim] Clは融点が90℃程度で，液体として用いるためには加熱し続けなくてはならないため，エネルギー生産には不利である。我々は，セルロース系バイオマスの効率的なエネルギー利用を目指し，非加熱でセルロースを溶解できるイオン液体の開発を目指した。セルロースを溶解させるのに従来から使用されていた混合液体をモデルにすると，疎水性，親水性，水素結合能，イオン性の全てを有するイオン液体を設計すれば，セルロースを溶解できると考えた。極性や水素結合力の指標として，Kamlet-Taftパラメータを利用した。特に水素結合受容性（β値）が水素結合を切断する能力を評価する上で重要である。セルロースの溶解には0.80以上のβ値を持つイオン液体が必要であることが経験的にわかっている[3)]。Rogersらが報告した［C_4mim］Clのβ値は0.84と高く，液状にすればセルロースを溶解できる。従来の3元系混合溶媒での処理温度よりはるかに低温で処理できるものの，バイオマスの有効利用を考えると，非加熱でセルロースを溶解することが求められる。多数のイオン液体を作製し，物性を比較した結果，一連のアルキルイミダゾリウムカルボン酸塩が高いβ値を示し，温和な条件でセルロースを溶解できることがわかった[4)]。しかし，カルボン酸塩は熱安定性や経時的安定性に劣り，バイオマスの繰り返し処理を視野に入れた長期利用には不適当と判定した。クロリド塩やカルボン酸塩の欠点を克服するため，さらにイオン液体の設計を進めた結果，メチル亜リン酸アニオンを有するイオン液体（[C_2mim][(MeO)(H)PO_2]）が高いβ値を示し，低粘性の極性イオン液体であることを見いだした[5)]。セルロース溶解能を評価したところ，室温で30分攪拌するだけで2 wt％の微結晶セルロースを溶解できた。

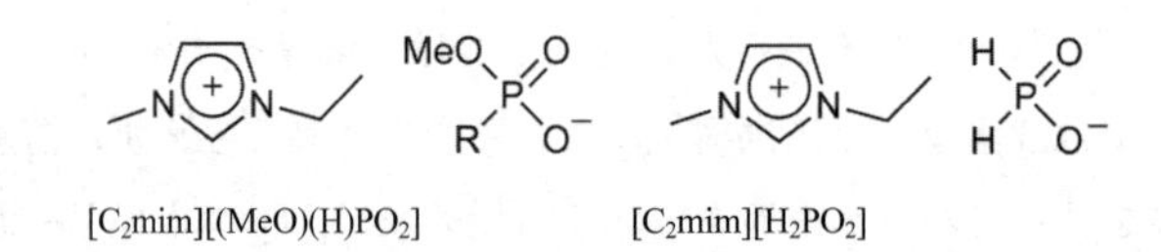

極性イオン液体を用いれば植物バイオマスから直接多糖類を抽出できる。我々が提案した

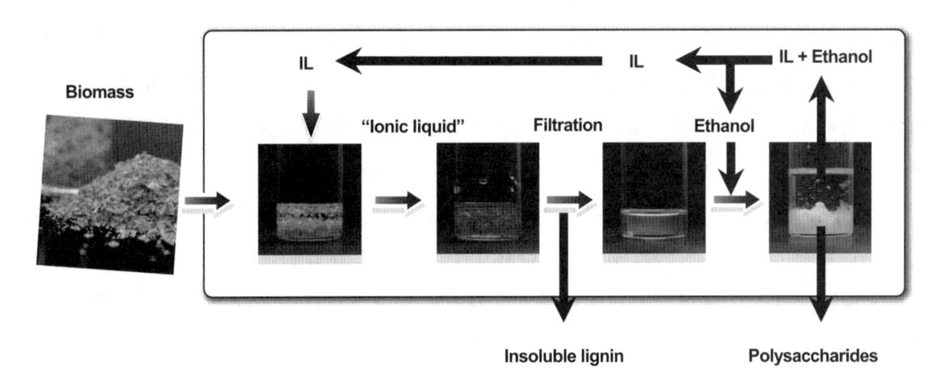

図２　バイオマスからのセルロース類のクローズド抽出（イメージ）

［C_2mim］［(MeO)(H)PO_2］を用いて穏和な条件下でバイオマスからの多糖類抽出能を比較し，処理能力の支配的な因子を検討した[6)]。バイオマスとして小麦外皮粉末（ブラン）を選択し，図２に示すようなステップでセルロース類の抽出を行った。まず，イオン液体と小麦外皮粉末を混合し，50℃で攪拌した。不溶部分をろ別した後，回収したイオン液体溶液にエタノールを添加して，溶解している多糖類成分を析出させ，析出物を乾燥させた。検討の結果，いずれのイオン液体でも小麦外皮からセルロースが主成分である多糖類を抽出できた。小麦外皮からの多糖類抽出率は用いたアニオン種によって異なり，低粘性のイオン液体ほど高い抽出率を示す傾向が見られた。低粘性の［C_2mim］［(MeO)(H)PO_2］は30分間の処理で29 wt％の多糖類を抽出できた。さらに近年開発した［C_2mim］［H_2PO_2］はセルロースを溶解するのに十分なβ値を有しており，室温で約65 cPと極性イオン液体としては極めて低粘度であった。これを用いると，小麦外皮から常温常圧で10 wt％以上の多糖類が抽出できる。

5.5　酵素の溶媒としてのイオン液体

一般的なイオン液体へのタンパク質の溶解度は非常に低く，溶解したとしてもタンパク質の二次構造が変化し，結果として活性低下や変性につながる。セルロースのような高分子は分子間相互作用を切断し，溶解させれば目的が達成されるが，タンパク質は高次構造を保ったまま溶解させなければ，それらの機能を利用できない。酵素をイオン液体中で機能させる研究の多くは分散状態で酵素を利用している。完全に溶解させると，高次構造も崩れてしまうことが多い。しかし，特定のタンパク質，例えばチトクロムcは，極性の高いイオン液体に溶解し，活性中心であるヘム近傍の環境はあまり変化しないことがわかっている[7)]。より多くのタンパク質をイオン液体に溶解させるためには，ポリエチレングリコール（PEG）修飾が望ましい。PEGは多くのイオン液体とイオン－双極子間相互作用を介してよく混和する。この性質を利用すると，PEG修飾したタンパク質を極性の程度にかかわらず多種類のイオン液体に溶解させることができる[8)]。

我々はイオン液体に少量の水を加えた“水和イオン液体”を提案し，高次構造を保ったまま溶解させようとしている。水和イオン液体はイオン液体に20 wt％程度の水を添加して作製する。加えた水はイオンに直接水和しているため，通常の塩水溶液とは全く異なる性質を示す。どんなイオン液体でも利用できるわけではなく，構成イオンによりその性質は大きく異なる。多くの塩の中からコリンと二水素リン酸からなる塩（下記参照）を選択し，これを水和イオン液体にするとチトクロム*c*がよく溶解した[9]。しかも，ネイティブに近い高次構造を保持していることが分光学的に明らかになっている。この水和イオン液体中では水中よりも30℃程度耐熱性が向上する。また，常温常圧で１年以上保存した後も活性が70％程度保持されているなど，緩衝水溶液とは比較にならないほど優れた溶媒であることが示された。近年では多くのタンパク質が変性せずに溶解することもわかってきた。詳細は割愛するが，特定のイオン液体を水と混合した系は，これまでにないタンパク質の保存溶媒あるいは反応溶媒として期待できる。

5.6　イオン液体を用いたバイオ電池

バイオマスからセルロースを抽出し，酵素的に加水分解できれば，バイオ電池の構築は近い。既に水を溶媒としたグルコース電池は作られており，市販もされている。5.3項で述べた３項目のうち，２つを紹介したが，これらのプロセスに最適なイオン液体は同一ではない。即ち，①には高極性のイオン液体が必要であるが，②には加水分解に必要な水を含んだ水和イオン液体が適している。水の存在は①のセルロースの抽出効率を大幅に低下させるため，①と②を同一バッチで処理することは困難である。それぞれに適切なイオン液体を利用する，あるいは②を水中で行えばこれらのプロセスを進行させることは難しくない。しかし，敢えて我々はこの難解な課題に挑戦しており，これが解決すれば，恐らく③の課題も解決するであろうとの見込みを持っている。この課題が解決されると図３に示すような，ワンバッチ型バイオ電池が構築される。解決すべき

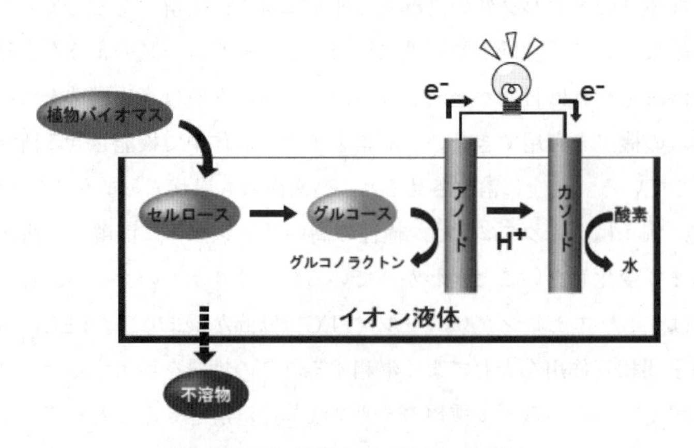

図３　イオン液体を用いたバイオ電池

課題は多いが，楽しみながら研究を進めている。このようなエネルギー変換デバイスが構築できれば，「一家に一台，やぎさん電池を！」のかけ声と共に，普及させたい。読み終わった新聞を入れたり，雑草や野菜くずを入れたりすると，砂糖や電気エネルギーができるデバイスが世界中の家庭に備わることを夢見るのは，研究者として悪くないものだ。

5.7　将来展望

既に，将来展望を書いてしまったが，イオン液体のバイオサイエンスへの展開は興味深い。バイオ電池も含み，様々な局面でイオン液体が活躍できる場はバイオサイエンス分野には多いと思われる。最近上梓したイオン液体関係の本[1,10]も参照していただきたい。生命の多様性を鑑みるに，イオン液体を活用できる機会は多いと思う。

文　　献

1) 例えば，大野弘幸監修，イオン液体Ⅰ，ⅡおよびⅢ，シーエムシー出版（2003，2006および2010）
2) R. P. Swatloski, S. K. Spear, J. D. Holbrey, R. D. Rogers, *J. Am. Chem. Soc.*, **124**, 4974（2002）
3) H. Ohno, Y. Fukaya, *Chem. Lett.*, **38**, 2（2009）
4) Y. Fukaya, A. Sugimoto, H. Ohno, *Biomacromolecules*, **7**, 3295（2006）
5) Y. Fukaya, K. Hayashi, M. Wada, H. Ohno, *Green Chem.*, **10**, 44（2008）
6) M. Abe, Y. Fukaya, H. Ohno, *Green Chem.*, **12**, 1274（2010）
7) K. Tamura and H. Ohno, *Proceedings of the Second International Congress on Ionic Liquids*, p. 306（2007）
8) H. Ohno, C. Suzuki, K. Fukumoto, M. Yoshizawa, and K. Fujita, *Chem. Lett.*, **32**, 450（2003）
9) K. Fujita, H. Ohno *et al.*, *Biomacromolecules*, **8**, 2080（2007）
10) Electrochemical Aspects of Ionic Liquids, Second edition, H. Ohno Ed., Wiley Interscience, New York（2011）

第3章　酵素電極の研究開発

1　酵素固定化法

矢吹聡一*

1.1　はじめに

酵素など生体系触媒分子を有効に生体外で利用するための「酵素固定化」技術は古い歴史があり，これまで発酵やバイオセンサなどに利用されてきている[1～4)]。なかでも，電気化学検出型のバイオセンサは，通常電極上に酵素固定化部位を有し，酵素反応生成物などの量を電気化学的に計測する手法が用いられ，酵素固定化法について非常に多くの研究が報告されている。これらの研究は，バイオ電池構築に適用できる知見がある。次項以下，簡単に酵素固定化法の種類，特徴を記すとともに，バイオ電池構築に必要な要素を記載し，最後に，構築へ向けた酵素固定化法の最新研究について概説する。

1.2　酵素固定化法の種類

酵素を電極（基板）に固定化する場合，保持（支持）する材料の選択と，それに伴い，どの方法で固定化できるかが決定される。すなわち，固定化を保持する材料には，大まかに分類して，表1のように，有機材料，無機材料があるが，それぞれ材料の特性に応じ，適用可能な固定化方法がある。例えば，高分子材料を担体として用いる場合は，包括固定化が一般的である。これは，高分子鎖上に共有結合して固定化する場合より，総合的に判断し，包括固定化の方が有効であるためである。

固定化法については，表1に示した場合を含めると，吸着，イオン性結合を利用する方法，生

表1　酵素固定化の支持担体材料による分類と固定化方法

材料の種類		材料の例	主な固定化法
有機材料系	天然高分子	セルロース，デキストラン，アルギニン	吸着，包括固定，共有結合
		アルブミン，コラーゲン	包括固定，共有結合
	合成高分子	ポリスチレン，ポリアミド，ポリアクリルアミド	包括固定，共有結合
		ポリエレクトロライト複合体	包括固定，共有結合
無機材料系	鉱　物	シリカ	吸着
	一般材料	ガラス，金属，カーボン	吸着，架橋剤を用いた共有結合
	加工材料	多孔質金属酸化物	吸着

* Soichi Yabuki　㈱産業技術総合研究所　バイオメディカル研究部門　主幹研究員

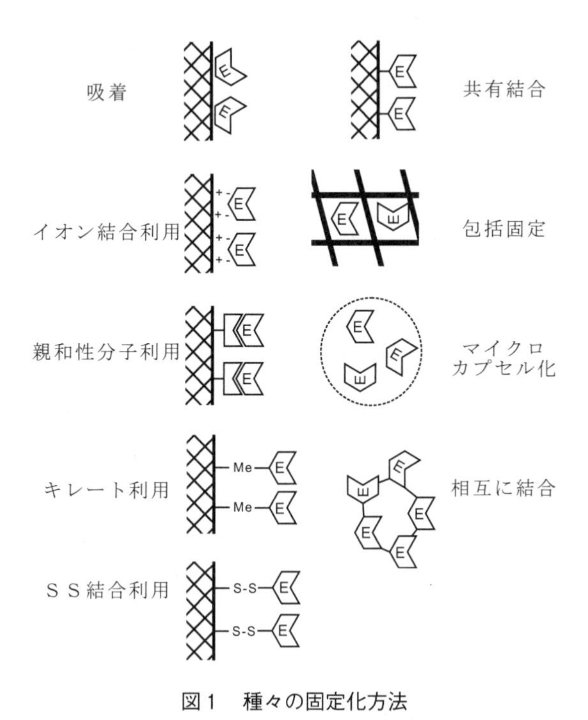

図１　種々の固定化方法

体親和性を利用する方法，キレート結合や金属との直接結合，ジスルフィド（SS）結合を利用するもの，共有結合による固定化，包括固定化，マイクロカプセルを利用したもの，タンパク質を相互に結合したものなどがある（図１）。吸着からジスルフィド結合利用固定化まではどちらかといえば可逆的な固定化法であり，それ以降の方法は非可逆な方法である。以下では，吸着，包括固定，共有結合法についてその特徴を説明する。

1.2.1　吸着固定化

酵素溶液中に担体基板を浸漬しておくと，表面の状態，実効面積に依存して酵素が吸着固定される。この現象を利用するのが吸着に基づいた固定化法であり，極めて簡便な方法であるという特徴がある。表面の状態（親水度，荷電）を変えることで，固定化量の増加が可能であるとの報告もあるが，一般的に，大きな酵素固定化量は達成が容易ではない。また，弱い吸着の場合，脱離の可能性があること，逆に強い吸着の場合は，酵素分子が元の形状を保持できずに，酵素分子の活性低下が起こり得ることが指摘されている。脱離に対しては，高分子膜などを形成することでこれを防ぎ，強い吸着による活性低下が予想される場合は，表面状態を修飾などで変化させることで問題を回避できる場合がある。担体基板には導電体（金属やカーボン）を利用できるため，バイオ酵素電池に適した一つの固定化方法であるといえる。

1.2.2　包括固定化

高分子などの担体中に酵素をいわば“閉じ込めて”固定化する方法で，比較的作製が容易である。

したがって，酵素は，担体分子鎖に共有結合していないため，担体が疎な物質である場合，酵素が溶出する恐れがあり，密な物質の場合，基質や生成物透過が制限される恐れがある。担体に包括しているだけであるので，酵素担持量を比較的自由に変えることができる。さらには，酵素と伝導性担体間の電気化学的インターラクションに用いられる（電子）メディエータ分子を膜中に同時に固定化でき，メディエータ機能を発揮できる膜もあるという利点がある[5]。一方，担体に高分子などを用いる場合が多いため，担体自体の電気伝導性が乏しい。その場合には，カーボンナノチューブやポリピロール，ポリチオフェンなど共役二重結合を持つ電気伝導性高分子を酵素と同時に固定化する研究も進んでいる。

包括固定の担体として用いられる高分子膜を吸着固定化時の脱離等保護膜としても用いることができる。

1.2.3 共有結合を利用した固定化

アミノ基やカルボキシル基などの末端に酵素を直接あるいは架橋剤を用いて結合させて固定する方法で，前述の2つの方法に比してやや手間のかかる方法である。しかしながら，酵素は脱離で失われる心配は無い。結合方法は，生体物質のコンジュゲート作製手法における知見[6]が適用できること，酵素担持量もコントロールしやすいことなどがあり，比較的広く用いられている。しかしながら，結合形成時に使用する反応剤により酵素活性が減少することがあるため，注意が必要である。

1.3 酵素電池構築のための酵素固定化法

上記である程度示したように，酵素電池構築のためには，従来の固定化酵素技術において必要になってくる条件がある。それをここで考えてみたい。まず，固定化酵素をバイオリアクターやバイオセンサに適用する場合に比して，最も重要なことは，酸化還元酵素反応における電子移動を導電性基板上にどれほど集められるかである。すなわち，酵素反応が導電性基板付近で起こるのが望ましい。いい換えれば，導電性基板と酵素との距離をどれほど縮められるのかが重要である。さらには，固定化酵素内の酵素密度も重要になってくる。以上の2要因は，バイオ電池において，電流密度を向上させるための重要なファクターである。また，バイオ電池内の酵素反応系において，直接電子移動型を採用するのか，（電子）メディエータ型を採用するのかによって異なってくるが，直接電子移動型の場合，電子を導電性基板に渡す必要があるから，酵素の向きや，反応速度を向上させるための界面の設計が重要となる。一方，メディエータ型では，メディエータの離脱防止や，固定化層内での移動度，濃度（密度）が重要になる。

また，当然ながら，酵素固定化時の活性損失低減は避けたい問題であるし，基質や生成物の移動度（膜内における透過性）も気をつけたい。

バイオセンサなどから比して重要になってくる事項に，固定化酵素中の酵素の安定性がある。センサなどの場合は，活性（すなわちセンサの応答）が変化しても，校正すれば利用できるが，酵素電池の電流特性変動や短時間での劣化は避けなければいけない。いい換えれば，外来物質や

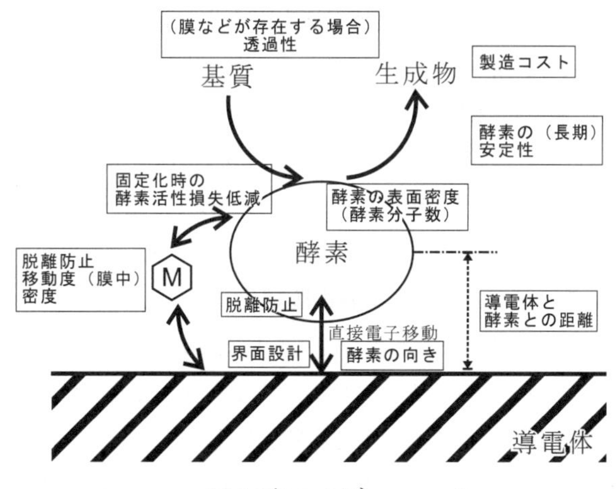

図2　酵素電池構築に際して固定化法に求められるキーポイント
考えられるキーポイントを□内に記載した。

生成物などから，酵素を保護できるような高機能な固定化（あるいは保護膜）が必要になってくる。

最後に，当然のことながら，製造コストなども問題になるであろう。以上をまとめると，図2に示される。

以上の要求点から考えると，直接電子移動型は吸着固定化が適しており，メディエータ型は，包括固定化が適しているように考えられる。

次項以下，実際の固定化例を簡単に紹介する。

1.4　固定化例

以下に固定化例を紹介する。本書中に紹介されている部分も少なくないので，簡単な紹介にとどめる。興味がある場合は，文献を検討されたい。

1.4.1　吸着によるカーボン上への酵素固定

カーボンクライオゲル（CCG）上に酵素果糖デヒドロゲナーゼ（FDH）を吸着固定し，その電気化学特性を評価している研究がある[7]。CCGは微細孔を持つ物質で，細孔の口径は作製条件で制御できる。これを固定化担体，兼，導電性材料（電極）として利用することで，FDHとCCGとの間の直接電子移動を行わせることが可能である。また，様々な微細孔口径を持つCCGを合成することで，FDHに最適の口径のCCGを得ることもできる。今後，酵素固定化に対し表面修飾を行うことで，より触媒電流を大きくすることが期待できるとしている。

1.4.2　ポリエレクトロライト複合体による酵素包括固定

電子メディエータを同時に固定化する場合には，吸着固定より包括固定化の方が簡便で効果的であることは先に述べた。その固定化法の一つとして，ポリエレクトロライト（ポリマー状の電解質）複合体による固定化がある。その特性や酵素固定化の詳細については，別の総説をご覧いただきたい[8)]。単純にいえば，ポリエレクトロライト複合体とは，正荷電を有するポリマーと負荷電を持つポリマーとの静電結合を介しての複合体であり，酵素，メディエータを固定化できる方法として知られている[8)]。この複合体の一つの作製方法である，ポリイオン複合体法を用い，酵素（ブドウ糖デヒドロゲナーゼ），メディエータ（ビタミンK_3）を同時固定化し，酵素電池アノードを構築できることを明らかにしている[9)]。

1.4.3 カーボンナノチューブを用いた酵素の固定化

カーボンナノチューブ（CNT）は，形状，物理特性などから注目を集めている材料の一つで，バイオセンサなどの研究に用いられるようになってきている。最近，酵素をCNT間に挟み込むような固定化の方法が発表された[10)]。これは，乾燥状態によってCNT間の距離が収縮するフィルムを用い，酵素を導入後乾燥させるだけで，酵素固定化（酵素内包）が可能である。酵素は，CNT間に挟まった構造をとって固定化されていると考えられる。また，柔軟性があるフィルムであるため，自在に形状を変形することも可能であるという利点もある。

1.4.4 長期安定な酵素固定化

バイオ酵素電池はバイオセンサと異なり，使用時には長期間安定に高い酵素活性が保持できることが望ましい。酵素活性が低下する原因は，酵素の固定化状態（吸着状態変化）での劣化，基質や生成物による活性低下など酵素に起因する場合と，酵素の固定化状態からの離脱，物質付着による見かけの活性低下など固定化層に起因する部分がある。ここでは後者の影響を工学的に低下させる方法を考えてみたい。一つの解決法として，我々が現在検討を進めている方法は，酵素を化学的に安定な物質セルロースで被覆する方法である。セルロースは極めて安定な物質であるが，その安定さのため，適当な溶媒が知られていなかった。近年，ある種のイオン性液体が溶媒として利用できることが明らかになり，簡便にセルロースを酵素上に被覆することが可能となった。この方法をグルコースオキシダーゼ固定化に用いると，固定化後半年で9割，1年後に6割の活性が保持されていることが分かった。現在詳細な機構，他の酵素への展開などを検討している。

1.5 おわりに

本節では，一般的な酵素固定化法の分類から始まり，バイオ酵素電池では何が必要であるかを検討し，数例の固定化法を挙げてその解説を行った。固定化法については多数の研究があるが，現在でも新たに様々な固定化法が見いだされ，検討が進められている。したがって，バイオ酵素電池開発に適した固定化法が見いだされることがあるかもしれない。例えば，タンパク質工学を利用し，酵素末端に基板とのアンカー部位を予め仕込んでおいて，基板との固定化を行う方法がある[11,12)]。これは単に固定化酵素技術だけでなく，タンパク質工学の進展や金属との結合分子（チオール基やペプチド）の発見がないと進展しなかったものである。新たな研究者，技術がこの分野に進出し，酵素固定化技術がさらに進展することを望んでいる。

文　　献

1) 相田浩，滝波弘一，千畑一郎，中山清，山田秀明編，アミノ酸発酵，学会出版センター（1986）
2) 鈴木周一，バイオセンサー，講談社（1984）
3) J. M. Guisan ed., "Immobilization of enzymes and cells", 2nd ed., Humana Press (2006)
4) 特許庁，"平成19年度特許出願技術動向調査報告書"中の「バイオセンサ～酵素・微生物を利用した電気化学計測」，発明協会（2008）。要約版が特許庁webページにより公開されている；http://www.jpo.go.jp/shiryou/pdf/gidou-houkoku/vaiosensa_youyaku.pdf
5) F. Mizutani, S. Yabuki, "Enzyme Sensor Utilizing an Immobilized Mediator", in "Chemical Sensor Technology Vol. 4" Ed. By S. Yamauchi, p. 167-180, Kodansha/Elsevier (1992)
6) 例えば，G. T. Hermanson, "Bioconjugate Techniques" 2nd ed., Academic Press (2008) などがある。
7) S. Tsujimura, A. Nishina, Y. Hamano, K. Kano, S. Shiraishi, *Electrochem. Commun.*, **12**, 446 (2010)
8) S. Yabuki, *Anal. Sci.*, **27**, 695 (2011)
9) H. Sakai, T. Nakagawa, Y. Tokita, T. Hatazawa, T. Ikeda, S. Tsujimura, K. Kano, *Energy Environ. Sci.*, **2**, 133 (2009)
10) T. Miyake, S. Yoshino, T. Yamada, K. Hata, M. Nishizawa, *J. Am. Chem. Soc.*, **133**, 5129 (2011)
11) S. J. Vigmond, M. Iwakura, F. Mizutani, T. Katsura, *Langmuir*, **10**, 2860 (1994)
12) T. Hayashi, K. Sano, K. Shiba, K. Iwahori, I. Yamashita, M. Hara, *Langmuir*, **25**, 10901 (2009)

2　ポリイオンコンプレックスを用いる酵素電極

駒場慎一[*1]，勝野瑛自[*2]，渡辺真也[*3]

2.1　はじめに

ポリイオンとはイオン性官能基を有する高分子の総称で陽イオン性ポリマーをポリカチオン，陰イオン性ポリマーをポリアニオンと呼ぶ。ポリアニオンとポリカチオンの静電的相互作用で生成するポリイオンコンプレックス（PIC）は，ポリカチオン溶液とポリアニオン溶液を混合して生成する不溶性の高分子複合体であり，1972年に土田らのグループによって初めて報告され[1)]，当時は自己集積化ポリマーとして注目された。

2.2　バイオセンサ

水谷らはこのポリイオンコンプレックスを酵素電極へ初めて応用した[2)]。すなわち，ポリカチオンとポリアニオンの各水溶液を電極上で混合する際に酵素を共存させると，生成するPICマトリクス内に酵素分子が取り込まれ，その後の乾燥によって酵素分子が包括固定されたPIC層が電極上に析出する（図1左）。こうして得られたPIC膜被覆電極が電流検出型乳酸センサとして作動することを報告した。さらに水谷らは，PICの分子ふるい能を見出し，分子サイズ（分子量）の大きいものは透過を制御され，小さいものは容易に拡散することができることを示した。ポリスチレンスルホン酸ナトリウムとポリ（L–リシン）のPICの場合，図1右に示すように分子量が100を超えると反応化学種の透過が制限される[3)]。その追従研究として，PIC膜被覆電極を用いてピロ

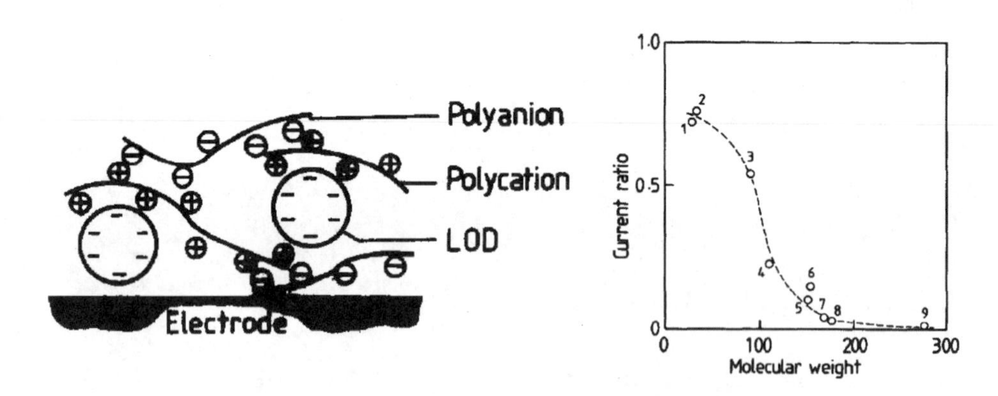

図1　（左）電極上のPIC担体に酵素（LOD）が包括固定された酵素電極の構造，（右）PICの分子ふるい特性（ポリ（L–リシン）とポリスチレンスルホン酸ナトリウムを用いた場合）
F. Mizutani *et al., Anal. Chim. Acta,* **413**, 233（1995）より引用

＊1　Shinichi Komaba　東京理科大学　理学部　応用化学科　准教授
＊2　Eiji Katsuno　東京理科大学大学院　総合化学研究科　修士２年
＊3　Shinya Watanabe　東京理科大学大学院　総合化学研究科　修士２年

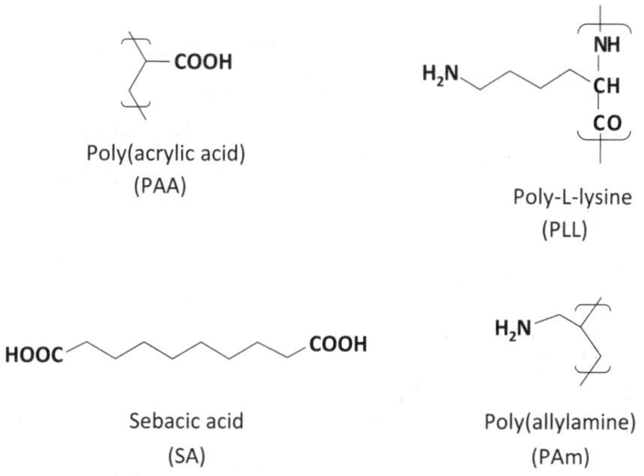

COOH
Poly(acrylic acid)
(PAA)

NH
H_2N
CH
CO
Poly-L-lysine
(PLL)

HOOC
COOH
Sebacic acid
(SA)

H_2N
Poly(allylamine)
(PAm)

図２　PICの形成に使用できるポリイオン（SAのみジカルボン酸）

ールの電解重合を行うことで，酵素，PIC，pH感応性ポリピロールを複合化して，電位検出型の尿素センサも報告された[4,5]。現在では，PICを利用した酵素固定化電極の作製は，簡便で十分な効果が得られることから広く知られた方法となった。

ここで著者らの最近の成果を中心に紹介したい。図２に示すように，ポリアクリル酸（PAA）アニオンと，$-NH_3^+$基のアルキル側鎖長が異なるポリカチオン（PLL, PAm）を用いたPIC膜の場合，ポリイオンのアルキル側鎖が長い程，静電的に架橋したPICの分子レベルでの網目が拡がって反応化学種の透過性が上がる。これらのPIC被覆電極で観測されるアノード電流の分子量依存性を図３に示す。同じPICで比べると，反応化学種の分子量（分子サイズ）が大きくなる程，その電解電流が小さくなる。また，同じ反応化学種で比べるとポリカチオンの側鎖が長い程より大きな電流が流れる。PAm-PAAでは約50，PLL-PAAでは約130の分子量をそれぞれ超えるとその電流密度比が大きく下がっていることから，この分子量依存性が反応化学種の透過性の違いによるものとすると，ポリカチオンの側鎖長を選ぶことで分子ふるい能を制御できることがわかる。

また，ポリカチオンとしてポリアリルアミン（PAm），ポリアニオンにポリアクリル酸（PAA）またはジカルボン酸であるセバシン酸（SA）を用いたPIC膜の場合もポリアニオンのアルキル鎖長を選ぶことで分子ふるい能を制御できる（図４）。

また，異なるPICを積層させた酵素電極では，アスコルビン酸（MW=176）などの妨害物質の影響を抑えつつ，分子量が同程度のグルコース（MW=180）の高感度検出が可能な電極系の構築が可能となる[6]。図５の模式図のように，PIC積層酵素固定化電極は妨害物質の透過を制御するための下層PICを成膜後，その上にグルコースオキシダーゼ（GOx）液を滴下，さらに酵素固定化のための上層PICを形成し作製する。下層PICは妨害物質（尿酸，アスコルビン酸）の透過を抑制するために，PICの網目が小さいPAm-PAAを用い，逆に上層PICには網目が大きく基質分子が透過しやすいPLL-PAAを積層させている。この電極に定電位を印加した時の電流密度の経時

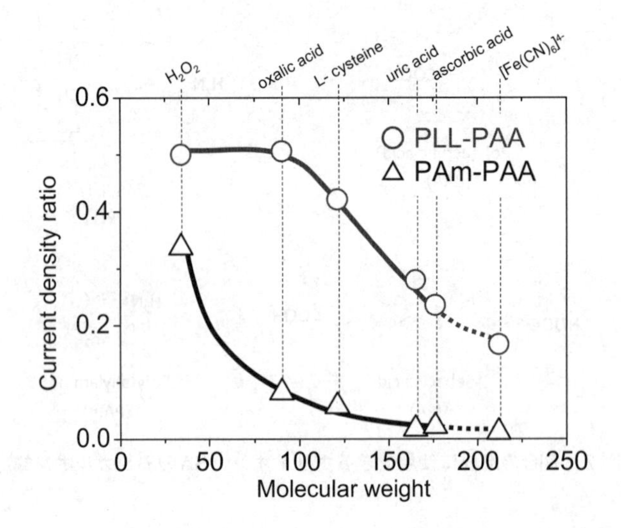

図3　PICの分子ふるい特性（PLL-PAAおよびPAm-PAAの場合）
縦軸の電流値は，未被覆電極の電解電流値に対する，PIC被覆電極の電解電流値の比。25℃，静止溶液中で測定。

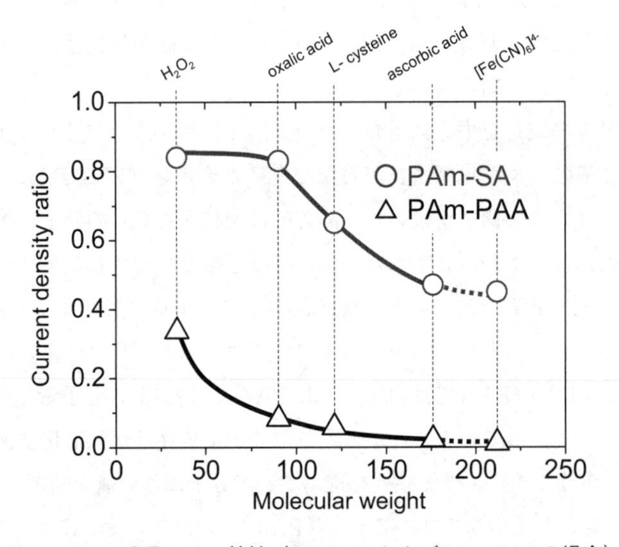

図4　PICの分子ふるい特性（PAm-SAおよびPAm-PAAの場合）
測定条件などは，図3と同様。

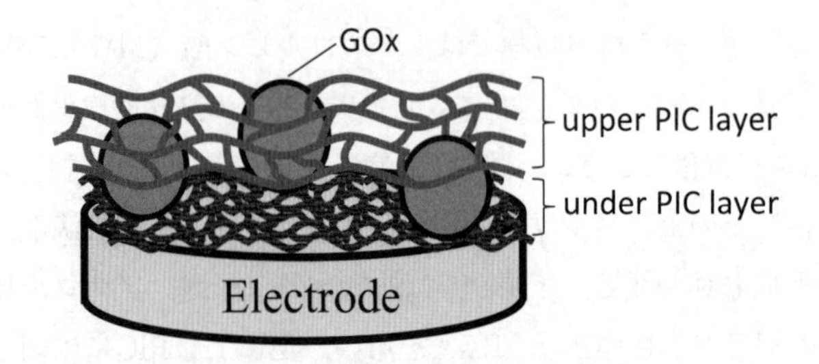

図5　異なるPICを積層した酵素電極の構造（GOxは酵素）

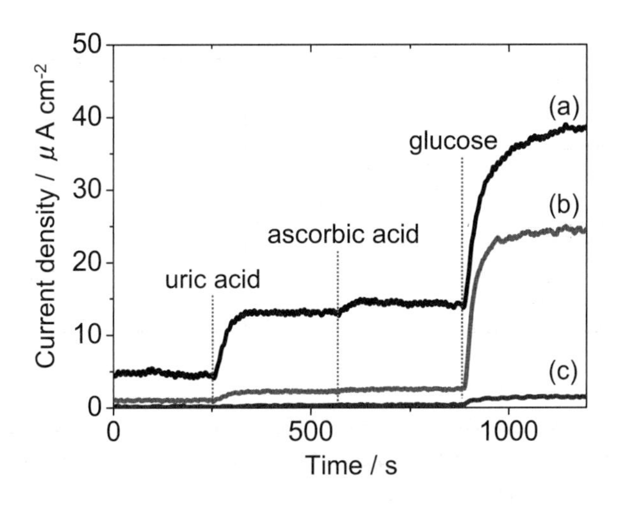

図6　2種のPICを積層した酵素電極の選択応答

尿酸，アスコルビン酸，グルコースを添加した際のGOx固定化PIC電極の電流応答。PICの積層構造：(a) Pt/PLL-PAA/GOx/PLL-PAA，(b) Pt/PAm-PAA/GOx/PLL-PAA，(c) Pt/PAm-PAA/GOx/PAm-PAA

変化を図6(b)に示す。0.36 mM尿酸，0.10 mMアスコルビン酸，5.0 mMグルコースの順に添加したところ，尿酸，アスコルビン酸添加時の電流増加はグルコースのそれと比べ十分に低いことがわかる。これは，妨害物質は下層PICを透過できないので基板電極まで拡散できないのに対し，GOxの触媒するグルコースの酸化反応で生成する過酸化水素は分子量が小さいため容易に下層PICを透過し，基板電極表面に達して電解酸化されるためと考えられる。比較のため，図6(a)では上層および下層PICとして網目が大きいPLL-PAAを用いた結果で，妨害物質も透過して電流が増加してしまう。図6(c)のように，上層および下層PICに網目が小さいPAm-PAAを用いると，グルコースの透過も抑制されて基質が酵素分子まで到達できないために，応答電流は殆ど観測されない。以上の結果から，PICの分子ふるいの違いに着目して異なるPICを積層することによって，酵素電極界面のより高度な分子機能性の制御が可能となる。

2.3　バイオ電池

また，バイオ電池用酵素電極にもPICが広く用いられてきた[7,8]。例えば，アノードにはグルコースオキシダーゼ（GOx），カソードにビリルビンオキシダーゼを触媒として使用し，PLLとPSSにより形成されるPICを用い固定することで酵素電極を作製する。図7にPICの層数が異なる電極を用いてグルコースを添加した際の定電位印加時の電流密度変化を示す。PICの膜厚が増加するにつれて電流が大きく減少するが，長期安定性は向上する。これはPICの膜厚が増加するにつれて基質であるグルコースの拡散が抑制されるが，酵素を安定に固定化しているためであると考えられる。PICは酵素固定化として有用ではあるが，高出力化と長寿命を兼ね備えるバイオ電池

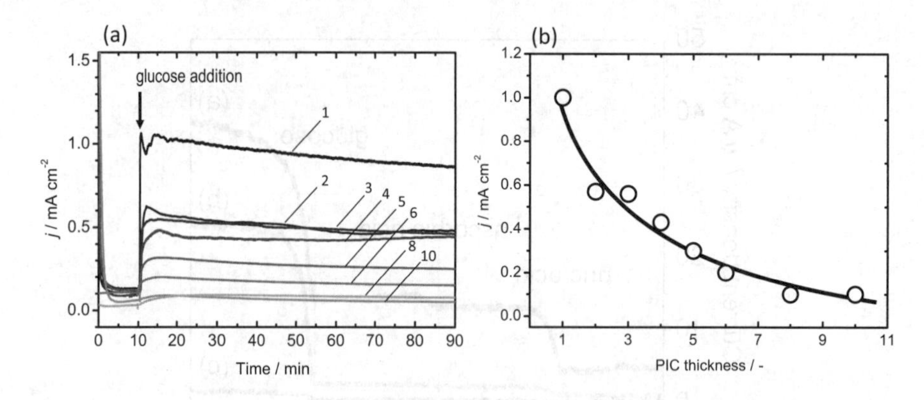

図7　(a) グルコース添加時のGOx固定化PIC電極のクロノアンペログラム。図中の数はPIC成膜の回数で，増える程PICの膜厚も増加。(b) PIC膜厚と定常電流値のプロット。
メディエータにTTFを用い，撹拌条件下，250 mV vs. Ag/AgClで測定。

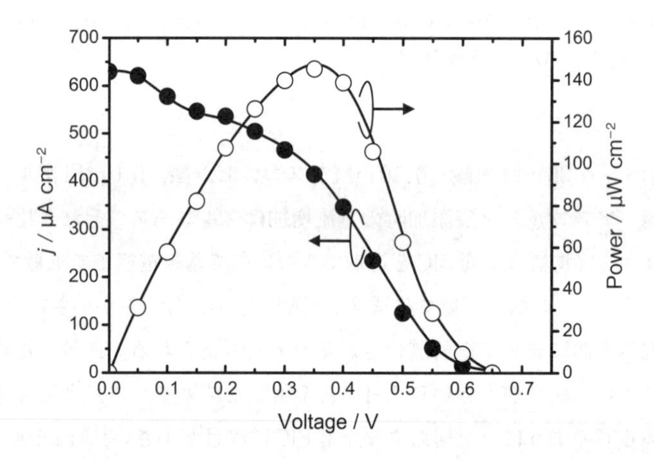

図8　PICを利用して作製したグルコース／O_2バイオ電池の電気化学特性
アノードにはGOD，TTFを，カソードにはBOD，ABTSを使用。0.1 Mグルコース溶液中（O_2飽和）で，pH 7，37℃の静止条件で測定。

を作製するにはPIC膜の厚さの最適化が必須となる。図8にはポリイオンを用いて作製したアノードとカソードを組み合わせたバイオ電池の電圧―電流，電圧―出力曲線を示す。このバイオ電池は，開回路電圧0.65 V，最大出力150 μW cm^{-2}を示し，電極の構造や各種条件を最適化することでより高い出力のバイオ電池も報告されている。PICは化学反応を伴わずに，ポリイオンの静電的相互作用で酵素分子を包括できる簡便な方法であり，カーボンフェルトなどの様々な電極構造，多数の酵素や機能性分子も同時に固定でき，それ自体が電気化学的にも分解されにくいなどの特徴がある。そのためPICは汎用性が高く，今後もバイオ電池をはじめとする分子機能性電極への利用が期待される。

文　　献

1) E. Tsuchida *et al.*, *J. Polymer Science,* **10**, 3397 (1972)
2) 水谷ほか，第20回化学センサ研究発表会要旨集，pp. 113-116 (1995)
3) F. Mizutani *et al.*, *Anal. Chim. Acta,* **314**, 233 (1995)
4) 駒場ほか，第22回化学センサ研究発表会要旨集，pp. 105-108 (1996)
5) T. Osaka *et al.*, *J. Electrochem. Soc.*, **145**, 406 (1998)
6) 勝野ほか，第48回化学センサ研究発表会要旨集，pp. 1-3 (2009)
7) H. Sakai *et al.*, *Energy Environ. Sci.*, **2**, 133 (2009)
8) S. Komaba *et al.*, *Electrochemistry* (Tokyo, Japan), **76**, 619 (2008)

3　マイクロカプセルとリポソーム

白井　理*

3.1　はじめに

バイオセンサおよびバイオ電池の電極として，反応を効率よく進めるために酵素を表面に固定化したものがよく用いられている[1~3]。電極表面への酵素の固定化法は，物理吸着以外は一般的に坦持結合型，架橋型および包括型の３タイプに大きく分類される（図１）。本節では，包括型固定化法の酵素を内包するマイクロカプセルおよびリポソームを用いた固定化法について紹介する。

3.2　マイクロカプセル固定化電極について

マイクロカプセルは数μmから数百μmの直径を有する微小な容器であり，それ以下のnmオーダーの直径のものはナノカプセルと呼ばれている。マイクロカプセル（ナノカプセル含む）を用いた酵素の固定化法では，マイクロカプセルの内部に酵素を保持することで，有機溶媒，酸，アルカリや熱などの外部環境の影響を減らして酵素を安定化させている。また，一種類の酵素反応だけでなく，複数の酵素反応を同時に利用できるため，センシングや燃料電池用の電極材料として期待されている。

3.2.1　マイクロカプセル調製法

酵素固定化のためのマイクロカプセル化法として，いくつかの方法が提案されてきた。相分離法，液中乾燥法，界面重合法，ポリイオン結合法，ゾルーゲル法などがあり，以下に紹介する。

相分離法[4,5]では，まず膜材料となる高分子を溶解した有機溶媒に酵素を含む水溶液を加えて撹拌し，W/O型エマルションを作製する。そこに過剰の高分子を加えて，高分子に対して貧溶媒あるいは相分離を引き起こし，コアセルベート（膜材料高分子に富む液相）を形成させる。このコアセルベートを酵素溶液の液滴に被覆させてカプセル化することで，酵素溶液を含むマイクロカプセルが得られる。この方法の長所はカプセル化条件が温和であることと，操作が簡単であるこ

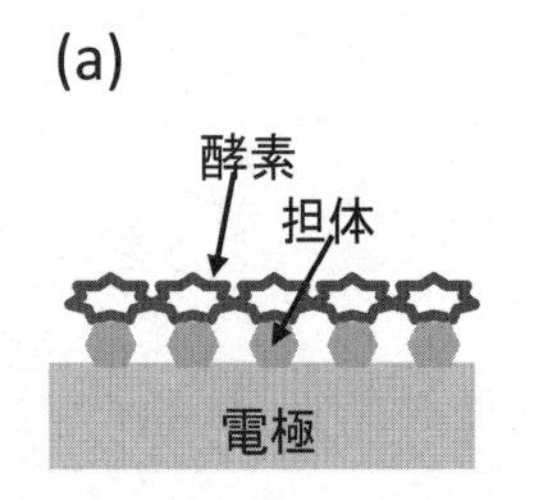

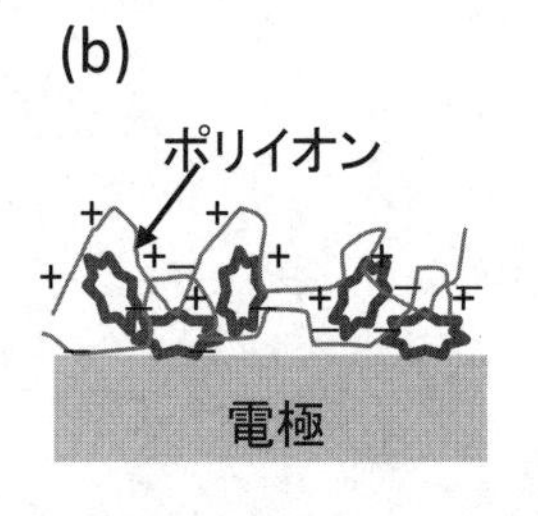

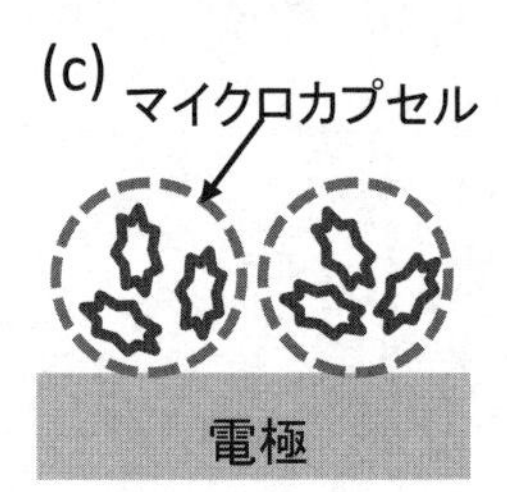

図１　電極表面での酵素の固定化の主な方法
(a)坦持固定型，(b)架橋型，(c)包括型

＊　Osamu Shirai　京都大学　大学院農学研究科　応用生命科学専攻　生体機能化学分野　准教授

とである。但し，コアセルベートを形成させるための膜材料高分子と有機溶媒の組み合わせが重要となる。同法の短所は，カプセル膜の硬化操作が困難であることと有機溶媒が残留してしまうことである。膜材料高分子としては，ニトロセルロース，エチルセルロース，ポリスチレン，ポリエチレンなどが用いられている。

液中乾燥法[4,5]では，まず膜材料高分子を低沸点の有機溶媒に溶かして，そこに酵素水溶液を加えて撹拌してW/O型エマルションを作る。これを水溶液中に入れて撹拌し，W/O/W型エマルションを作製する。減圧加温下で有機溶媒を蒸発させてカプセル膜を形成させることでマイクロカプセルを得ることができる。同法は，様々な高分子材料を適用できることが長所であるが，カプセル化中にエマルションが破壊してしまうことと一般的に溶媒の除去に長時間を要することが短所とされている。膜材料高分子としては，ポリスチレン，エチルセルロース，各種アクリレート，スチレン―ブタジエンゴム，ポリクロロプレンなどが使用されている。

界面重合法[4,5]では，まず油溶性モノマーを含む有機溶媒に水溶性モノマーと酵素を溶解させた水溶液を入れて撹拌してW/Oエマルションを作る。このエマルション界面で重合反応を行わせてカプセル膜を形成し，マイクロカプセルが得られる。ポリアミド，ポリウレタン，ポリエステル，ポリエステルスルホネート，ポリアミド尿素などが同法で膜形成高分子として用いられている。同法の長所は均一な高分子薄膜を短時間で作製できるところである。短所はモノマーが酵素と反応して酵素が失活する恐れが高いことと残留したモノマーが反応に影響を及ぼす可能性が高いことである。

高分子電解質およびポリイオンの結合によるカプセル化[2,6]に基づいた固定化で酵素の不活性化，溶脱，分解，食菌作用などの問題が克服された。同法では，静電気力を利用してポリイオン（カチオンおよびアニオン）を層状に重ねて結合させることでマイクロ小胞を形成し，酵素および微生物をマイクロ小胞内部に保持する。

ゾル―ゲル法による固定化[2,7,8]は，シリカおよびケイ酸塩を含む水相に酵素を溶解あるいは分散させた後，アルカリ金属塩などで沈澱させてマイクロカプセル中に酵素を取り込ませる。その後，非イオン性界面活性剤を含む油相に加えて，乳化エマルジョンを安定化させる。この乳化液を外部水相となる溶液に加えてマイクロカプセルにする。シリカの場合は外部水相に炭酸水素アンモニウムや塩化アンモニウムなどを溶解しておく。このようにして得られたマイクロカプセルは酵素を長期間保存でき，外部環境の悪影響を減少させる。また，基質はマイクロカプセルの細孔を透過できるもののみが反応することができる。

3.2.2　マイクロカプセルの固定化

ポリエチレンイミンのマイクロカプセルなどでは電極表面へ物理吸着させて使用されているが[9]，ナフィオンやキトサンなどで固定化することも試みられている[10,11]。ポリイオンの場合はマイクロカプセル調製時に固定化も行われる[2,6]。ゾル―ゲル法で得られたマイクロカプセルはポリ塩化ビニルやポリウレタンなどのフィルムで固定化することが試みられている[7]。

3.3 リポソーム型電極について

リン脂質などの両親媒性分子により形成される二分子膜が閉鎖小胞構造を形成した分子集合体をリポソームと呼び，ナノおよびマイクロ小胞の一種である。大きさはnm～μmオーダーであり，構造上の類似性から細胞膜モデルとしてよく用いられている。近年では，酵素を封入するマイクロカプセルとしてリポソームを用い，細胞環境に類似した反応の場として利用することが検討されている[12]。

3.3.1 リポソーム調製法

リポソーム内部に酵素を取り込む手法は様々なものが提案されているが，基本的には脂質薄膜の水和，エマルションの利用，界面活性剤ミセルの利用および酵素水溶液への脂質の注入による4タイプの形成法に分類される[12]。

脂質薄膜の水和によるリポソームの形成は，以下のように行われる。まず，クロロホルムなどの有機溶媒に脂質（リポソーム構成材）を溶解する。次いで，この有機溶液をエバポレーターなどにより溶媒を除去することで脂質薄膜を容器内部に形成させる。少量の酵素水溶液を加えて，脂質層の相転移温度以上で超音波処理などによって震盪すると酵素溶液を内包した多層・多分散の小胞（multi lamellar vesicle）を生じる（図2）。これを酵素内包リポソームとして用いる場合もあるが，リポソームの大きさを揃えて均質化を図ることも行われている。その場合には，リポソーム混濁液を均一な孔径のポリカーボネート製の多孔質フィルターを透過させるエクストルーダーを用いる。この場合も全てが単層（uni-lamellar）になってはいないが，容易に単層のリポソームを得られる手法として知られている。また，酵素が均等に分散するようにリポソーム懸濁液の凍結一融解もしばしば行われる。さらに，水分除去などの操作によって，リポソームへの酵素内包率を上昇させることも試みられている。

エマルションの利用による調製法では，まずジエチルエーテルなどの有機溶媒に脂質を溶解し，そこに酵素水溶液を添加して撹拌することによりW/Oエマルションを作製する。さらに，水溶液

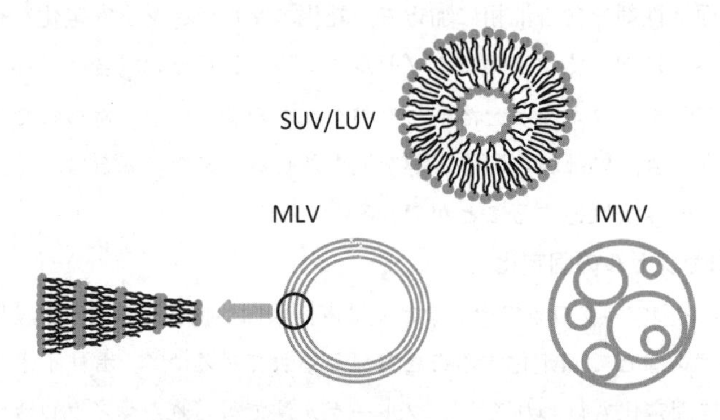

図2　ベシクル（リポソーム）の構造

SUV：小単層ベシクル（small unilamellar vesicle），LUV：大単層膜ベシクル（large unilamellar vesicle），MLV：多重膜ベシクル（multi lamellar vesicle），MVV：多小胞ベシクル（multi vesicle vesicle）

を加えて減圧処理することによって有機溶媒を除去し，酵素内包リポソームが得られる。同法では，多層・多分散の小胞が得られるので，さらにエクストルーダーを用いることもある。

界面活性剤ミセルを利用する場合は，コール酸ナトリウムや*n*-オクチル-β-D-グルコピラノシドなどの界面活性剤と脂質で形成されたミセル水溶液に酵素を添加し，透析法やゲル濾過法によって界面活性剤を除去することで酵素を内包するリポソームを調製する。同法は，元来膜結合性タンパク質の再構成法として用いられており，水溶性の酵素の場合では内包率が低いことが知られている。

酵素水溶液に脂質のエタノール溶液を注入することで酵素内包リポソームは調製される。この場合，エタノールは系に残留する。そこで，エタノールの代わりにエーテルを用い，注入後に50℃以上でエーテルを揮発させることも試みられている。

どの方法においても，リポソームへの酵素内包率が課題となっており，よりよい操作法が検討されている。

3.3.2　リポソーム固定化法[2,12,13]

酵素内包リポソームの電極材での利用を考えると，酵素内包リポソームの電極表面への固定化が重要となる（図3）。脂質分子は親水性の頭部と疎水性の尾部を持つので，ある程度以上の濃度が水中に存在すると自発的に表面に親水性の頭部を向けた二分子膜の閉鎖小胞を形成する。このような閉鎖小胞は内部水相を保持した状態で固体表面上への固定化が期待される。しかし，実際にはリポソームの自壊，吸着融合などが生じて，電極表面に単分子膜あるいは二分子膜が形成され，さらに多重膜を形成する場合も存在する。また，この膜上へのリポソームの吸着も生じる。これは基板表面の疎水性が関係していると考えられている。金電極などでアルキルチオールの単分子層で表面を修飾して表面を疎水的にすると，脂質分子は疎水性尾部を基盤に向けて再配向し，単分子膜を形成する。基板がSiO_2などの場合でもリポソームの自壊が一部起きるが，脂質分子は親水性基頭部を基板に向けて再配向し，基板表面に脂質二分子膜が形成される。さらに基板表面

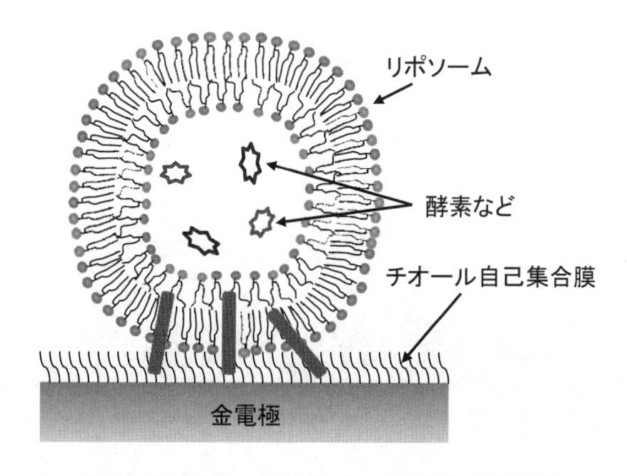

図3　電極表面へのリポソーム固定化の概念図

が親水的な酸化金あるいはSi(Ti)O_2などの表面ではリポソームのまま吸着していると考えられている。このようにリポソームの機能を残しながら電極表面に固定化する方法はいくつか提案されてきた[14)]。物理吸着法だけでなく，電極表面にavidinを固定化し，さらにbiotin化処理した脂質を含むリポソームを固定化する抗原抗体法も提案されている。これ以外にもニトリロ三酢酸修飾基板とNi^+のキレート生成を介したヒスチジンタグ修飾リポソームの吸着やアルキルチオール修飾リポソームの金電極への固定化など，より安定で高密度に固定化する方法が模索されている。

文　　献

1) J. F. Liang *et al., J. Pharmac. Sci.*, **89**(8), 979 (2000)
2) B.-W. Park *et al., Biosens. Bioelectron.*, **26**, 1 (2010)
3) E. Katchalski-Katzir, *Tibtech*, **11**, 471 (1993)
4) 磯守，膜，**18**(4)，220 (1993)
5) S. Besic, S. Minteer, "Enzyme Stabilization and Immobilization: Methods and Protocols", p. 113, Springer Science + Business Media (2011)
6) D. Trau, R. Renneberg, *Biosens. Bioelectron.*, **18**, 1492 (2003)
7) R. Pauliukaite *et al., Anal. Bioanal. Chem.*, **390**, 1121 (2008)
8) A. C. Pierre, *Biocatal. Biotrans.*, **22**(3), 145 (2004)
9) D. Rochefort *et al., J. Electroanal. Chem.*, **617**, 53 (2008)
10) T. l. Klotzbach *et al., J. Membr. Sci.*, **311**, 81 (2008)
11) B. Krajewska, *Enzyme Microbial Technol.*, **35**, 126 (2004)
12) 秋吉一成ほか監修，リポソーム応用の新展開—人工細胞の開発に向けて—，p.439, NTS (2005)
13) C. A. Keller, B. Kasemo, *Biophys. J.*, **75**, 1397 (1998)
14) 秋吉一成ほか監修，リポソーム応用の新展開—人工細胞の開発に向けて—，p.415, NTS (2005)

4　ボルタンメトリと対流ボルタンメトリによる評価

辻村清也*

4.1　はじめに

サイクリックボルタンメトリは，上限電位と下限電位を決め，その間を一定の電位走査速度で往復させて，電流を記録する電気化学測定法の一つである。電位は反応の駆動力であるエネルギーに関する情報を，電流は反応の速度情報をそれぞれ同時に与えるので，電極触媒機能を解析するのに優れた手法であるといえる。本節では，吸着酵素が電極と直接電子移動反応をする反応（Direct Electron Transfer（DET）型反応）と，メディエータを利用する反応（Mediated Electron Transfer（MET）型反応）について，ボルタンメトリによる評価方法について概説する。

4.2　直接電子移動型酵素電極反応

酵素－電極間の直接電子移動による触媒電流について解説する。最大電流密度は表面酵素濃度および酵素反応速度定数の積で決まり（表1式a），電流－電圧曲線は表1式bで表される[1]。反応の進行する電位は酵素の酸化還元電位と電極反応速度（標準反応速度と移動係数）で決まる。また，電流の立ち上がりの傾きは，酵素反応速度と界面電子移動速度の比で決まる。触媒電流のボルタモグラムから酵素活性特性を評価できる。

ビリルビンオキシダーゼ（BOD）の野生型と467番目のメチオニンをグルタミンに置換した変異型BOD（それぞれwBOD，M467QBODと表記）の酸素還元触媒電流の電流－電圧曲線を例に示す（図1）[2]。wBODとM467QBODをHOPG電極に単分子吸着させて，pH7のリン酸緩衝液（酸素飽和条件）で酸素還元の電流－電圧曲線を測定している。wBODのtype1銅の酸化還元電位は0.46Vであるが，M467QBODは変異により電位が負にシフトし（$E^{\circ\prime}_{\mathrm{E}}$=0.23V），それに伴い触媒電流の立ち上がり電位が負にシフトしている。酵素の電位の評価については，基質のない条件でのDET反応に基づいたボルタンメトリによる方法では，得られる酵素の電気化学応答が非常に小さいために評価することが困難であることが多い。したがって，酵素の電位は分光電気化学的手法を用い

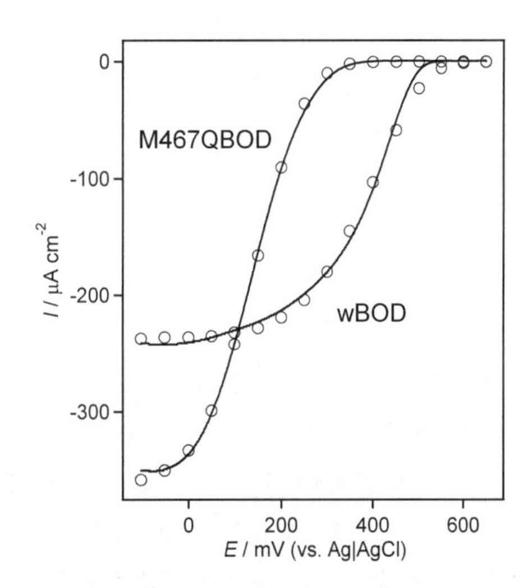

図1　野生型と変異型ビリルビンオキシダーゼの酸素還元触媒電流の電流－電圧曲線
実線：実験で得られたサイクリックボルタモグラム，○：理論式（表1式b）より計算した曲線。

＊ Seiya Tsujimura　筑波大学　大学院数理物質科学研究科　物性・分子工学専攻　准教授

表1　直接電子移動型反応とメディエータ型反応の限界電流と電流－電圧曲線

			限界電流（酸化反応において$E \gg E_{med}$）		電流－電圧曲線	
直接電子移動型	単分子吸着		$\frac{i_s^{lim}}{nFA}=k_c\Gamma_E$	a	$i=\frac{i_s^{lim}}{1+k_c/k_{f,s}+k_{b,s}/k_{f,s}}$ $k_{f,s}=k_s^{\circ}\exp[-\alpha(F/RT)(E-E_E^{\circ\prime})]$ $k_{b,s}=k_s^{\circ}\exp[(1-\alpha)(F/RT)(E-E_E^{\circ\prime})]$	b
メディエータ型	$L \gg \mu$	$c_M \gg K_M$	$\frac{i_s^{lim}}{n_MFA}=\sqrt{2\frac{n_S}{n_M}D_Mk_{cat}c_Ec_M}$	c	可逆系の場合，c_Mの項を$c_M\left(\frac{\eta_M}{1+\eta_M}\right)$に置き換える （ただし $\eta_M=\left(\frac{c_{M_{ox}}}{c_{M_{red}}}\right)_{x=0}=\exp\left(\frac{nF}{RT}(E-E_M^{\circ\prime})\right)$） もしくは， $i=\frac{i_s^{lim}}{1+D_M/\mu k_{f,M}+k_{b,M}/k_{f,M}}$ $k_{f,M}=k_M^{\circ}\exp[-\alpha(nF/RT)(E-E_M^{\circ\prime})]$ $k_{b,M}=k_M^{\circ}\exp[(1-\alpha)(nF/RT)(E-E_M^{\circ\prime})]$	i
		$c_M \ll K_M$	$\frac{i_s^{lim}}{n_MFA}=\sqrt{\frac{n_S}{n_M}D_M\frac{k_{cat}}{K_M}c_Ec_M}$	d		
			$\frac{i_s^{lim}}{n_MFA\sqrt{D_Mk_cK_Mc_E}}=\sqrt{2\left[\frac{c_M}{K_M}-\ln\left(1+\frac{c_M}{K_M}\right)\right]}$	e		
	$L \ll \mu$	$c_M \gg K_M$	$\frac{i_s^{lim}}{n_MFA}=\frac{n_M}{n_S}k_{cat}c_EL$	f		
		$c_M \ll K_M$	$\frac{i_s^{lim}}{n_MFA}=\frac{n_M}{n_S}\frac{k_{cat}}{K_M}c_ELc_M$	g		
			$\frac{i_s^{lim}}{nFA}=k_{cat}c_EL\left(\frac{c_M}{K_M+c_M}\right)$	h		

詳細は第１章参照。i_s^{lim}，限界電流；k_c，吸着酵素反応速度定数；Γ_E，有効表面酵素濃度；n，反応電指数；k_f，k_b，界面電子移動速度；α，移動係数；E，電極電位；$E^{\circ\prime}$，標準酸化還元；D，拡散係数；k_{cat}，ターンオーバー数；K_M，ミカエリス定数；c，濃度；μ，反応層厚み；L，膜厚。添え字M, E, Sはそれぞれメディエータ，酵素，基質。

た方法などによって評価した方が望ましい[3)]。このボルタモグラムを，理論式（表１式b）を用い，カーブフィッティングさせることにより，吸着酵素の反応速度定数（k_c）と表面酵素濃度（Γ_E）の積（k_c/Γ_E）と界面電子移動速度（k°_s）とk_cの比（k°_s/k_c）を評価できる。この例で示したケースでは，限界電流はM467QBODの方が大きい。酵素の吸着量（および配向性）に差がないと仮定すると，これはM467QBODの反応速度がwBODよりも高いことを示している。変異に伴いタイプ１銅部位からタイプ２-３クラスターへの酵素分子内電子移動の駆動力が大きくなったために，電子移動速度が増加したためと考えられる。このように，ボルタモグラムから，酵素の反応速度，電位，電極反応速度を議論することができる。

4.3　メディエータ型酵素電極反応

酵素とメディエータが溶液もしくは酵素フィルム内に均一に存在し，メディエータが拡散する

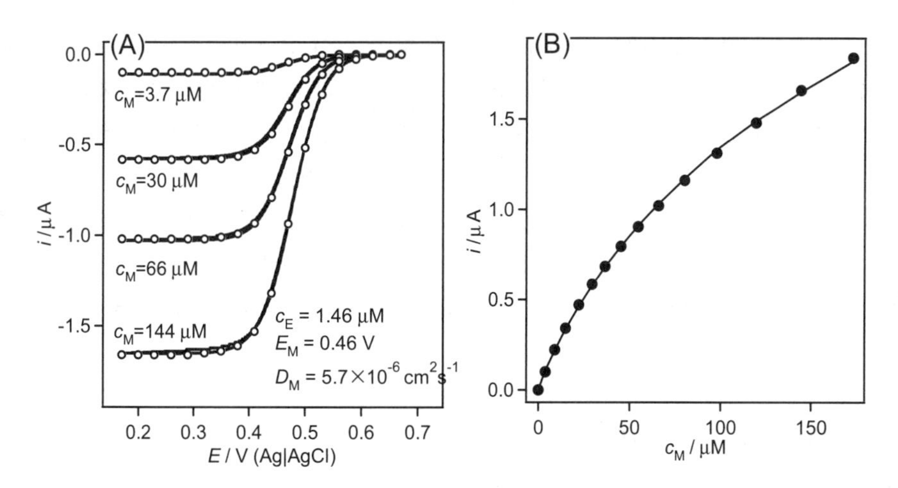

図2　(A)ラッカーゼによる酸素の4電子還元反応のボルタモグラムのメディエータ（オスミウム錯体）濃度依存性。実線：実験で得られたサイクリックボルタモグラム，○：表1式iより求めた理論曲線。
(B)触媒限界電流のメディエータ濃度依存性。●：実測値，実線：理論曲線（表1式e)。

系について，ラッカーゼによる酸素還元反応を例に紹介する。*Trametes*属担子菌由来のラッカーゼを触媒として，オスミウム錯体（$Os(4,4'\text{-dimethy-}2,2'\text{-bipyridine})_3^{2+/3+}$）をメディエータとする酸素還元触媒電流を図2(A)に示す。グラッシーカーボン電極（直径3 mm）を用い，酸素飽和・静止条件で，pH 5の緩衝液中のメディエータの濃度（c_M）を3.7，30，66，144 μMと変化させてボルタモグラムを観察している。酵素（あるいはメディエータ）が電極上に吸着すると，解析を困難にするので，それを防ぐ手だてを講じなければならない。酸素還元触媒電流はメディエータ濃度が増すにつれて増加している。酸素還元電流はメディエータの酸化還元電位付近から立ち上がっている。オスミウム錯体の電極応答はほぼ可逆であるので，これらの電流ー電圧曲線は図2(A)の○印で示すように表1式iでよく説明できる。カーブフィッティングにより，酵素反応速度パラメータ（ターンオーバー数（k_{cat})，ミカエリス定数（K_M)）を求めることができる。また，触媒定常電流i_s^{lim}は図2(B)に示すようなc_M依存性が得られる。$K_M > c_M$では，i_s^{lim}はc_Mに比例し，$K_M < c_M$では，c_Mの平方根に比例している（表1式c, d)。酵素反応速度解析を行う場合は触媒電流のメディエータの濃度依存性を調べなければならない。表1式eに基づき，非線形最小自乗法により反応速度パラメータ（k_{cat}値，K_M値）を求めることができる。電流ー電圧曲線から解析する場合に比べ，メディエータの電位や電極反応速度を検討する必要がなく，信頼性も高い。

メディエータ型酵素電極反応の場合にはメディエータ自身の拡散に支配される電流が観察される場合があり，理論式を用いた解析を困難にする。酵素反応速度に対して，掃引速度が速い，メディエータ濃度が高い，といった原因が考えられる。メディエータの電解の挙動が観察されないようにするためにメディエータの濃度を下げる，掃引速度を下げる，酵素濃度を増やして酵素反応速度を上げるなどの方法が考えられる。定電位電解アンペロメトリによっても簡便に触媒定常電流を観測できるが，観察している電流において酵素触媒反応が律速となっていることを明らかにするためにも，サイクリックボルタンメトリで触媒定常電流を調べる方がより確実である。

メディエータと酵素を電極上にポリマーで架橋するなどの方法で固定化する場合，修飾された酵素，メディエータ層の厚み（すなわち，酵素およびメディエータの濃度）が触媒電流を解析する上で，非常に重要となってくる。乾燥した状態でなく，反応が進行する電解質溶液が十分に浸透した状態での膜厚の計測が求められる。膜厚の計測には，エリプソメトリ，走査型電子顕微鏡，共焦点レーザー顕微鏡などが使用されている。

4.4　物質輸送律速（拡散と対流）

触媒電流が時間に依存して変化し，定常電流が得られない場合もある。基質の枯渇がその原因として考えられる。基質濃度が低く，基質の供給速度に対して酵素反応速度が高い場合，酵素電極反応が進行するにしたがい，反応層内における基質濃度が時間とともに減少していく。基質濃度が基質のミカエリス定数K_Sよりも十分に小さくなると，定常電流が得られなくなる。定常電流を観察するためには，基質濃度を上げる，測定時間中の基質消費量を減らすために，掃引速度を上げて短い時間内での測定を終わらせる，酵素濃度を下げることで反応速度を下げるなどといった方法が考えられる。

図３のようなピークを示すCVが観察された場合，このピーク電流値はvに依存し，掃引速度の平方根に比例する。この時間に依存する非定常電流は，基質の拡散が律速段階となっている。反応が進行するにしたがい電極表面近傍の基質濃度が時間とともに減少し，基質の拡散層の厚みは時間の関数となる。ピーク電流は電極表面での基質濃度がゼロになる場合には式(1)に示す式で表すことができる（$D_S(\mathrm{cm^2\,s^{-1}})$，$A(\mathrm{cm^2})$，$v(\mathrm{V\,s^{-1}})$，$c_S(\mathrm{mol\,cm^{-3}})$）

$$i_P = n_S(2.99\times10^5)\alpha^{1/2}AD_S^{1/2}v^{1/2}c_S \qquad (1)$$

酵素修飾電極のバイオ電池への応用を志向した活性の高い電極ではこのような基質の枯渇がしばしば観察される。数値計算により基質の枯渇の波形から酵素反応を解析することも不可能ではないが，容易ではない。より定量的に評価するためには，対流ボルタンメトリは有効な手段である。吸着酵素による直接電子移動型反応やメディエータおよび酵素を電極上に固定化している場合，回転電極を用いバルクから基質を供給すれば定常電流が観察でき，基質濃度依存性も評価できる。溶液を攪拌することでも定常状態を作り出し，触媒定常電流が観測されるが，

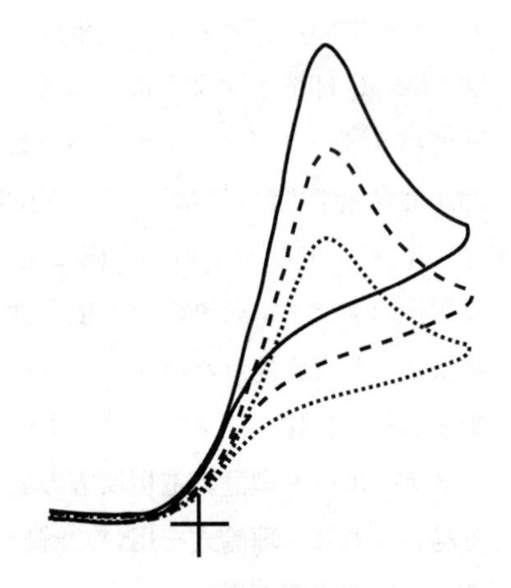

図３　基質の拡散律速となるボルタモグラムの掃引速度依存性

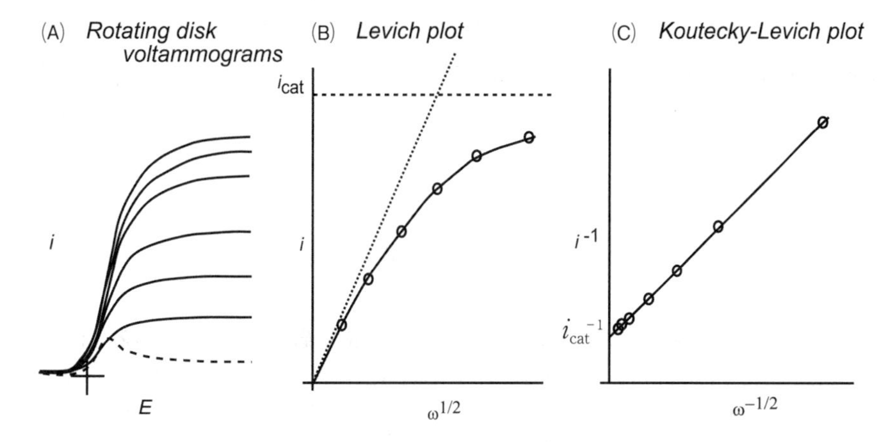

図4　(A)回転ディスク電極を用いたボルタモグラム。破線は回転していない状態。実線は電極を回転させた時に得られるボルタモグラム。(B)Levich plot，(C) Koutecky-Levich plot

この場合の対流状態は一定でなく，定量的な解析は容易ではない。回転ディスク電極を用い，バルクから基質を強制的に供給した場合，電極上での物質輸送が回転数に応じて一定になり，図4(A)に示すような定常電流が得られ，定量的に解析できる。触媒定常限界電流値は，回転速度の平方根に比例し，次に示すLevich式で表される。

$$i_{\mathrm{mas}}=0.62\,n_{\mathrm{S}}FAD^{2/3}c_{\mathrm{S}}\nu^{-1/6}\omega^{1/2} \tag{2}$$

ν は溶媒の動的粘性係数（$\mathrm{cm^2\ s^{-1}}$）である。ω は角速度であり，回転数を N(r.p.s.) で表すと $\omega=2\pi N$ となる。この場合，電極表面近傍での濃度変化はないので，限界電流は時間（例えば電位掃引速度）に依存しない。基質の濃度や拡散係数が既知の場合，式(1)や(2)で反応電子数を決定することができる。触媒定常限界電流値は，直列的に起こっている酵素反応と基質の物質輸送の遅い過程で決定され，式(3)に示すKoutecky-Levich式で表すことができ，反応速度律速電流（i_{cat}）を評価できる。

$$\frac{1}{i_{\mathrm{total}}}=\frac{1}{i_{\mathrm{cat}}}+\frac{1}{i_{\mathrm{mas}}} \tag{3}$$

図4(C)のY切片が酵素反応速度で決まる限界電流値である。

4.5　まとめ

酵素電極反応は複雑であり，解析は容易でない場合が多い。そもそも酵素由来の電流応答を得ることさえも容易ではない。解析する場合には，律速過程を十分考慮に入れた測定・解析系を組む必要がある。そのためにも，溶液での酵素活性評価，電極特性，酵素吸着状態などを予め調べた上で，酸化還元酵素の電極触媒活性の評価に臨むべきである。ボルタンメトリは酵素電極触媒活性を評価するのに優れた手法であるといえるが，顕微鏡観察や表面分光測定による電極上の酵素の多面的評価も組み合わせることで，より詳細な電極触媒の評価ができると期待される。

文　献

1) S. Tsujimura, T. Nakagawa, K. Kano, and T. Ikeda, *Electrochemistry*, **72**, 437 (2004)
2) Y. Kamitaka, S. Tsujimura, K. Kataoka, T. Sakurai, T. Ikeda, and K. Kano, *J. Electroanal. Chem.*, **101**, 119 (2007)
3) S. Tsujimura, A. Kuriyama, N. Fujieda, K. Kano, and T. Ikeda, *Anal. Biochem.*, **337**(2), 325–331 (2005)

5 電気化学インピーダンス法による解析

四反田 功*

5.1 はじめに

電気化学インピーダンス法は，交流信号を用いることで，電極構造や電極反応を評価する手法である。インピーダンスを求めるための入力信号として正弦波交流信号を電極に与える場合が多いが，交流信号の周波数を変えることで，インピーダンスのスペクトル解析が行える。電気化学インピーダンスでは，インピーダンスの時定数を分離することができるため，電極構造や電極特性を非破壊にて調べることができる。このため，バイオ燃料電池の分野においても酵素電極の構造・反応機構解析に広く使用されている。電気化学インピーダンスに含まれる時定数には，電極構造に起因するものと，電極素反応に起因するものがある。前者の場合には，等価回路を用いた解析が有効である。電極構造に対応した等価回路を組み立て，得られた測定データに対してカーブフィッティングを行う。後者の場合は，ファラデーインピーダンスの概念が必要である。

本節では，まず等価回路に含まれる代表的な2種類の回路素子（抵抗，コンデンサー）からなるインピーダンスについてまとめ，さらに等価回路を解析するためのポイントについて説明する。次に，ファラデーインピーダンスについて概要を述べた後に，筆者らが行っているメディエータ型酵素電極のファラデーインピーダンスを用いた解析について論じる。

5.2 基本的な等価回路とインピーダンススペクトルの表記法[1)]

図1に，電極／電解液界面を解析するための最も基本的な等価回路を示す。R_{sol}，C_{dl}，R_{ct}はそれぞれ溶液抵抗，電気二重層容量，電荷移動抵抗である。R_{sol}およびR_{ct}は，印可する交流信号の周波数に依存しないが，C_{dl}によるインピーダンス（容量リアクタンスX_c）は式(1)で表されるように周波数の関数となる。

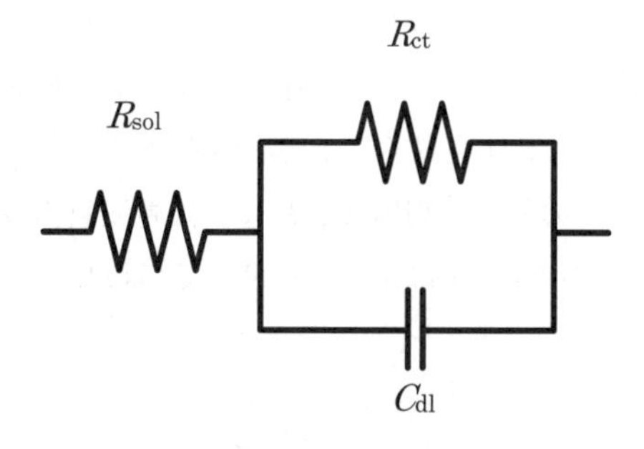

図1 基本的な等価回路

* Isao Shitanda 東京理科大学 理工学部 工業化学科 助教

$$X_c = \frac{1}{j\omega C_{dl}} \tag{1}$$

ここで，jは虚数単位，ωは角周波数である。図1の等価回路で表されるインピーダンスZは式(2)で表される。

$$Z = R_{sol} + \frac{R_{ct}}{1 + j\omega R_{ct} C_{dl}} \tag{2}$$

さらに実数部と虚数部に分けると以下式(3)〜(5)となる。

$$Z = Z' - jZ'' \tag{3}$$

$$Z' = R_{sol} + \frac{R_{ct}}{1 + \omega^2 R_{ct}{}^2 C_{dl}{}^2} \tag{4}$$

$$Z'' = \frac{\omega R_{ct}{}^2 C_{dl}}{1 + \omega^2 R_{ct}{}^2 C_{dl}{}^2} \tag{5}$$

式(4)を変形すると式(6)になる。

$$\omega = \sqrt{\left(\frac{R_{ct}}{Z' - R_{sol}} - 1\right) \frac{1}{R_{ct}{}^2 C_{dl}{}^2}} \tag{6}$$

式(6)を式(5)に代入して整理すると，式(7)になる。

$$Z'' = (Z' - R_{sol}) \sqrt{\frac{R_{ct}}{Z' - R_{sol}} - 1} \tag{7}$$

式(7)を両辺を二乗して，さらに式変形すると，最終的に式(8)になる。

$$\left(Z' - R_{sol} - \frac{R_{ct}}{2}\right)^2 + Z''''^2 = \left(\frac{R_{ct}}{2}\right)^2 \tag{8}$$

図1に示した等価回路の各素子に適当な値を代入して計算したインピーダンスを図2に示す。図2(a)はナイキスト線図（複素平面プロット）と呼ばれる。複素平面上では，インピーダンスは第4象限に式(8)で表される半円の軌跡を描く。半円の中心は（$R_{sol} + R_{ct}/2$, 0），半径は$R_{ct}/2$であり，インピーダンススペクトルの軌跡は高周波数および低周波数極限でそれぞれ実数軸とR_{sol}およびR_{ct}で交わる。また，半円の頂点の周波数f_{max}とR_{ct}，C_{dl}は以下の関係を持つ。

$$R_{ct} C_{dl} = \frac{1}{2\pi f_{max}} \tag{9}$$

ここで$R_{ct}C_{dl}$は時間［s］の単位を持ち，時定数と呼ばれる。図2に示した半円は，時定数R_{ct}，C_{dl}による容量性半円と表現される。実際の測定系に適用する場合は，式(9)を用いることで，C_{dl}を決定できる。

一方，Zの絶対値の対数と位相遅れを周波数の対数に対してプロットしたもの（図2(b)，(c)）は

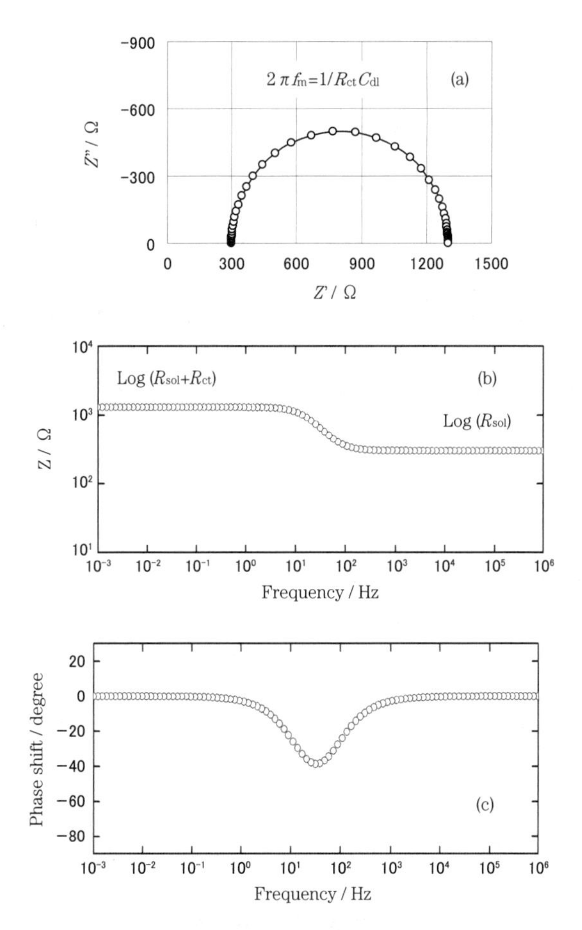

図２　図１の等価回路を用いて計算したインピーダンスの
ナイキスト線図とボード線図
$R_{sol}=300\,\Omega$，$R_{ct}=1000\,\Omega$，$C_{dl}=10^{-5}$ F

ボード線図と呼ばれる。電気化学インピーダンスの絶対値$|Z|$の対数と位相差θは以下のように表される。

$$\log|Z|=\log\sqrt{Z'^2+Z''^2} \tag{10}$$

$$\theta=\arctan\left(-\frac{Z''}{Z'}\right) \tag{11}$$

$\log|Z|$は低周波数域では$\log(R_{sol}+R_{ct})$の値をとり，周波数が大きくなると$\log(R_{sol})$に遷移する。その遷移周波数域でθは負の値（−90～０度）をとる。ナイキスト線図では，式(9)に示したとおり，時定数が一つの半円に対応するので，インピーダンススペクトルの特徴を視覚的にとらえやすい。一方，ボード線図では，横軸が周波数の対数であるため，インピーダンスの周波数依存性がわかりやすい。逆にナイキスト線図は１Hz，10 Hzなどのきりの良い周波数および半円の頂点

の周波数を対応するプロットに表示した方が良い。

5.3 ファラデーインピーダンスについて[2~5)]

電極の表面状態が入力電位（電流）信号に依存して変調する場合には，その変調が時定数となり，インピーダンススペクトルに新たな軌跡が加わる。このように電極上の素反応に起因したインピーダンスをファラデーインピーダンスという。

電極電位が変調すると，電気化学反応速度に対応する電流の変調が起こるが，同時に電極表面状態の変化を伴う場合もある。変化する物理量としては，反応中間体，触媒，インヒビター，反応生成物などの吸着量が挙げられる。電流Iが電位Eと他の物理量Xの関数であるとする。

$$I=f(E, X) \tag{12}$$

2変数のテイラー展開を行い，電位変調ΔEと物質量変調ΔXが微小であるとし，2次項以降を無視すると，電流変調ΔIは以下のように近似される。

$$\Delta I=a_1\Delta E+a_2\Delta X \tag{13}$$

$$a_1=\left(\frac{\partial f}{\partial E}\right)_X,\ a_2=\left(\frac{\partial f}{\partial X}\right)_E \tag{14}$$

ファラデーインピーダンスZ_Fは式(13)を変形して以下の式で表せる。

$$\frac{1}{Z_F}=\frac{\Delta I}{\Delta E}=a_1+a_2\frac{\Delta X}{\Delta E} \tag{15}$$

式(15)は，ファラデーインピーダンスは電位変調による物質変調$\Delta X/\Delta E$の影響を受けることを表している。物質量Xが電位変化により時定数τ_Xで変化する場合，周波数領域における$\Delta X/\Delta E$は，

$$\frac{\Delta X}{\Delta E}=\frac{a_X}{j\omega\tau_X+1} \tag{16}$$

と表現される[1)]。a_XはXの変調の大きさを表し，電位が貴に変調するとXが増加する場合には$a_X>0$，電位が貴に変調するとXが減少する場合には$a_X<0$となる。式(16)は低周波数域と高周波数域ではそれぞれ以下のように近似される。

$$\frac{1}{Z_F}=a_1+a_2a_X\ (\omega\rightarrow 0\ \mathrm{s}^{-1},\ \text{低周波数域}) \tag{17}$$

$$\frac{1}{Z_F}=a_1\ (\omega\rightarrow\infty\ \mathrm{s}^{-1},\ \text{高周波数域}) \tag{18}$$

電極状態の変調が電気化学インピーダンスに影響する場合，等価回路では図1のR_{ct}をファラデーインピーダンスZ_Fで置き換えて考える。図1に示した等価回路から導かれる電気化学インピーダンスZは次式となる。

$$Z = R_{\mathrm{sol}} + \frac{Z_{\mathrm{F}}}{j\omega Z_{\mathrm{F}} C_{\mathrm{dl}} + 1} \tag{19}$$

5.4　メディエータ型酵素電極における電気化学インピーダンス適用例

電気化学インピーダンス法を用いると，酵素の電荷移動反応過程や基質およびメディエータの拡散過程などについての詳細な情報を得ることができる。これは，酵素機能電極を用いたバイオ燃料電池の高出力化や長期安定化につながる。以下では，バイオセンサへの電気化学インピーダンスの応用例について述べる。本項ではメディエータ型酵素電極の反応解析に電気化学インピーダンス法を適用した例について紹介する。Calvoら[6]は3種のメディエータ型酵素電極を作製し，測定結果からそれぞれの電極表面の反応解析を行っている。彼らはポリマーと結合したメディエータの性質によりスペクトルに変化が現れることを実験結果から明らかにした。また基質濃度がミカエリス定数より十分大きく，メディエータ濃度がミカエリス定数より十分小さい場合についてファラデーインピーダンスを導出し，実験結果と良い一致を示すと報告した。Jungら[7]はNMP-TCNQを用いた酵素機能電極を作製し，導出したファラデーインピーダンスとクロノアンペロメトリの実験結果を比較することで反応機構の解析を行っている。桑畑ら[8~10]はバルクを複数のセルに分け，物質収支を計算することでインピーダンスシミュレーションを行った。彼らはシミュレーションにより周波数ごとに電極表面の濃度勾配を計算し，濃度勾配と電流値との関連性を示している。寒川ら[11]はインピーダンスの半円の直径の逆数がメディエータ濃度に比例するという測定結果を報告している。また，拡散係数や反応速度定数といった酵素機能電極の性能を評価する上で重要なパラメータを算出している。

これらの論文で導出されているファラデーインピーダンスは前述したように基質濃度がミカエリス定数より十分大きく，メディエータ濃度がミカエリス定数より十分小さいといった特定の場合を想定している。またこれらの報告例ではインピーダンス測定結果には低周波数域に実軸に対し45度の傾きを持った拡散に起因するスペクトルが表れているが，基質およびメディエータの拡散がスペクトルに与える影響について十分に考慮されているとはいえない。そこで我々はメディエータおよび基質の拡散，電極反応，酵素触媒反応を考慮した理論モデルよりファラデーインピーダンスを導出した。

電気化学インピーダンスでは周波数を変化させるため理論式が複雑化する場合が多く，これまでは電極電位が標準酸化還元電位以外の場合や，酵素反応といった後続反応がある場合はスペクトルの変化を考察することが困難であった。ファラデーインピーダンスを用いることで，様々な濃度条件でのスペクトルの変化を考察できる。また電極電位の変化にも対応するため，各電位でのスペクトルの変化を濃度の変化から考察することができる。

5.5　メディエータ型酵素電極のファラデーインピーダンス[12]

図3に，メディエータ型酵素機能電極の反応モデルの一例を示した。ファラデーインピーダン

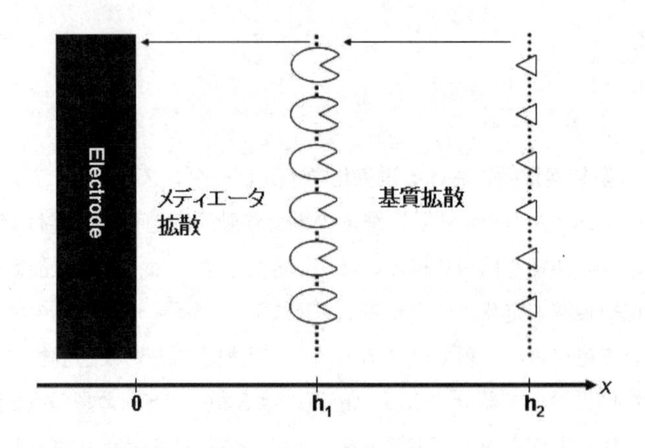

図３　酵素反応モデル
h_1：酵素固定化層，h_2：基質拡散層の上限

スは以下の仮定のもとに導出した。

(A)　メディエータは$x=0$から$x=h_1$の間を拡散する（メディエータ拡散層）。

(B)　酵素は$x=h_1$の位置に固定されている（酵素固定化層）。

(C)　基質は$x=h_1$から$x=h_2$の間を拡散する（基質拡散層）。

(D)　メディエータの電気化学反応は電極表面で起こり，その厚さはδ_0［cm］である。

(E)　基質とメディエータの酵素反応は酵素固定化層で起こり，その厚さはδ_{h1}［cm］である。

(F)　電気化学反応と酵素反応は５段階の反応から起こる。この反応はPing-Pong Bi-Bi機構によるものである。

基質の拡散　(20)

$$E_O + S \rightleftarrows E_R + P \quad (21)$$

$$E_R + M_O \rightleftarrows E_O + M_R \quad (22)$$

メディエータの拡散　(23)

$$M_R \longrightarrow M_O + ne^- \quad (24)$$

E_Oは酵素の酸化体，E_Rは酵素の還元体，M_Oはメディエータの酸化体，M_Rはメディエータの還元体，Sは基質，Pは生成物を表す。

メディエータ型酵素反応が起こるとき，電極表面での電荷移動反応に伴って流れる電流は以下の式で表すことができる。

$$I = nFk_3 c_{MR}^{\ 0} \quad (25)$$

ここでnは反応電子数，Fはファラデー定数，k_3は電極反応速度定数，$c_{MR}^{\ 0}$は電極表面のメディエータ還元体濃度を表す。またk_3は電位に依存して指数関数的に変化する。

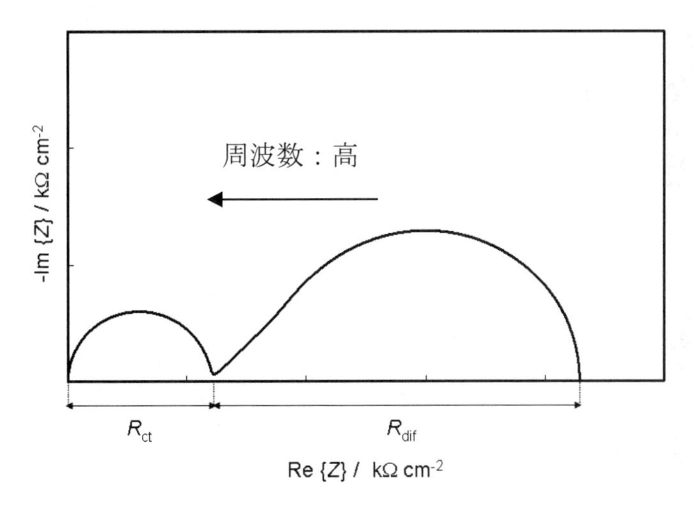

図４　シミュレーションによって得られたインピーダンススペクトル

$$k_3 = k_3{}' \exp(bE) \tag{26}$$

$k_3{}'$はE=０Vのときの電極反応速度定数である。bはターフェル係数である。

以下の式は式(25)，(26)をテイラー展開することにより導出した。このとき２次項以上の高次項は無視した。

$$\Delta I = nFk_3 (b|c_{\mathrm{MR}}{}^0|\Delta E + \Delta c_{\mathrm{MR}}{}^0) \tag{27}$$

式(27)よりファラデーインピーダンスZ_{F}は以下のように表すことができる。

$$\frac{1}{Z_{\mathrm{F}}} = \frac{\Delta I}{\Delta E} = nFk_3 \left(b|c_{\mathrm{MR}}{}^0| + \frac{\Delta c_{\mathrm{MR}}{}^0}{\Delta E} \right) \tag{28}$$

ここで$|c_{\mathrm{MR}}{}^0|$は定常状態，電極表面のメディエータ還元体濃度［mol cm^{-3}］，$\Delta c_{\mathrm{MR}}{}^0/\Delta E$は電位変調に対する電極表面のメディエータ還元体の濃度変調を表す。また，$\Delta c_{\mathrm{MR}}{}^0/\Delta E$は電位変調に対する電極表面のメディエータ還元体の濃度変化である。$|c_{\mathrm{MR}}{}^0|$や$\Delta c_{\mathrm{MR}}{}^0/\Delta E$は，基質やメディエータについての物質収支を考えることで導出できる。

図４はシミュレーションによって求めたファラデーインピーダンスのナイキスト線図の一例である。図４の高周波数側の半円は，電荷移動抵抗と電気二重層容量に起因する半円である。高周波数領域では速い電位変化に対して，メディエータ還元体の表面濃度変化が追いつくことができない。このとき$\Delta c_{\mathrm{MR}}{}^0/\Delta E$は０となり，$R_{\mathrm{ct}}$は以下のように書くことができる。

$$R_{\mathrm{ct}} = \frac{1}{nFk_3 b|c_{\mathrm{MR}}{}^0|} \tag{29}$$

一方，低周波数域になるに従って，電位変調に対して，電極表面のメディエータ還元体の濃度変

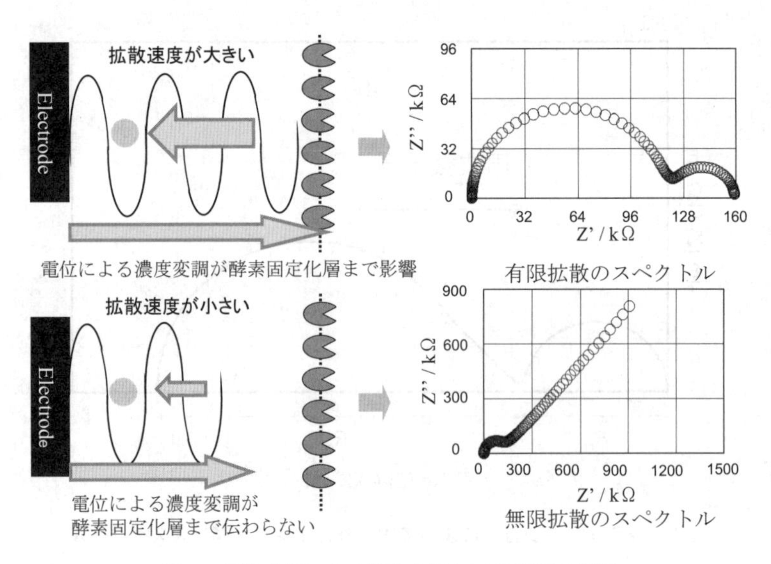

図5　電位変調による濃度変調と電位振幅の関係

調が追従するようになると，この成分は有限の値となる。電位変調に対して電極表面のメディエータ還元体の濃度変調に遅れがなくなる，すなわち十分に遅い過程では有限の値に収束する。この状態が有限拡散の状態ということになる。低周波数域のスペクトルは有限拡散のインピーダンスである。有限拡散のインピーダンスは基質とメディエータの拡散に依存するインピーダンスで，中間周波数域で45度の角度で立ち上がり，低周波数極限で実軸に収束する。このような軌跡はハイドロゲルをメディエータとしたCalvoら[6]の実験結果などでも観察される。

また，実軸と45度の角度を持ち，実軸に収束しない無限拡散の軌跡は様々な酵素機能電極において観測されている。無限拡散の軌跡は周波数を変化させることでシミュレーションでも表すことができる。有限拡散と無限拡散の状態を簡潔に考えるならば，図5に示すように電位による濃度変調が酵素固定化層まで影響する場合に有限拡散のスペクトルとなり，影響しない場合無限拡散のスペクトルになる。図4の，高周波数領域の半円をR_{ct}，低周波数領域の半円をR_{dif}と定義し，電極電位や酵素反応速度，拡散係数を変化させたときのR_{ct}やR_{dif}の変化についてシミュレーションした結果と実測値を比較することで，酵素電極の特性を評価することが可能となる[12]。

5.6　おわりに

本節では，メディエータ型酵素電極の基質とメディエータの二重拡散を考慮した場合のインピーダンス解析法について紹介した。典型的なスペクトルでは高周波数域に電荷移動抵抗に起因する半円，低周波数域には有限拡散の軌跡が表れた。今後は，電極および電池全体の劣化機構の評価手法としても応用できると期待される。

文　　献

1)　板垣昌幸，電気化学インピーダンス法 第２版 原理・測定・解析，丸善（2011）
2)　板垣昌幸，渡辺邦洋，*Denki Kagaku*（*presently Electrochemistry*），**65**, 758（1997）
3)　M. Itagaki, H. Hasegawa, K. Watanabe, T. Hachiya, *J. Electroanal. Chem.*, **557**, 59（2003）
4)　杉本克久，材料と環境，**48**, 673（1999）
5)　水流徹，*Denki Kagaku*（*presently Electrochemistry*），**62**, 309（1994）
6)　E. J. Calvo, R. Etchenique, *Anal. Chem.*, **68**, 4186（1996）
7)　C. C. Jung, E. A. H. Hall, *Anal. Chem.*, **67**, 2393（1995）
8)　D. Oyamatsu, S. Kuwabata, *Review of Polarography*, **50**, 305（2004）
9)　S. Kuwabata, H. Hasegawa, K. Kano, *Chem. Lett.*, **32**, 52（2003）
10)　T. Kohma, H. Hasegawa, D. Oyamatsu, S. Kuwabata, *Bull. Chem. Soc. Jpn.*, **80**, 158（2007）
11)　T. Samukawa, S. Tsujimura, K. Kano, *BUNSEKI KAGAKU*, **57**, 625（2008）
12)　I. Shitanda, N. Ohta, M. Itagaki, submitted.

6 酵素固定多孔質電極

田巻孝敬*

6.1 はじめに

生体に安全・安心な燃料が利用できるバイオ電池は，ポータブル型機器や医療補助具の電源として期待される。しかし，出力密度，特に電流密度が低いことが課題の一つとして挙げられてきた。近年，電極への酵素固定化量を増加させるために，実面積が大きい多孔質電極を利用した酵素電極が開発されている。

多孔質電極としては，比表面積が大きく高伝導率な微細粒子やカーボンファイバーを3次元に積層させた電極が用いられる。実面積の増加に伴う酵素固定化量の増加によって，従来と比較して一桁高い10^1 mA cm^{-2}オーダーの電流密度が得られること[1~6]や，平板電極と比較して固定化酵素の耐久性が増加すること[3,7]が報告されている。本節では，酵素固定多孔質電極の構成および特性に関して，実際の開発例をもとに示す。

6.2 電極構成

酵素固定多孔質電極は，金ナノ粒子（第2章1節），カーボンナノチューブ（第2章3節），カーボンブラックやカーボンエアロゲル，カーボンクライオゲル（第2章4節）などの微粒子，あるいはカーボンファイバーから成る多孔質電極へ酵素を固定化することで作製される。

微粒子から多孔質電極を作製する際には，乾燥過程が含まれ，有機溶媒を用いる場合もあることから，酵素の失活要因が多い。そのため，多孔質電極を形成した後に，電極へ酵素溶液をキャストしたり，電極を酵素溶液へ含浸させたりすることで酵素を固定化する。多孔質電極への酵素固定では，酵素の固定化量あるいは得られる電流密度が含浸時間に依存し，平板電極と比較して長い時間を要する[7,8]。

多孔質電極の構造分析法としては，ガス吸着法や水銀圧入法，バブルポイント法などによる細孔径分布測定が挙げられる。また，走査型電子顕微鏡（SEM）や透過型電子顕微鏡（TEM）を用いた直接観察も用いられる。SEMによる酵素固定多孔質電極の観察の一例として，粒径約30 nmのカーボンブラックから成る多孔質電極へグルコースオキシダーゼ（GOx）を固定化した電極の画像を図1へ示す。

酵素を鉛などにより染色した上でSEM・TEM測定を行えば，多孔質電極への酵素の導入を評価することも可能であるが，酵素の導入量をSEM，TEMから定量的に評価することは難しい。そこで，多孔質電極への酵素の導入量は，酵素固定前後の酵素溶液の濃度測定により評価されている[9,10]。多孔質電極の実面積と投影面積の比は，多孔質電極の作製条件によって異なるが10^2～10^3のオーダーであり[11,12]，酵素の導入量は実面積に応じて増加することが期待される。酵素固定多孔質電極では，酵素導入量が平板への単層固定に比べ約10^3倍となる場合もある[10]。なお，ここで

---

* Takanori Tamaki　東京工業大学　資源化学研究所　助教

図１　酵素固定多孔質電極の表面SEM画像
多孔質電極は粒径約30 nmのカーボンブラックで構成され，グルコースオキシダーゼが固定化されている。

評価された導入量は，活性の有無にかかわらない全導入量であることに留意が必要である。

6.3　特性

酵素固定多孔質電極の特性は，電気化学測定により評価される。電気化学測定の理論や手法は，多孔質ではない電極と同様であり，第１章２，３節や第３章４，５節に詳しい。

多孔質電極では，固定化されている酵素量が多く，電流密度すなわち反応速度が大きい点に留意が必要である。具体的には，平板電極の場合と比較して基質などの物質移動が律速段階となりやすく，また反応によりプロトンが生成あるいは消費される場合には測定溶液のpH緩衝能を越える可能性がある。

物質移動は，カソードでは平板電極でも問題となるが，これは溶存酸素濃度が低いことに由来する。このため，回転電極を用いた対流ボルタンメトリによる評価が必要となる。溶液と比較して格段に濃度および拡散係数が高い気相での酸素供給法も検討され始めており，第４章４節で研究例を紹介する。多孔質電極では，溶液中の基質濃度を高められるアノードでも物質移動が律速段階となる可能性があることから，溶液を静止した状態と攪拌した状態で比較し，電極外部の物質移動が律速段階となっていないことを検証する[6)]ことが望ましい。

溶液のpH緩衝能については，NAD依存性グルコースデヒドロゲナーゼ（GDH）とジアホラーゼ（DI）をカーボンファイバー電極へ共固定した系において緩衝液の濃度依存性を評価したところ，通常より濃い1.0 Mの緩衝液濃度において電流密度の最大値が得られている[5)]。また，バイオカソードでもカーボンブラックから成る多孔質電極へ銅エフラックスオキシダーゼ（CueO）を固定化した系において，1.0 Mまでの緩衝液濃度の増加に伴い得られる電流密度が増加することが示されている[4)]。

これまでに10 mA cm^{-2}を超える電流密度が得られる高性能酵素電極は数例報告されているが，いずれも多孔質電極が用いられている。メディエータ型酵素電極反応を利用した系としては，数十μmの繊維径を持つカーボンペーパーへ化学気相成長法によりカーボンナノチューブを成長させて多孔質電極とし，オスミウム錯体をメディエータ部位に有するレドックスポリマーとGOxを固定化することで，20 mA cm^{-2}のグルコース酸化電流が得られている[1)]。また，pH緩衝能の検討について先述したGDHとDIをカーボンファイバー電極へ共固定した系では，メディエータと酵素をポリアクリル酸とポリ-L-リシン（PLL）のポリイオンコンプレックスで固定化してアノードとし，カソードではビリルビンオキシダーゼ（BOD）と$K_3[Fe(CN)_6]$をPLLでカーボンファイバーへ固定化し，各電極での評価だけではなく，両電極を組み合わせた電池としての評価でも10 mA cm^{-2}を超える電流密度が得られている（第4章1節）[5)]。直接電子移動型酵素反応を利用した系でも多孔質電極は用いられており，カーボンブラックやカーボンエアロゲルから成る多孔質電極へラッカーゼ，BOD，CueOを固定化した系で10 mA cm^{-2}を超える性能が報告され[2~4)]，酸素を気相供給した場合には20 mA cm^{-2}の酸素還元電流が得られている[4)]。また，金ナノ粒子の積層により形成された多孔質電極へフルクトースデヒドロゲナーゼを固定化した電極では14 mA cm^{-2}の電流密度が得られている[6)]。

多孔質電極の利用により，電流密度の増加だけでなく，平板電極への酵素固定と比較して耐久性が向上することも報告されている。CueOをカーボンブラックから成る多孔質電極へ固定化した系では，炭素平板電極へ固定化した系と比較して，pH依存性および熱安定性が向上することが示されている[3)]。また，金ナノ粒子から成る多孔質電極へ固定化したBODの性能の経時的な減少は，多結晶金電極へ固定化したBODより少ないことが示されている[7)]。耐久性向上の要因としては，多孔質構造へ固定化された酵素が溶出しづらい可能性[7)]や，ナノスケールの細孔中で酵素の構造が安定化されている可能性[3)]が指摘されている。

メディエータ型電極反応，特にメディエータをポリマーへ化学的に固定化したレドックスポリマーを用いて構成された電極では，従来レドックスポリマー中の電子伝導律速により電流密度が制限されてきた。先述のように，カーボンペーパーから成長させたカーボンナノチューブで構成される多孔質電極で高電流密度が得られている[1)]が，これとは別のアプローチとして，著者らはレドックスポリマーをカーボンブラックへグラフト重合した酵素固定多孔質電極（グラフト電極）を提案している[13,14)]。グラフト電極は，図2(a)に示すように，粒径が約30 nmのカーボンブラックが積層したカーボン電極と，カーボンブラック表面にグラフト重合により化学的に固定化したレドックスポリマー，および酵素から構成される。多孔質カーボン電極が電極中の電子伝導の主な役割を担うことで，レドックスポリマーが電子伝導すべき距離を短くして電子伝導律速の解消を図った。ビニルフェロセン（VFc）をメディエータ部位に持つレドックスポリマーをグラフト重合した多孔質電極へ，さらにGOxを固定化した電極のサイクリックボルタンモグラムを図2(b)に示す。グルコースを含む溶液では3 mA cm^{-2}のグルコース酸化電流が得られた[13)]。グラフト電極による高電流密度はVFcに限らずヒドロキノンをメディエータに用いた場合でも得られている[14)]。また，電極中の反応拡散過程を考慮したモデル計算からレドックスポリマーの電子伝導律速が解消されていること，および電気化学的に活性な酵素の固定化密度を増加させることで，電流密度

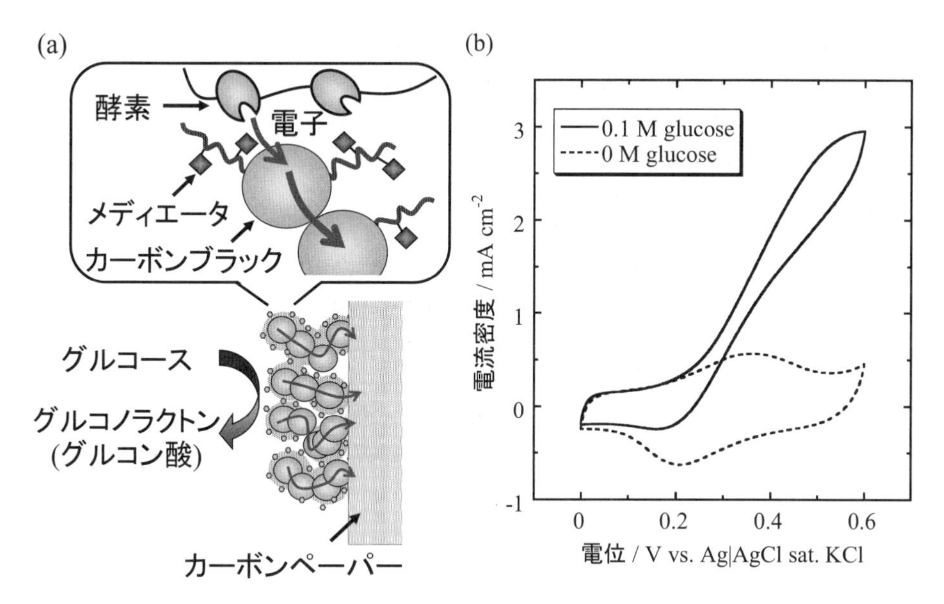

図2　レドックスポリマーのグラフト重合を利用した酵素固定多孔質電極の(a)概念図と，(b)サイクリックボルタンモグラム[13)]

をさらに増加させることが可能で，ポータブル機器で必要とされる約10^2mA cm^{-2}の電流密度を得ることが可能であることも示されている[12)]。

6.4　おわりに

本節では，酵素を固定化した多孔質電極の構成と特性に関して，実際の研究をもとに示した。実面積の大きい多孔質電極の利用によって，従来に比べて高い電流密度が得られているが，ポータブル機器などの電源として実用化するためには，さらなる高電流密度化が求められる。今後は増加した実面積を充分に活用するために，酵素の配向制御や活性保持により有効に働く酵素量を増加させる必要がある。また多孔質電極は，出力密度とともに大きな課題の一つに挙げられる耐久性の向上にも有効であることが報告されており，機構の解明を含めたさらなる研究開発が求められる。

文　　献

1）S. C. Barton *et al*., *Electrochem. Solid State Lett*., **10**, B96（2007）
2）S. Tsujimura *et al*., *Fuel Cells*, **7**, 463（2007）

3) S. Tsujimura *et al.*, *Electrochim. Acta*, **53**, 5716 (2008)
4) R. Kontani *et al.*, *Bioelectrochemistry*, **76**, 10 (2009)
5) H. Sakai *et al.*, *Energy Environ. Sci.*, **2**, 133 (2009)
6) K. Murata *et al.*, *Electrochem. Commun.*, **11**, 668 (2009)
7) K. Murata *et al.*, *Energy Environ. Sci.*, **2**, 1280 (2009)
8) Y. Kamitaka *et al.*, *Chem. Lett.*, **36**, 218 (2007)
9) S. Tsujimura *et al.*, *Electrochem. Commun.*, **12**, 446 (2010)
10) T. Tamaki *et al.*, *Ind. Eng. Chem. Res.*, **49**, 6394 (2010)
11) K. Murata *et al.*, *Electroanalysis*, **22**, 185 (2010)
12) T. Tamaki *et al.*, *Fuel Cells*, **9**, 37 (2009)
13) T. Tamaki *et al.*, *Ind. Eng. Chem. Res.*, **45**, 3050 (2006)
14) T. Tamaki *et al.*, *J. Phys. Chem. B*, **111**, 10312 (2007)

第4章　酵素電池の研究開発

1　高出力バイオ電池

酒井秀樹*1，中川貴晶*2

1.1　はじめに

植物は太陽から降り注ぐ光エネルギーを，水と二酸化炭素を伴いながら光合成という極めて巧みなシステムを用いて，ぶどう糖をはじめとする炭水化物に変換する。一方，動物は呼吸というシステムにより，炭水化物を水と二酸化炭素に分解することで，生命維持のための活動エネルギーを得ている。この呼吸で発生する二酸化炭素は，再び光合成によって，炭水化物となって再生される。このように地球上では，再生可能エネルギーである炭水化物をエネルギーの通貨とし，植物と動物とが絶妙な関係で共存している。昨今，世界的な環境・エネルギーの問題の観点から，その炭水化物のエネルギー源としての利用が注目されている。

この生命の巧みなエネルギー獲得システムの中心を担っている生体触媒としての酵素の力を利用して，ぶどう糖のような炭水化物から，電気化学反応を介して，電気エネルギーを取り出す電池をバイオ電池と呼び，微生物電池と酵素電池とに分類される[1)]。前者は微生物を用いて炭水化物を分解するもので，出力は高くはないが，燃料を完全分解できるメリットがある。一方，後者は微生物の代わりに，酵素を用いて燃料を分解するものである。この酵素電池は，微生物電池よりも一般的に高い出力を示すが，燃料の完全分解には至っていない。さらに酵素電池は，酵素から直接電極に電子を受け渡しする直接電子移動型[2)]と，酵素と電極との間の電子の受け渡しを担う電子伝達メディエータを用いるメディエータ型の2種類に分類される。これらバイオ電池は，再生可能，高容量かつ安全な炭水化物を燃料とした環境負荷の小さな次世代の電池として位置づけられる。

我々は，研究開発を開始した2001年当時から現在に至るまで，メディエータ型酵素電池の研究開発を行っており，2007年8月には投影電極面積当たり1.5 mW cm^{-2}の出力密度（面積出力密度）を達成し，スピーカーに接続したメモリー型Walkman（NW-E407）の動作に成功した[3,4)]（図1(A)）。その後，出力密度は段階的に向上し（表1，図2），2010年4月には10 mW cm^{-2}を達成している[5,6)]（図1(B)，(C)）。

本節では，筆者らが進めている高出力なメディエータ型酵素電池の研究開発の状況を紹介し，今後の課題や展望について言及する。

＊1　Hideki Sakai　ソニー㈱　コアデバイス開発本部　環境エネルギー事業開発部門　環境技術部　バイオ電池開発Gp.　プロジェクトリーダー

＊2　Takaaki Nakagawa　ソニー㈱　コアデバイス開発本部　環境エネルギー事業開発部門　環境技術部　バイオ電池開発Gp.

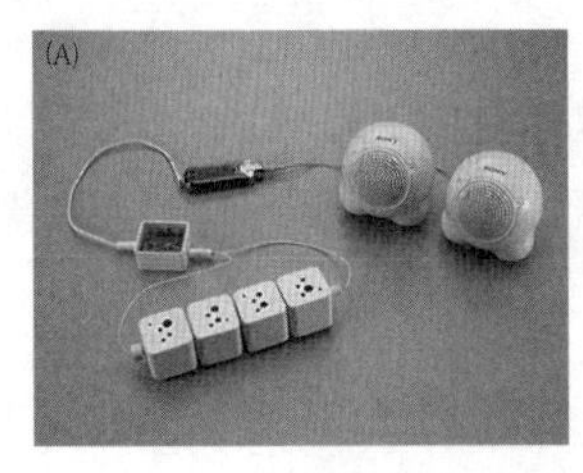

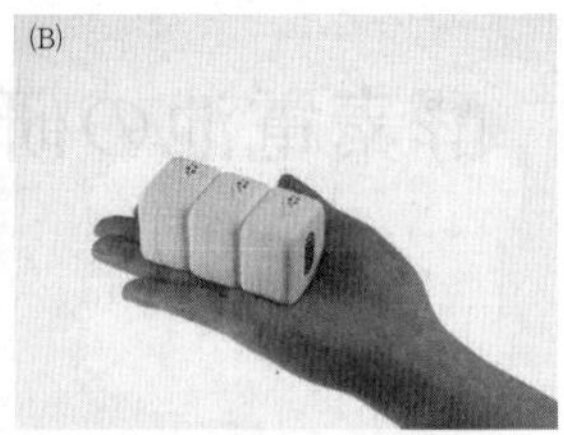

図1　バイオ電池試作品

(A)試作品①によるメモリー型Walkman（NW-E407）の動作デモ
　面積出力密度：1.5 mW cm^{-2} の要素技術を導入，2007年8月にプレスリリース
(B)試作品②（同Walkman動作用）
　面積出力密度：5 mW cm^{-2} の要素技術を導入，FC-EXPO 2009で展示
(C)試作品③を搭載した㈱タカラトミーのリモコン操縦カー試作品
　面積出力密度：10 mW cm^{-2} の要素技術を導入，TOY FORUM 2010のブースにて共同展示

表1　メディエータ型酵素電池のセル特性まとめ

面積出力密度（mW cm^{-2}（V））	導入した要素技術			試作品	体積出力密度（mW cc^{-1}）	文献
	負極	正極	電解質（pH 7, glc. 0.4 M）			
(a) 1.5（0.3）	VK_3	大気暴露型	1 Mリン酸ナトリウム	図1(A)	1.25	4）
(b) 3.0（0.5）	ANQ	大気暴露型	1 Mリン酸ナトリウム	—	—	16，17）
(c) 5.0（0.5）	ANQ	大気暴露型	2 Mイミダゾール／塩酸	図1(B)	2.5	19，20）
(d) 10（0.5）	ANQ	半浸水型	2 Mイミダゾール／塩酸	図1(C)	5.0	5，6）

室温，パッシブ条件下

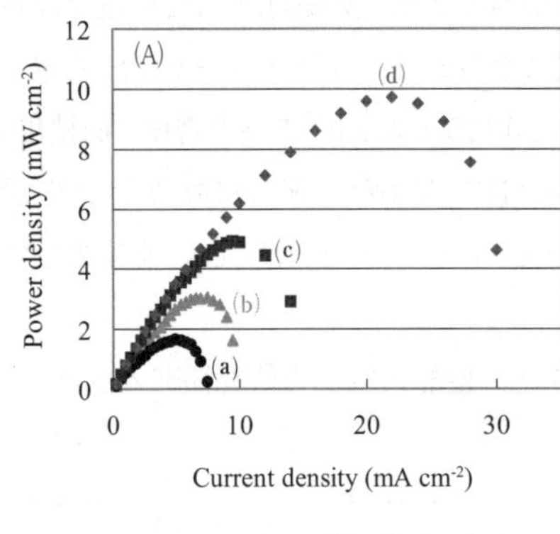

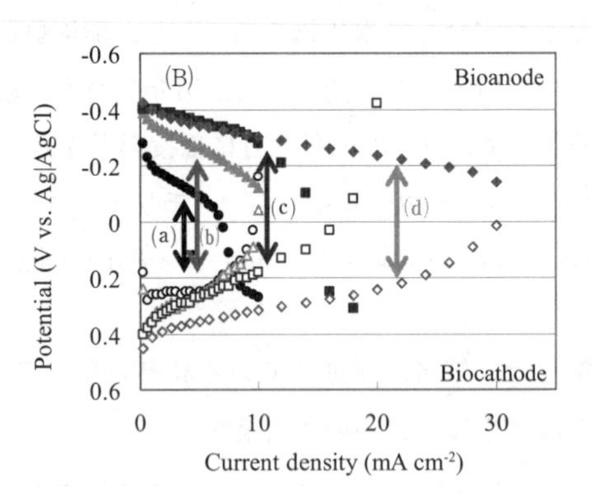

図2　メディエータ型酵素電池のセル特性

(a)～(d)の技術構成は表1を参照
(A)電流一出力曲線
(B)電流一電圧曲線，塗りつぶしはバイオ負極，白抜きはバイオ正極，
　上下矢印は各最大出力密度時の駆動電位差を示す

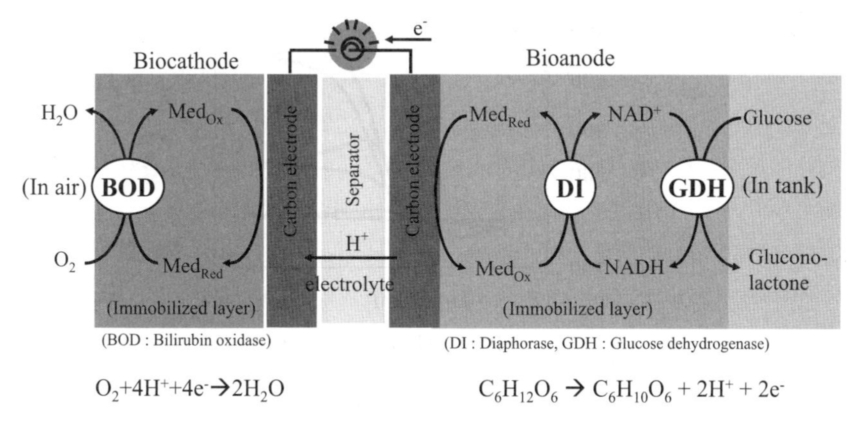

図3　メディエータ型酵素電池の構成

1.2　メディエータ型酵素電池の要素技術

1.2.1　電池構造

図3に，我々が採用しているメディエータ型酵素電池の概略を示す[7,8]。主な構成部は負極，正極，電解質，セパレータであり，通常の燃料電池と類似した構造を有している。負極，正極に用いる生体触媒である酵素，補酵素であるニコチンアミドジヌクレオチド（$NADH/NAD^+$），および電子伝達メディエータは炭素電極上に固定されている。負極側では，負極用酵素であるグルコースデヒドロゲナーゼ（GDH）がぶどう糖（グルコース）を酸化し，発生したプロトンと電子はNAD^+に渡され，NADHができる。さらにジアホラーゼ（DI）により，NADHが酸化され，プロトンと電子が発生し，負極の電子伝達メディエータに受け渡される。その電子伝達メディエータが炭素電極と反応し，電極に電子を，電解質水溶液中にプロトンを放出する。この負極をバイオ負極（bioanode）と呼ぶ。電解質水溶液として緩衝溶液（pH7）を用いる。そして，そのプロトンはセパレータを介して正極側に，電子は外部回路を介して仕事をした後，正極側の炭素電極に移動する。その電子は電極反応を介して，正極の電子伝達メディエータに受け渡される。同時に正極では，負極から電解質水溶液を介して流れてきたプロトンを用いて，正極用酵素であるビリルビンオキシダーゼ（BOD）が，大気中から供給される酸素の4電子還元反応を触媒し，水を生成する。この正極をバイオ正極（biocathode）と呼ぶ。この負極反応と正極反応とが連動することにより，電気エネルギーが発生する。

以下，図3に示す電池構成をもとに，1.2.2項 バイオ負極，1.2.3項 バイオ正極，1.2.4項 電解質，1.2.5項 セル特性，の順で要素技術を説明していく。

1.2.2　バイオ負極

(1)　酵素固定化条件の最適化

酵素電池において，高出力化を実現するためには，酵素を電極上に固定化するのが一般的であるが，その固定化状態が様々な要件を満たす必要がある。一つは，生体内で働く酵素（負極の場

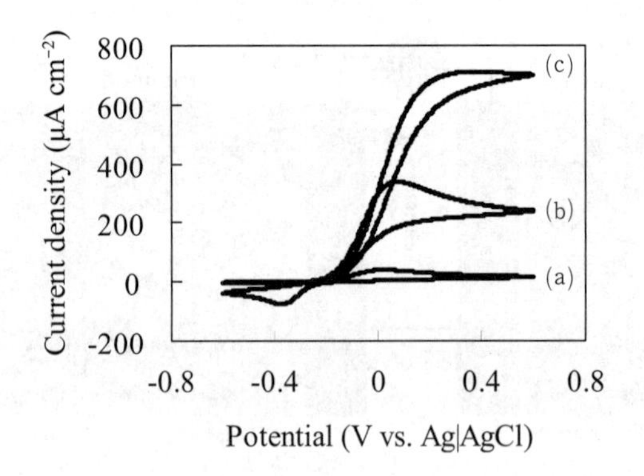

図4　酵素固定化バイオ負極のサイクリックボルタンメトリ（CV）
電解液は0.1Mリン酸ナトリウム緩衝溶液（pH 7）
グルコース濃度は(a)，(b)，(c)それぞれ0，10，400mM
掃印速度は10mV s^{-1}，電極はグラッシーカーボン
室温，パッシブ条件下

合：GDH，DI）を多孔質炭素電極上に固定した状態で，酵素活性を保持させる必要があるという点である。また，電極上には酵素だけでなく，酵素—電極間や異種酵素間の電子のやり取りを行う電子伝達メディエータおよびNADH/NAD^+も同時に固定化する必要がある。これらの要件を満たす固定化方法として，ポリイオンコンプレックス法が一般的に知られており[9,10]，アニオン性ポリマーとしてポリアクリル酸，カチオン性ポリマーとしてポリ-L-リシンを用いることで，グラッシーカーボン（GC）電極上に高密度に酵素や電子伝達メディエータを，酵素活性を保持したまま固定化することが可能である（図4）。またこの固定化方法は，カーボンフェルト（CF）などの多孔質炭素電極にも応用でき，電極実効表面積を大きくすることで，0.1V（vs. Ag|AgCl）の定電位測定において，1分後に3mA cm^{-2}の電流を得ることに成功している[4]。

(2)　電子伝達メディエータの検討

メディエータ型酵素電池では，電極と電子の授受を行うのは電子伝達メディエータであるため，酵素との反応性，酸化還元電位，可逆性などは非常に重要である[11~13]。特に電圧は電池の特性として重要であり，グルコースを燃料として用いた場合の理論電圧である1.25Vに対し，できる限り電圧ロスを低減することが望ましい。負極の電子伝達メディエータの場合，その酸化還元電位はよりグルコースの酸化還元電位に近く，そして触媒電流値はより高い値を示す必要がある。特にキノン類の電子伝達メディエータであるVK_3や2-アミノ-4-カルボキシ-1,4-ナフトキノン（ACNQ）は負極の酵素DIと効率よく反応することが報告されている[14,15]。しかしながら，その性能は充分ではないため，コンピュータシミュレーションによる負極用電子伝達メディエータの探索を行った。ナフトキノン骨格の各種有機分子についてシミュレーションを用い，LUMO（最低空軌道）準位を予測することで，2-アミノ-1，4-ナフトキノン（ANQ）の酸化還元電位などが有用であることを見出した[16,17]。このANQは可逆な酸化還元応答を示し，VK_3やACNQと比較

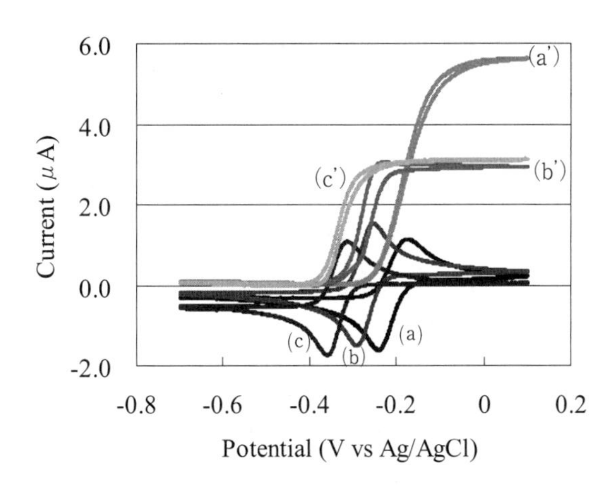

図5　負極用各種電子メディエータのサイクリックボルタンメトリ（CV）

電解液は0.1 Mリン酸ナトリウム緩衝溶液（pH 7）
(a) はVK_3, (b) はACNQ, (c) はANQ, メディエータ濃度は0.1 mM, NADH濃度は10 mM
(a'), (b') および (c') は上記にDIを加えたときのCV
掃印速度は5 mV s^{-1}, 電極はグラッシーカーボン（GC）, 室温, パッシブ条件下

して，その酸化還元電位は卑な電位であり（−0.36 V vs. Ag|AgCl, pH 7），同等の触媒電流値を示している（図5）。このANQを用いた酵素固定化電極は，VK_3と比較して，電圧ロスを0.2 V程度低減，かつ高い触媒電流値を示し[16,17]，電池駆動電圧の向上が期待できる。

1.2.3　バイオ正極

(1)　大気暴露型電極の導入

バイオ正極はバイオ負極と異なり，酵素と反応する基質が気体である酸素という点が特徴的である。バイオ正極では，酵素にビリルビンオキシダーゼ（BOD），電子伝達メディエータにヘキサシアノ鉄酸イオンを用いることで，pH 7の常温条件下において酸素を水に4電子還元することができる[18]。このBODとヘキサシアノ鉄酸イオンをカーボンフェルトなどの多孔質炭素電極に固定化し，飽和酸素溶液中で回転電極などを用い，強制的に酸素を供給すると（アクティブ条件），十数mA cm^{-2}と非常に高い酸素還元電流が得られる[8]。しかし，言い換えれば酸素を強制的に正極に送り込むようなことをしないと（パッシブ条件），ほとんど電流は得られないことを意味している（図6(a)）。これは水溶液中の酸素の溶解度は低く（0.25 mM），拡散速度も空気中（1.8×10^{-1} cm^2 s^{-1}）に比べて水溶液中では極端に低いため（2.0×10^{-5} cm^2 s^{-1}）である。

そこで，空気中の酸素をより利用しやすくするために，酵素を固定化した電極を空気にさらし，セロファンの膜を介し，電解質水溶液を配置した（図7(A)）。この構造により，適量の電解質水溶液が酵素電極側に染み込むと同時に，酸素の供給を行うことができ，パッシブ条件下において，14.1 mA cm^{-2}と大きな電流を得ることに成功した[4]（図6(b)）。

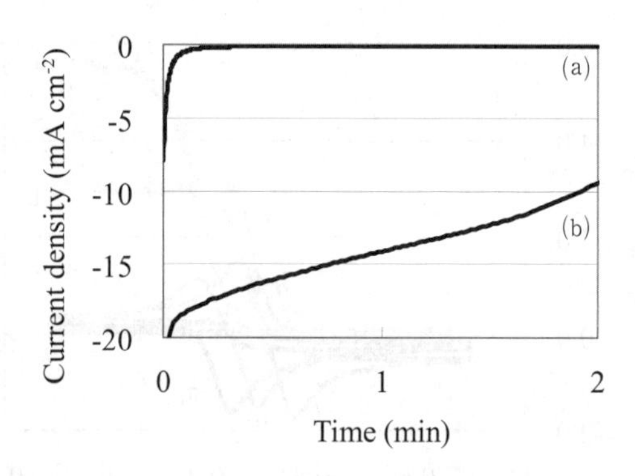

図6　酵素固定化バイオ正極の0V（vs. Ag|AgCl）における定電位測定
(a)は浸水型，(b)は大気暴露型
電解液は1Mリン酸ナトリウム溶液（pH 7）
電極はカーボンフェルト（CF），室温，パッシブ条件下

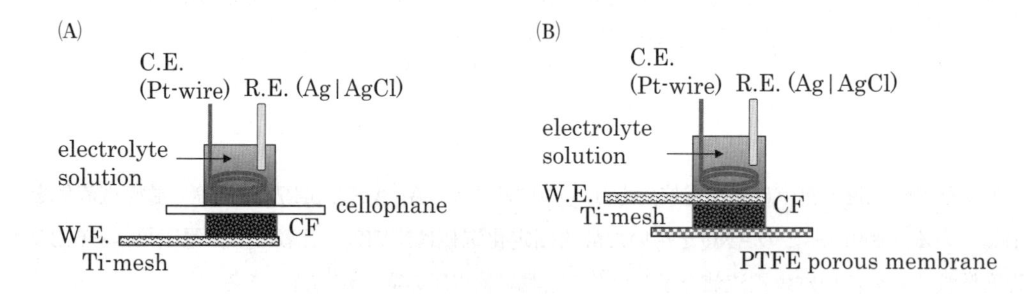

図7　正極評価用セル構造
(A)大気暴露型バイオ正極を用いた評価セル構造
(B)半浸水系型バイオ正極を用いた評価セル構造

(2)　半浸水型電極の導入

バイオ正極に空気と接する構造（大気暴露型バイオ正極）を導入することで酸素供給を改善し，高い触媒電流値を得ることができた。しかしセロファンを用いて電解質水溶液（緩衝溶液）の浸み込みを制限すると，大気の影響，特に湿度の影響を受けやすくなり，発電が不安定化してしまう。また後述（1.2.4項(2)）のように，限られた電解質水溶液（緩衝溶液）では正極近傍のpHを維持することは難しい。一般的にダイレクトメタノール燃料電池（DMFC）などでは，様々な撥水剤（テフロンなど）を用いることで正極の撥水性を制御し，酸素の供給を行っている。これに対し，バイオ電池では，酵素の活性を維持したまま多孔質炭素電極を撥水処理することは困難である。その理由として，酵素などの固定化用ポリマーや電子伝達メディエータなど，親水性が比較的高いものが含まれ，電極の撥水性と酵素固定化との両立が難しいことが挙げられる。そこで我々は酵素固定化後の電極上に撥水剤の塗布を試みた。エタノールやジメチルスルホキシド（DMSO）を酵素固定化後の電極へ添加すると，未処理のものと比較して大きく酸素還元電流は低下する。

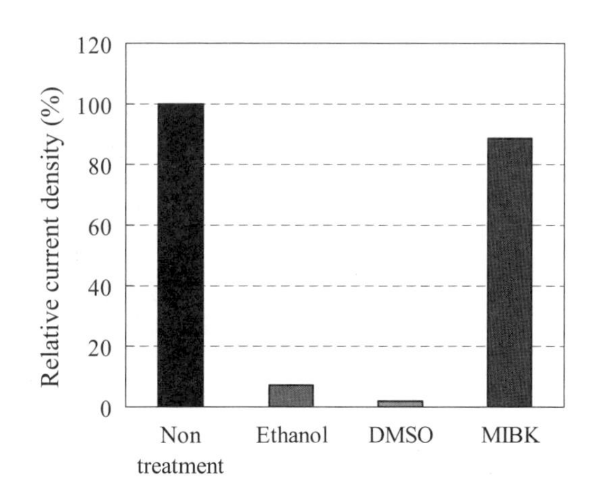

図8　各溶媒を塗布・乾燥したときのバイオ正極の相対電流値

電解液は2Mイミダゾール／塩酸緩衝溶液（pH 7）
電極はカーボンフェルト（CF），相対電流値はCVの0 Vでの定常電流値から計算
室温，アクティブ条件下（回転電極1000 rpm，酸素飽和）

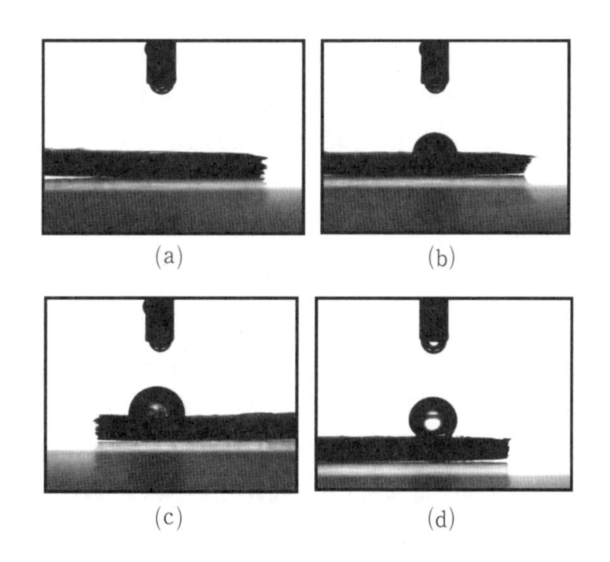

図9　バイオ正極の接触角測定

シリコンポリマー量は(a)0 mg，(b)2 mg，(c)4 mg，(d)8 mg
滴下溶液は2Mイミダゾール／塩酸緩衝溶液（pH 7）

しかし，メチルイソブチルケトン（MIBK）を用いると，固定化電極上の酵素活性をほとんど低下させることなく，シリコン系ポリマーなどの撥水剤を電極へ塗布することが可能となる（図8）。またこのシリコン系ポリマーの分量を調整することで，酵素固定化電極の撥水性を制御することもできる（図9）。この撥水化電極を緩衝溶液にさらされた測定系（半浸水型バイオ正極，図7(B)）

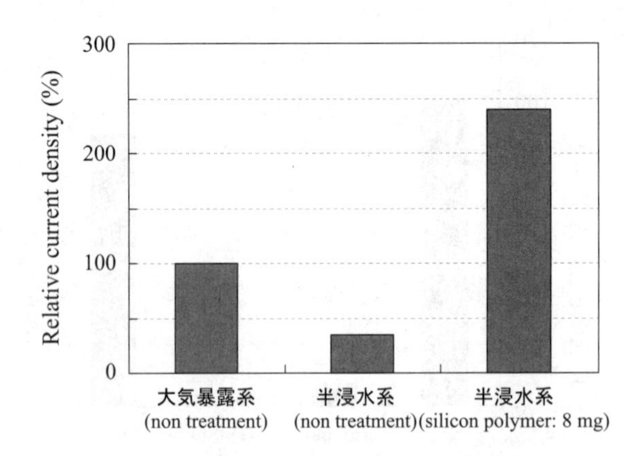

図10　各種バイオ正極の相対電流値比較
電解液は2Mイミダゾール／塩酸緩衝溶液（pH7）
相対電流値は0Vの定電位測定1時間後の電流値から計算
電極はカーボンフェルト（CF）
室温，パッシブ条件下

にて評価すると，これまでの大気暴露型と比較して約2倍の酸素還元電流が得られた（図10）。このように酵素固定化電極自身を撥水化させることは，多孔質炭素電極内部への酸素供給およびプロトン供給を改善・維持するための有効な手段の一つである。

1.2.4　電解質

(1)　緩衝物質濃度の最適化

従来，バイオ電池では電解質水溶液として，0.1M付近の濃度の緩衝溶液を用いることが一般的であった。逆に，高イオン強度中では，酵素の活性や安定性が低下することが多いことから，高濃度の緩衝液の検討がなされてこなかった。しかし，多孔質炭素電極を用い酵素固定化電極の性能が向上してくると，反応が進むに伴って負極近傍では酸性に，正極近傍ではアルカリ性に変化しやすくなるために，いかに電極近傍のpH変化を抑制するかが重要な課題となってくる。実際，1.2.2項(1)で示したバイオ負極の酵素固定化多孔質炭素電極の性能は，図11に示すようにリン酸ナトリウム緩衝溶液の濃度に大きく依存し，1Mにおいて極大点（10 mA cm^{-2}）を示している[4]。このように緩衝溶液の高濃度化は，高出力バイオ電池において，多孔質炭素電極内のpH維持能力の向上とともに溶液抵抗の低減など非常に大きな役割を持っていることがわかる。

(2)　イミダゾール緩衝物質の導入

バイオ電池の出力特性は電解質の種類によっても，大きく変化する。特にバイオ正極では，酸素供給を行うために，電極の一部は空気層に触れており，充分な緩衝溶液がないために，酸素還元反応に伴う電極近傍のpH上昇が起こりやすい（図12中の□a）。しかし，高いpH条件下では，BODの活性が著しく低くなることが知られており[8]，酸素還元反応を維持することができず，触媒電流が大きく低下する。これに対し，リン酸ナトリウム緩衝溶液の代替としてイミダゾール／

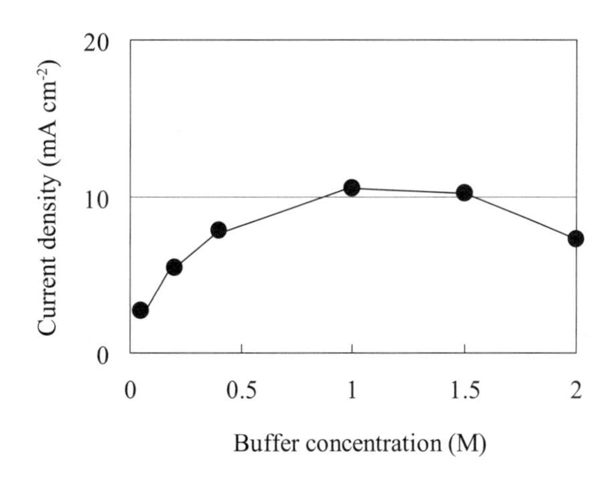

図11　酵素固定化バイオ負極の触媒電流密度の緩衝溶液濃度依存性
緩衝溶液はリン酸ナトリウム緩衝溶液（pH 7），グルコース濃度は400 mM，0.1 V（vs. Ag|AgCl）の定電位測定1分後の電流密度をプロット，電極はカーボンフェルト（CF）室温，パッシブ条件下

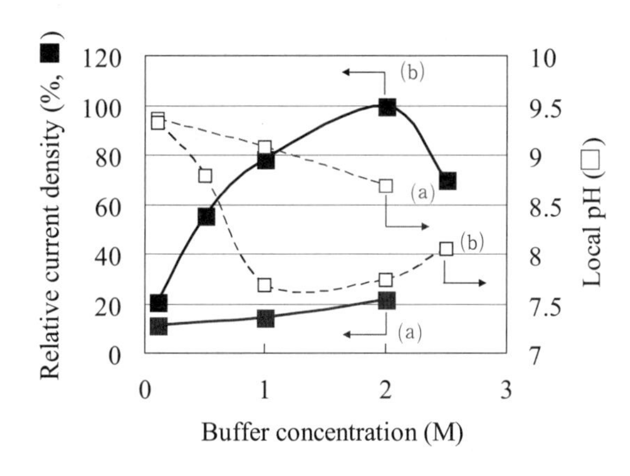

図12　バイオ正極（大気暴露型）の相対電流値および電極表面pHの緩衝物質濃度依存性
(a)はリン酸ナトリウム緩衝溶液（pH 7），(b)はイミダゾール／塩酸緩衝溶液（pH 7）
横軸は緩衝物質の濃度，左縦軸は0 Vにおける定電位測定1時間後の相対電流値（■）
右縦軸は定電位測定1時間後の正極の表面pH（□）
電極はカーボンフェルト（CF），室温，パッシブ条件下

塩酸緩衝溶液を用いると，同じ緩衝物質濃度にもかかわらずpH変化を大幅に抑えることができ，その結果触媒電流値も大きくなる（図12中の■b）[19,20]。その電流値は濃度2 Mのときに最大電流値を示し，同濃度のリン酸ナトリウム緩衝溶液と比較して，8.5倍となった。このようにバイオ電池の電解質においては，電極や電池の構造などに適した緩衝物質，濃度を選択することが重要である。

1.2.5　セル特性

ここまでバイオ負極，バイオ正極，電解質の要素技術について，単極の評価結果について述べてきたが，ここでは個々の要素技術に取り組んだ背景および開発方針に触れながら，セル特性およびデモ用バイオ電池（試作品）について記す。セル特性の結果を表1と図2に，試作品を図1に示す。

バイオ電池の実用化をめざす上で，我々が最初に注力した課題は小型化である。バイオ電池は，出力密度を補うために，外部機器により物質供給を整えるなどのアクティブ条件下で動作するのが一般的であり，小型化は非常に困難であった。そこで我々はバイオ電池を実用的な電池とするために，パッシブ条件において高出力化を実現できる電池の設計に注力した。具体的には，パッシブ条件下における基質供給，特にバイオ正極への酸素供給を充分に行い（1.2.3項(1)），かつ電極反応を向上（1.2.2項(1)），維持（1.2.4項(1)）させることで，面積出力密度：1.5 mW cm^{-2}（図2，表1中(a)）を達成した[4]。このように面積出力密度（mW cm^{-2}）を向上させていくことはバイオ電池の基本技術を上げていくという点で重要であるが，実際に電池の形状に作り込み，体積出力密度（mW cc^{-1}）を向上させることは実用化をめざす上で欠かせない。そこで我々は図13に示す発電部を積層させた構造を設計することで，試作品①（体積：160 cc，体積出力密度：1.25 mW cc^{-1}，図1(A)）を作製し，パッシブ条件下においてスピーカーを接続したメモリー型Walkman（NW-E407）を連続2時間動作させることに成功した[3,4]。

次に我々はバイオ電池の動作電圧を向上させることに着手した。現在，多くのエレクトロニクス商品にはリチウムイオン電池が用いられており，1セル当たりの平均動作電圧は一般的に3.7 Vと，バイオ電池の理論電圧の約3倍にもなる。先に示したようにバイオ電池は発電部を直列にス

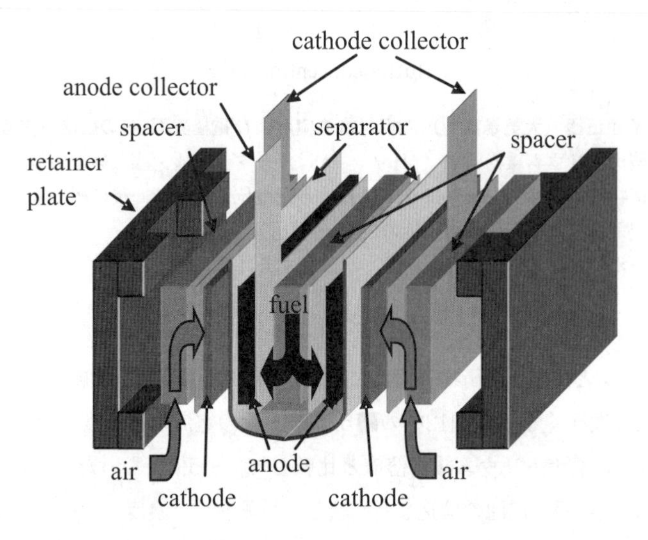

図13　積層型バイオ電池の構造（2セル並列）

タックすることで，動作電圧を変化させることはできるが，構造が複雑化してしまうために，できるだけバイオ電池の発電部あたりの駆動電圧を向上させることが必要である。そこで我々は，電圧ロスの大きいバイオ負極側のメディエータ探索に着手し，ANQが有効であることを見出した（1.2.2項(2)）。このANQを用いると，最大出力時の電池駆動電圧は，VK_3の場合（0.3Vにおいて1.5mW cm^{-2}）と比較して，0.2V高い0.5Vとなり，面積出力密度：3mW cm^{-2}（図2，表1中(b)）を達成した[16,17]。この駆動電圧の向上は，図1(B)のようにバイオ電池のスタック構造を簡素化することに貢献している。さらにイミダゾール／塩酸緩衝溶液を導入することで，プロトン供給能を改善し，pH変化を抑制することで（1.2.4項(2)），面積出力密度：5mW cm^{-2}を達成した[19,20]。これらの技術を導入することで，約2倍の出力を示す試作品②（体積：84cc，体積出力密度：2.5mW cc^{-1}，図1(B)）の作製に成功した[19,20]。試作品②は，2009年2月のFC-EXPO 2009で一般展示を行った。

さらにバイオ電池を実用化する上で，外部環境要因（例えば温度，湿度など）の変化に対して，安定した発電を行うように設計することは欠かせない。特に大気暴露型バイオ正極では，セロファンを用い電解質水溶液と分離している構造をとっているため，空気と直接接してしまう。そのため，酸素供給の面では有効であるが，外部環境の影響を受けやすくなる。そこで我々はより外部環境の影響を受けにくい構造であり，さらに酸素・プロトン供給を改善できる方法の探索を進めるに至った（1.2.3項(2)）。この半浸水型バイオ正極を用いたバイオ電池では，バイオ負極の性能を維持しながら，バイオ正極の電流値向上に成功し，出力が2倍向上することで面積出力密度：10mW cm^{-2}（図2，表1中(d)）を達成した。またこの電極構造は，積層型バイオ電池へも適用が可能であり，試作品③（体積：28cc，体積出力密度：5.0mW cc^{-1}）を㈱タカラトミーのリモコン操縦カー試作品（図1(C)）に搭載することで，連続1時間の動作を実現できた[5,6]。このリモコン操縦カー試作品は，2010年1月のTOY FORUM 2010の㈱タカラトミーのブースにて，共同展示したものである。

1.3　おわりに

我々が開発を進めている，メディエータ型酵素電池では，酵素，補酵素および電子伝達メディエータを多孔質炭素電極に高密度に固定化し，触媒電流が数十mAを超えてきたことにより，プロトン移動やセル抵抗など，DMFCと共通した問題点も見え始めてきた。特にpH変化に対して酵素活性の変化が大きいので，プロトン移動をスムーズにして，酵素近傍のpHを可能な限り維持させることが重要である。

我々は，当初から実用化に向けた電池設計を意識し，電池性能の律速段階を見極め，その課題を段階的に解決することで，面積出力密度：10mW cm^{-2}を達成してきた。さらに積層型バイオ電池を設計することで，Walkmanやリモコン操縦カーなどエレクトロニクスデバイスを動作可能な試作品（体積出力密度：5mW cc^{-1}）の実現に至った。

本節では，メディエータ型酵素電池の出力向上の技術について言及したが，バイオ電池を実用化する上で，酵素の耐熱化による電池耐久性の向上，完全分解系の導入による電池容量の向上も重要である。我々はこれまで遺伝子操作技術を用いた酵素の高性能化に関しても研究開発を進めている[21,22]。また電池の高容量化のために，燃料の完全分解系に向けた検討[5,23]，さらには脂質二重膜からなる人工細胞（リポソーム）を用いた高効率な複合酵素反応場の検討も進めている[24]。

以上のように，実用化に向けて信頼性や耐久性，さらには電池容量など多くの技術課題はあるが，バイオ電池は，コーラのような市販の飲料，将来的にはセルロースといった身近な燃料から簡単に楽しく電気エネルギーを取り出すことが可能で，従来の電池にはない特長を持っている。この電池が実用化されれば，ユーザビリティーが向上し，さらには再生可能エネルギー利用の観点からも環境負荷低減にも貢献できる。我々は，この次世代エネルギーデバイスとして有望なバイオ電池を一日も早く実用化するために，これからも研究開発を推し進めていく。

文　　献

1) 池田篤治監修，バイオ電気化学の実際―バイオセンサ・バイオ電池の実用展開―，シーエムシー出版（2007）
2) Y. Kamitaka *et al.*, *Phys. Chem. Chem. Phys.*, **9**, 1793 (2007)
3) http://www.sony.co.jp/SonyInfo/News/Press/200708/07-074/index.html
4) H. Sakai *et al.*, *Energy Environ. Sci.*, **2**, 133 (2009)
5) H. Sakai *et al.*, *217th Electrochemical Society Meet. Abstr. - Electrochem. Soc.*, **1001**, 396 (2010)
6) 中川貴晶ほか，燃料電池，**10**(3)，12 (2011)
7) K. Takagi *et al.*, *J. Electroanal. Chem.*, **445**, 209 (1998)
8) S. Tsujimura *et al.*, *Electrochem. Commun.*, **5**, 138 (2003)
9) Y. Lvov *et al.*, *J. Am. Chem. Soc.*, **117**, 6117 (1995)
10) E. Kokufuta *et al.*, *Prog. Polym. Sci.*, **17**, 647 (1992)
11) S. Tsujimura *et al.*, *J. Electroanal. Chem.*, **496**, 69 (2001)
12) E. Katz *et al.*, *J. Electroanal. Chem.*, **479**, 64 (1999)
13) T. Chen *et al.*, *J. Am. Chem. Soc.*, **123**, 8630 (2001)
14) A. Sato *et al.*, *Chem. Lett.*, **32**(10), 880 (2003)
15) K. Kano *et al.*, *Anal. Sci.*, **16**, 1013 (2000)
16) Y. Tokita *et al.*, *ECS Trans.*, **13**(21), 89 (2008)
17) Y. Tokita, *Electrochemistry*, **76**(12), 920 (2008)
18) T. Nakagawa *et al.*, *Chem. Lett.*, **32**, 54 (2003)
19) H. Sakai *et al.*, *ECS Trans.*, **16**(38), 9-15 (2009)
20) 中川貴晶ほか，燃料電池，**9**(4)，52 (2010)
21) H. Kumita *et al.*, *238th American Chemical Society National Meet., Prepr. Pap.-Am.*

Chem. Soc. Div. Fuel Chem., **54**(2) (2009)
22) T. Sugiyama *et al.*, *Biosens. Bioelectron.*, **26**(2), 452 (2010)
23) D. Yamaguchi *et al.*, *217th Electrochemical Society Meet. Abstr. - Electrochem. Soc.*, **1001**, 401 (2010)
24) R. Matsumoto *et al.*, *Phys. Chem. Chem. Phys.*, **12**(42), 13904 (2010)

2 医療用マイクロ酵素電池

三宅文雄*1，吉野修平*2，西澤松彦*3

2.1 はじめに

医療の革新，これは2010年に日本政府が掲げた「新成長戦略」の主要キーワードである[1]。そこには，日本が抱える社会問題（少子高齢化，拡大する慢性疾患，医師不足など）への対策と，国民からの期待（科学技術が貢献すべき分野として「医療分野」を挙げた者の割合が75.5%で最高値[2]）を背景とし，10年後の医療・介護・健康関連市場の拡大への期待が込められている。とりわけ，医療電子機器には，飽和傾向にある電子産業を支えるとの期待が大きく，これに対する科学技術の貢献が今年（2011年）から始まる第4期科学技術基本計画に求められたといえる。

こうした医療電子機器を取り巻く状況の中で，その電源には何が求められ，今後どう変化していくだろうか。病院医療から在宅医療へと診断・治療の範囲が拡大するにつれ，これまで主流とされた設置型に加えて移動携帯型機器の必要性が高まり始めている。このような個人を対象にした医療電子機器の例を図1に示す。機能補完（ペースメーカ，人工眼，人工心臓），診断（カプセル内視鏡），治療（インシュリンポンプ，Drug delivery system（DDS）デバイス）などを目的とする多様な機器の開発が進められている。これらの多くには，一般的な化学電池が使われてお

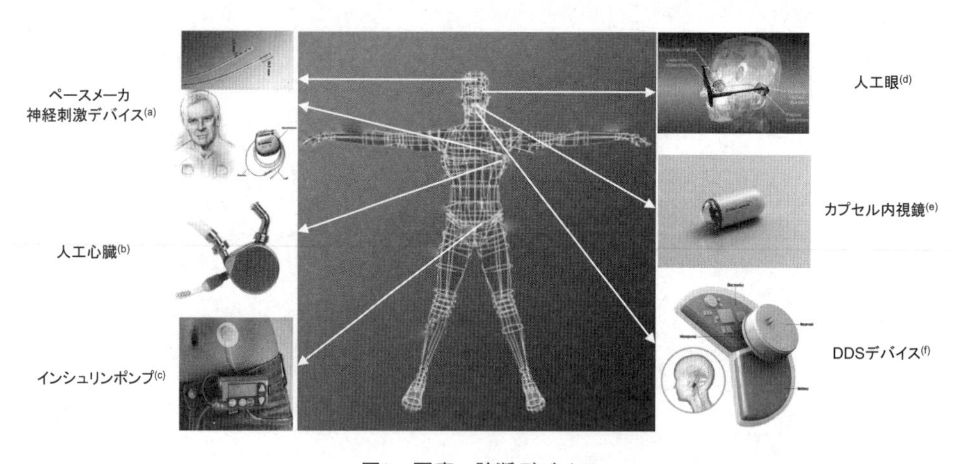

図1 医療・診断デバイス

(a)Medtronic Inc, (b)Terumo Heart Inc, (c)Medtronic Inc, (d)The boston retinal implant project, (e)Olympus Co, (f)Massachusetts eye and ear

※文献［*Front. Energy Power Eng. Chin.*, **2**, 1-13 (2008)］の図より修正

＊1 Takeo Miyake 東北大学 大学院工学研究科 バイオロボティクス専攻 助教

＊2 Syuhei Yoshino 東北大学 大学院工学研究科 バイオロボティクス専攻 博士課程学生

＊3 Matsuhiko Nishizawa 東北大学 大学院工学研究科 バイオロボティクス専攻 教授

表1　電源の種類とその特徴

エネルギー源		変換	代表例	電流［mA］	電圧［V］	電力密度［μW cm^{-2}］	安定性	寿命	生体適合性	小型化
化学	(希少)材料	金属電極	リチウム電池[3]	10^{-3}～10^{3}	3.5	—	◎	○	×	△
	体液など	酵素電極	酵素電池[4]	～30	～0.8	～1450	○	△	◎	◎
力学	筋収縮運動など	圧電素子	酸化亜鉛[5,6]	0.01～0.1	1～10	3～7	×	◎	○	◎
熱	体温	熱電素子	導電性金属酸化物[5,6]	10～25	～1.0	86～225	△	◎	○	◎

り，電池のサイズや基本性能（電力や寿命など）によって機器の構造や応用形態が制限されてきた。また，安全性への不安が付きまとう化学電池の構成材料も，使途用途を限定する要因となる。一方で，人体が有するエネルギー（熱，振動，バイオ燃料など）を利用する発電は，小型化・生体適合性・低コストなどの点で魅力的であり，安全性や柔軟性に優れる電源デバイスとして医療電子機器への応用が期待されている。これらバイオエネルギー発電には，バイオセンシングやバイオサーマル制御などの付加機能を持たせ得ることもあり，従来の“電源＝デバイスを動作させるための動力源”に留まらない“機能を持った動力デバイス”としての期待が高い。また，このようなバイオエネルギー発電の研究開発は，環境発電（エネルギーハーベスト）ともリンクしており，その方面からの積極的な取り組みと大きな進展も期待される。表1に現時点での各電源の性能と特徴を酵素電池の比較として取り挙げたが，酵素電池は，概ね電池出力の安定性と生体適合性の点で優れており，医療分野での応用が期待される。ところで，日本工業規格（JIS）によると，医療用一般機器による人体への通電は最大10 mAに制限されており，人体と直接触れ合うバイオエネルギー発電には，この値を目安に開発する姿勢も必要である。

本節では，医療用酵素電池の歴史を振り返り，代表的な研究例を取り挙げながら課題を抽出するとともに，今後の展望を述べる。

2.2　医療用酵素電池開発の経緯と現状

安全性と信頼性を重視する医療分野においては，酵素電池の“圧倒的な安全性”を活かした“体液からの直接発電”に対する期待が常に高く，バイオ電池の研究自体を牽引してきた。このような酵素電池に関するモノづくりの歩みは，電極材料[7～9]，酵素固定化[10～13]，セル構造[14,15]，MEMS技術を取り込んだ機構[16,17]などの開発であり，生体特有の拒絶機構や体液成分の特性などへの配慮も必要とする独特の技術開発の歴史である。

体液発電の実績は，酵素ではなく金属触媒を利用するグルコース電池の開発からスタートした。1970年，Drakeらは数ヶ月間にわたる発電（数μW cm^{-2}）が可能であることを犬の体内で実証した[18]。当時は，専らペースメーカなどの体内深部に埋め込むデバイスを想定しており，つまりは，

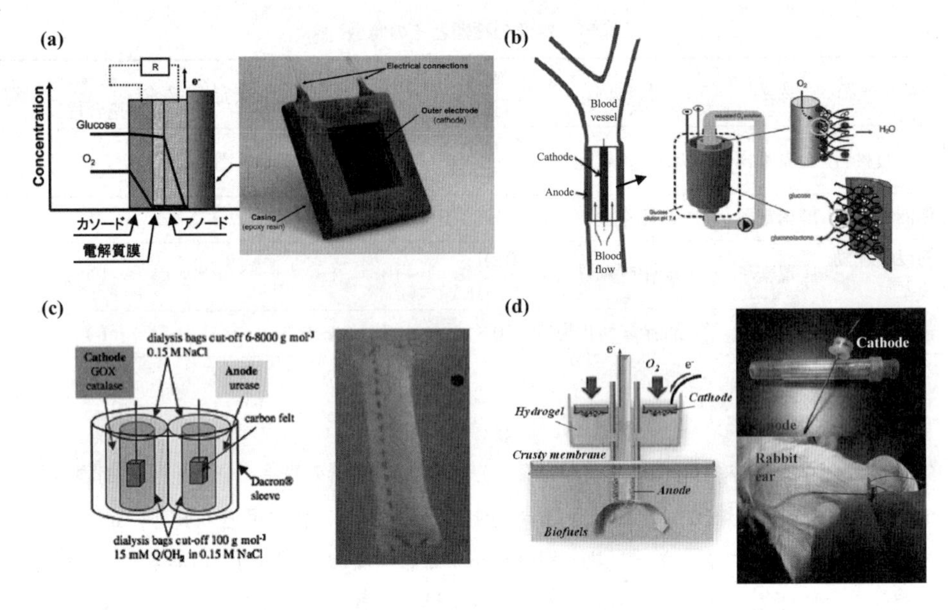

図2　医療用酵素電池の試作

(a)ペースメーカ用，(b)血管用，(c)腹腔内用，(d)経皮刺入用
((a)，(b)，(c)はそれぞれ，文献20，14，15から承諾を得て転載)

体液に含まれる3.6～5.8 mMグルコース（糖尿病患者：5.0～7.2 mM）[19]と0.1 mM酸素（動脈中，静脈・皮下組織：0.04 mM）を燃料として利用する試みであり，深部のため外科的手術も前提であった。このような金属触媒を用いるグルコース電池は，近年でも盛んに研究され続けており，図2(a)に示すようなセル構造の改良によって，金属触媒の反応選択性の低さを補い小型化への道筋を示した成果も出始めているが[20]，希少材料を用いる点で同等である化学電池との差別化に課題が残る。

対して酵素を電極触媒とするバイオ電池の開発と応用研究は，19～20世紀に進展した酵素の発見や機能解析[21]を経て，21世紀に入り活発となる。酵素ならではの反応選択性を活かしたシンプルな電池構成で，金属触媒に比して格段に大きな出力（数mA，数mW）が*in vitro*（体外）では得られるようになった[4,8,12]。並行して，*in vivo*（体内）での利用を想定した酵素電池の設計も行われている。Habriouxらは，血管に埋め込むための中空管タイプの酵素電池を開発している[14]（図2(b)）。理論的な最大電流密度2 mA cm^{-2}程度（血管の直径：0.4 cm，グルコース濃度：5 mM，血流速：10 cm s^{-1}と仮定）[21]は得られていないが，実際に試作したセル構造に特徴がある。Cinquinらは，腹腔部への埋め込みに適した酵素電池として，透析膜の袋でパッケージングされたものを試作している[15]（図2(c)）。しかしながら一方で，*in vivo*では電池性能が僅か数日程度で急速に低下することが分かってきている。これは，血中成分であるハロゲンイオン，尿酸，ビタミンCなどによる酵素の失活が原因とされ，その対策がいよいよ重要である[22,23]。これまでに報告された対策例としては，ビタミンCを分解する酵素を電極上に一緒に固定しておく工夫や[10]，ハロゲンイオンが酵素に悪影響を及ぼすサイトを明らかにし，そこへ高分子を結合させる取り組み[11]などがある。こうした酵素電極やセル構造の改良などによって，生理環境での電池性能にも改善の兆しが見え始めているが，体内深部での利用に求められる10年以上もの電池寿命を実現する目処は立っていないのが現状である。

一方で，図1に示したように多様化した医療電子機器は，体内深部だけでなく，むしろ皮下に埋植する術後経過観察用のデバイスや，体外から経皮刺入するDDSデバイスやインシュリンポンプなどに拡大しており，そこでは，短期利用に適した使い捨て電池の需要が大きい。現在市販されているインシュリンポンプ（MAXIM社）では，0.6～2Vの入力電圧，数十μA～数mAの電流で常時駆動する回路が組まれており，現状は市販の単3アルカリ電池1本で約3～10週間持続する。これらデバイスの電源仕様には，酵素電池でも対応可能であり，環境・生体親和性に優れる酵素電池を利用する意義は容易に見出せるはずである。図2(d)は，筆者らが試作した経皮刺入用の酵素電池である。構成材料（ニードル，血栓コーティング剤，電極など）は，既に医療応用の実績があるものを極力使用している。まだ改良の途中ではあるが，ウサギの耳（静脈，12 mM グルコース）から130 μW cm^{-2}（at 0.56 V）程度の出力が再現性良く得られる。さらに，刺入針の小型化とアレイ化によって，皮膚に貼って使用する酵素電池の開発も進めている。

2.3　酵素電池を支えるナノ・マイクロ技術

酵素の優れた反応選択性によってセパレータや燃料精製が不要な酵素電池は，極めて小型化に向いた電源である。前述したように，医療応用においても，使い捨て用途の小型バイオ電池が当面の開発ターゲットである。本項では，ナノ・マイクロ加工技術によって小型酵素電池の構造を制御し，酵素電池の魅力増幅と弱点補強を目指す取り組みを紹介する。

2.3.1　自動バックアップシステム

医療分野に限らず，酵素電池の実用の前には耐久性（寿命）の問題が立ちはだかる。この酵素電池の弱点をMEMS技術による電池システムの特殊構造で補う試みが「自動バックアップシステム」である。図3(a)のコンセプト図のように，単セルが出力低下するタイミングに合わせて，保存状態に合った新しい電極を次々に露出させることにより，基準値以上の電力を長期間維持するしくみである。酵素電池では，酵素の反応選択性のために逆反応が起き難く，それ由電圧の異なる電池の並列化も可能だと考えた。

試作したデバイス（図3(b)）[16]は3層構造であり，層間の連結孔を塞ぐ磁性プラスチックの蓋は，生分解性フィルム（Poly(lactic-co-glycolic acid)(PLGA)）で貼り付けてある。1層目に燃料溶液を注入すると発電が開始するとともにPLGAの分解が進行し，しかる後に2層目の発電のスイッチが入る仕掛けである。蓋に練り込む磁性微粒子の量とPLGAの分子量の組み合わせで，スイッチングのタイミングを数十時間から数週間という広い範囲で設定可能であった。PLGAの接着には，高圧CO_2ガスによる融着法を利用しており，これは酵素にダメージを与えない重要な

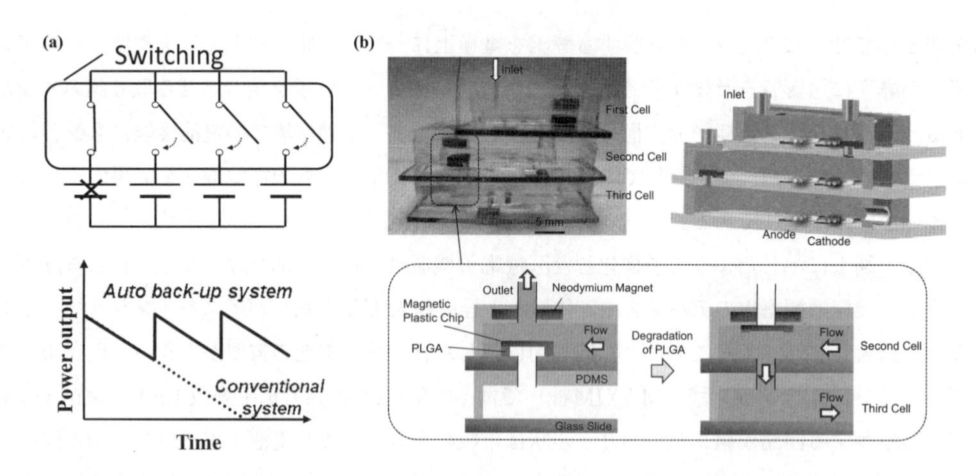

図3 (a)自動バックアップのコンセプト，(b)セル構造

接合技術である。

2.3.2 直列化システム

酵素電池単セルの電圧は1V以下であり，実用の際には積層（直列つなぎ）による昇圧が必要である。しかしながら，体液など「イオン伝導性が高い燃料溶液」を用いる酵素電池では，セル単位で絶縁した上での直列化が特に必要となる。単純な直列化の例を図4(a)に示す。予め金属配線を作製した基板上に，PDMSのパーティションで溶液を区切ることで，酵素電池6個をアレイ化した。設計どおりに6倍の回路電圧を得たが，燃料溶液はピペットで各セルに注入され，燃料溶液の交換もセル個々に行う必要があり，明らかに実用性を欠く構造である。

そこで，燃料溶液の導入時に電池間が自動的に絶縁される機構の開発に取り組んだ（図4(b)）[17]。流路内に配列した電池のつなぎ目に，蓮の葉の表面構造を真似た凸凹（マイクロピラーアレイ）による超撥水性（接触角>150°）の表面構造を造り込んでおき，外部から浸入する気泡によって絶縁するしくみである。凸部の太さと間隔を変えて撥水性を系統的に評価し，太さ・間隔ともに

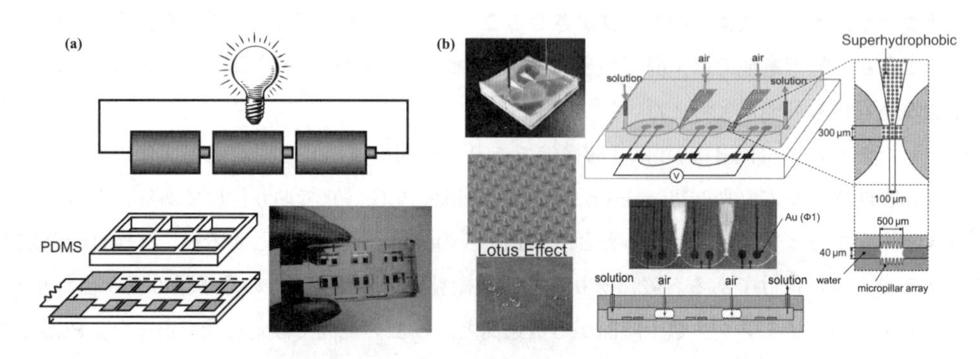

図4 (a)バッチ式電池アレイ，(b)自動エアバルブシステムによる直列化

15 μmで安定な超撥水性が得られると分かった。3組の酵素電池を配列した流路に燃料溶液を注入した際の回路電圧の推移を計測した結果，空気バルブによって自動的に絶縁化され，単セルの3倍の出力電圧が確認できた。

2.3.3　フレキシブルな貼る酵素電極

電池の柔軟性は，生体との親和を実現する上で重要な要素である。一般に酵素電極は，カーボンペーストを支持電極上に塗り固め，そこへ酵素を固定して作製されるが，粉末状カーボンの凝集体であるため機械的応力に弱く脆い。最近，我々は，新規ナノ構造体であるCNTF（第2章3節を参照）の内部空間へ酵素を高密度配列固定させた自立フィルムを作製し，酵素電極として良好に機能することを示しているが（図5）[12]，これは，支持体を必要としない柔軟な酵素電極フィルムである。実際にLEDデバイスのリード線にこの酵素電極フィルムを巻き付け，果糖溶液中にリード部のみを浸漬することで，LEDを点滅させることに成功している。この際，フィルムを巻き付けることによる酵素活性の低下は見られなかった。将来的に，「巻き付け」によるニードルタイプの刺入用酵素電池への応用と，「貼り付け」による交換可能な使い捨て電極シートとしての利用が期待できる。

2.4　おわりに

医療革新への国民の期待と変遷する医療ニーズに呼応して，医療技術や機器開発の推進が加速

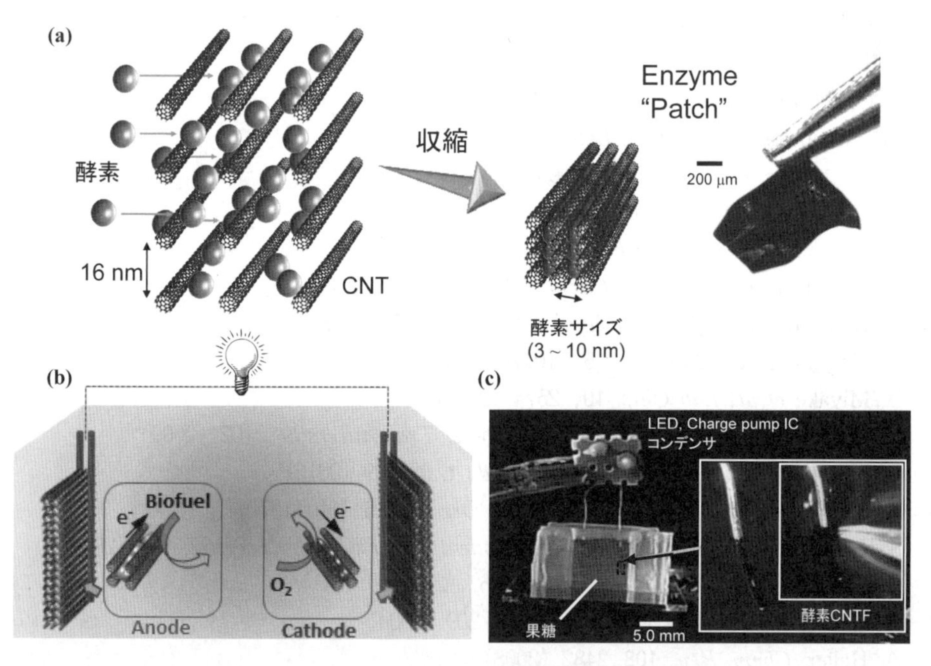

図5　フレキシブルな貼る酵素電極
(a)酵素包含プロセス，(b)電池構成，(c)LED点灯試験

し始めた21世紀，学際研究としての酵素電池の躍進が目立つ。その取り組みは，概ね出力性能の改善であり，体外での利用においてはmW級の電力を１週間程度持続する酵素電池ができ始めている。体液の成分によって酵素が失活するため，体内深部での長期利用は未だ無理といわざるを得ないが，短期使用と使い捨てを想定できる応用においては，環境・生体親和性に優れるバイオ電池の出番は多いはずである。また，ナノ・マイクロ微細加工技術の積極的な利用による電池性能のさらなる飛躍も期待できる。こうしたバイオ発電の取り組みに加え，酵素電極によるセンシング機能などを付加的に搭載した新たな動力デバイスの開発を推し進めることが，従来の電源との差別化や医療応用における特色に繋がると思われる。酵素電池の特徴を最大限に活かすモノづくりの進展によって，“圧倒的に安全”な酵素電池が身近で利用できる日を待ち望んでいる。

文　　献

1）新成長戦略 ～「元気な日本」復活のシナリオ～，首相官邸（2010年6月）
2）科学技術と社会に関する世論調査，内閣府（2010年1月）
3）URシリーズ，三洋電機
4）H. Sakai *et al., Energy Environ. Sci.*, **2**, 133 (2009)
5）J. Paulo *et al.*, Proc. of the World Congress on Engineering (2010)
6）桑野博喜ほか，エネルギーハーベスティング技術の最新動向，シーエムシー出版（2010）
7）S. Tsujimura *et al., Electrochem. Commun.*, **12**, 446 (2010)
8）F. Gao *et al., Nature Commun.*, **1**, 2 (2010)
9）M. Tominaga *et al., Chem. Lett.*, **39**, 976 (2010)
10）X. Li *et al., Fuel Cells*, **1**, 85 (2009)
11）Y. Beyl *et al., Electrochem. Commun.*, **13**, 474 (2011)
12）T. Miyake *et al., J. Am. Chem. Soc.*, **133**, 5129 (2011)
13）T. Takami *et al., Ind. Eng. Chem. Res.*, **49**, 6394 (2010)
14）A. Habrioux *et al., J. Electroanal. Chem.*, **622**, 97 (2008)
15）P. Cinquin *et al., PLOS one*, **5**, e10476 (2010)
16）T. Miyake *et al., Lab Chip*, **10**, 2574 (2010)
17）M. Togo *et al., Digest of Technical Papers, Transducers09*, 2102 (2009)
18）P. Rai *et al., J. Nanotech. Engineer. Med.*, **1**, 021009 (2010)
19）R.F. Drake *et al., Amer. Soc. Artif. Int. Organs.*, **16**, 199 (1970)
20）S. Kerzenmacher *et al., Digest of Technical Papers, Transducers07*, **125** (2007)
21）S. C. Barton *et al., Chem. Rev.*, **104**, 4867 (2004)
22）A. Heller, *Phys. Chem. Chem. Phys.*, **6**, 209 (2004)
23）A. Heller, *Chem. Rev.*, **108**, 2482 (2008)

3　直接電子移動型バイオ電池

辻村清也*

3.1　直接電子移動型の酵素機能電極反応

直接電子移動（Direct Electron Transfer, DET）型の酵素電極反応を用いたバイオ電池（図1）はメディエータを電極に修飾する必要がなく非常にシンプルな電池構成を可能にし，工程面やコスト面での利点も大きい。環境や安全面においても優位性がある。また，酵素の酸化還元電位によって反応の進行する電位が決定され，酵素ーメディエータ間の電子移動がない分，電圧のロスも小さくできる。しかし，メディエータ型電子移動（Mediated Electron Transfer, MET）型反応系に比べて，利用できる酵素や電極が圧倒的に少ない，過電圧が大きい，電流密度が小さいという課題がある。このことは，酵素ー電極間の長距離電子移動と関連している。酵素ー電極間の長距離電子移動距離と速度の関係は次式で表され，電子移動距離が遠くなるにつれて，指数関数的に速度が低下する[1,2]。

$$k^{\circ}=k^{\circ}_{\max}\ \exp\{-\beta(d-d^{\circ})\} \quad (1)$$

$k^{\circ}_{\max}$，d°，dは，それぞれ最大界面電子移動速度（s^{-1}），最大速度となるときの酸化還元中心と電極間の距離，酸化還元中心と電極間の距離を表す。βは減衰係数であり，電子が通過する媒体としてのタンパク質の伝導性を表し，およそ11 nm^{-1}が報告されている。例えば，0.21 nmという僅かな電子移動距離の変化により，界面電子移動速度は10倍変わってくる。多くの酸化還元酵素の活性中心は，絶縁性のタンパク質あるいは糖鎖の殻に厚く覆われているため，電極とは容易に電子授受できない。そのため，酸化還元酵素と電極との間の直接電子移動を実現するには，タンパ

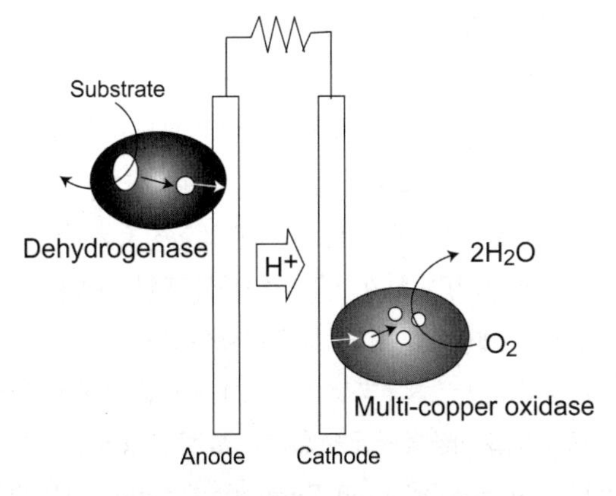

図1　直接電子移動型バイオ電池

* Seiya Tsujimura　筑波大学　大学院数理物質科学研究科　物性・分子工学専攻　准教授

ク質の酸化還元部位が酵素表面近傍に存在していることが望ましい。電極との電子移動だけでなく，酵素反応が同時に進行する状況を考えると，基質反応部位と電極反応部位が異なり，両者が分子内電子移動によって結ばれている酵素は，電極上に吸着した状態で進行する直接電子移動型酵素電極触媒反応に適していると考えられる。このような酵素として，キノンやフラビンのような反応物を酸化する反応部位とヘムや鉄硫黄クラスターのような電子受容体（酸化剤）を還元する反応部位を別々に持つ脱水素酵素や，酸素と結合し水に還元する部位と電子供与体から電子を受け取る部位が異なるオキシダーゼなどが挙げられる。しかし，電子移動反応可能な酵素でも，吸着配向性や酵素の構造安定性の問題で，吸着した酵素のすべてが反応できるとも限らない。電子移動反応抵抗が大きい場合には十分な電流を得るために大きな過電圧を必要とし，電池には利用できない場合もある。バイオ電池への応用という観点でみると，電極と直接電子移動できる酵素は非常に限られている。

“電池として現実的な速度で”酵素―電極間電子移動できるかは酵素だけの問題ではなく，電極の特性，電極と酵素の相互関係も非常に重要になる。ナノスケールでの構造特性や表面化学特性が重要な因子となるが，その詳細な反応機構は明らかではない。酵素や電極の構造や表面特性などの多くの因子と反応性との関係を定量的に評価し，理解を深める必要がある。酵素の分子あたりの活性は，無機触媒に比べて2～3桁ほど高いが，平板電極に酵素を単分子層で密に吸着させた場合でも，電流密度は高くない。それは酵素の分子体積が無機錯体に比べて非常に大きい上に，適切な配向性が必要となるので，直接電子移動反応に関与できる酵素の表面濃度が圧倒的に少ないことに起因する。適切な構造および表面を有する多孔質電極（マイクロ・ナノスケールの構造規制材料およびその電極表面化学修飾）を利用することで有効な酵素濃度を増加できれば，幾何表面積あたりの電流密度を上昇させることが可能となり，電池などの応用の展望が開けてくる。

3.2　カソード：マルチ銅酸化酵素

酸素を電子受容体とする酸化還元酵素は酸化酵素（オキシダーゼ）と呼ばれ，一部の酵素は酸素を水まで4電子還元することができ，過酸化水素などの反応中間体を遊離することもない。こうした酵素の中で，電池への応用が期待されるのがマルチ銅オキシダーゼ（MCO）である。MCOとしてラッカーゼやアスコルビン酸オキシダーゼ，ビリルビンオキシダーゼ（BOD），CueO，CotA，SLAC（small laccase）などが知られており，電子供与性基質に対する選択性が非常に広く，多くの酵素において酵素―電極間で直接電子移動反応が報告されている[3,4]。1970年代後半にはすでにソ連の研究グループによって，カーボンブラック（すす）様の炭素素材にラッカーゼを吸着させた電極で1 mA cm^{-2}ほどもの高い酸素還元触媒電流密度が報告されている[5]。真菌由来のラッカーゼを高配向熱分解黒鉛（Highly Oriented Pyrolytic Graphite, HOPG）電極などに吸着させると，酵素反応律速となる酸素還元電流が観測される。ケッチェンブラックやカーボンゲルといった多孔質電極を用いると，8000 rpmという非常に速い電極回転速度において，酸素の拡散律速となる10 mA cm^{-2}もの非常に大きな電流密度が観察される[6]。*Trametes*属由来のラッカーゼのタ

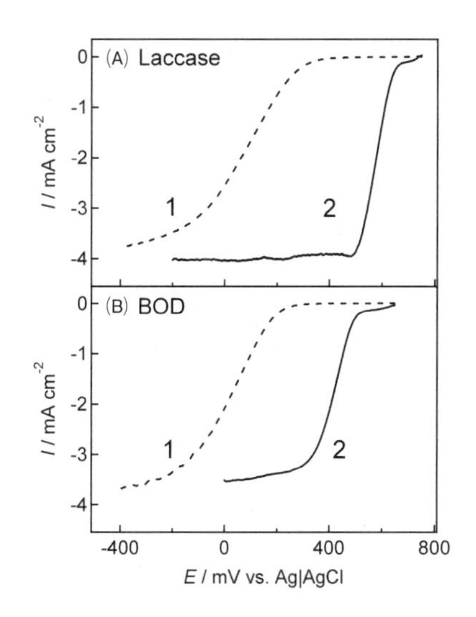

図2　白金ディスク電極（カーブ1）とMCO吸着カーボンゲル修飾電極（カーブ2）
(A)ラッカーゼ修飾電極（pH 5），(B)ビリルビンオキシダーゼ修飾電極（pH 7）
（文献6より引用）

イプ1銅の酸化還元電位は0.58 V（電位はすべて塩化銀電極を基準とする）であり，0.6 V付近から酸素還元電流が観測される。pH 5における酸素／水の標準電位は0.73 Vであるので，酸素4電子還元反応の電位のロスは非常に小さくなっている。実際，この酵素修飾電極を用いpH 5で2000 rpmで測定した回転電極ボルタモグラムの半波電位は，白金ディスク電極の場合に比べて0.5 Vも正側となっている（図2(A)）。酵素は速度論的，熱力学的に非常に優れた電極触媒であることがわかる。ただし，この種のラッカーゼは弱酸性領域でしか働かないという欠点がある。

一方，*Trachderma tsunodae*や*Myrothecium verrucaria*から見つかったBODをHOPGなどの平板電極に修飾すると弱酸性から中性において酸素還元電流が観測できる[7]。これによりアノードの選択肢が増え，多様な電池を作製できるようになった。また，BODの分子サイズを考慮した多孔性炭素材料（22 nmの細孔径を有するカーボンゲル）にBODを吸着させたところ，中性条件下において酸素供給が律速となる大きな触媒電流を得ることができた[6]。BODを吸着させた回転多孔質炭素電極での酸素還元の触媒電流（pH 7）を，同条件で白金ディスク回転電極を用いた場合と比較して図2(B)に示す。BOD吸着電極で観測された半波電位（最大電流の半分に達する電位）は，白金電極のそれに比べて0.4 Vも正である。酸素の還元電流の立ち上がり電位は酵素の電位に依存しており，BODの場合は0.46 Vと同種の酵素に比べ比較的高い電位を有している。*Bacillus*由来のCotAもビリルビンオキシダーゼ活性を示し，ビリルビンオキシダーゼに分類されることもある。DET活性を有しているが，タイプ1銅の電位はそれほど高くない（0.23 V）。しかし，高い耐熱性を示し，比較的高い温度で作動するバイオ電池への応用が期待される。

CueO（Cu efflux oxidase）は大腸菌で見つかった銅の恒常性に関わるMCOの一つである。CueO

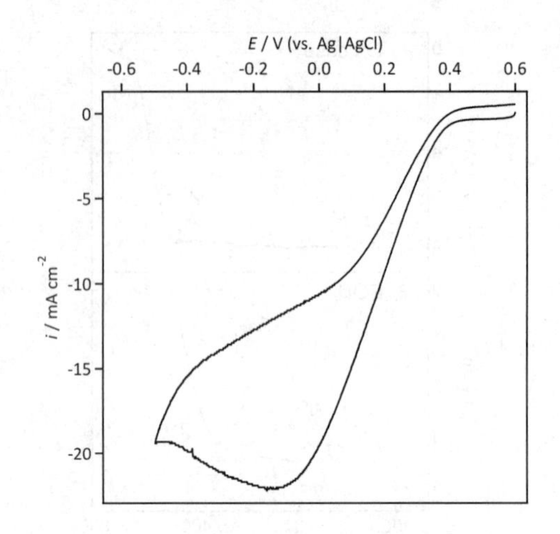

図3　ガス拡散電極を用いた酸素還元反応

テフロンを結着剤に用いたケッチェンブラック電極に触媒としてCueOを吸着させて用いている。
pH 5 クエン酸緩衝液，掃引速度 20 mV s^{-1}（文献10より引用）。

の電極触媒特性は，高い安定性と弱酸性から中性の広い領域で極めて高いDET活性を有していることである。HOPG電極に吸着させた場合，約2000 rpmまで回転数を上げても酸素の供給律速となるという非常に高い活性を示す[8)]。ただし，タイプ1銅の電位が低く（0.26 V），電池に応用しても高い出力は期待できない。タンパク質工学的手法を活用し，タイプ1銅周辺のアミノ酸を置換し電位をコントロールさせる試みがなされている[9)]。

これまで報告されてきたMCOを用いたバイオカソードはすべて電解質溶液に溶存している酸素を利用していた。しかし，酸素の溶存濃度が低く，溶液中での拡散が遅いために，酵素電極反応速度が十分に速い場合には，電極表面近傍の酸素が枯渇し，酸素供給律速となる。そこで，筆者らは酸素供給速度の向上を目指し気相中の酸素を利用するガス拡散型バイオカソードを開発してきた[10)]。酵素にはCueOを用い，炭素微粒子にはケッチェンブラックを用い，炭素微粒子を結びつける結着剤には速やかな酸素供給が期待できる疎水的なポリエチレンテレフタレートを用いている。炭素と結着剤を適当な割合で混合したものをカーボンペーパー上に塗布し，乾燥後，酵素を吸着固定させたものを電極として用い，20 mA cm^{-2} もの高い電流密度を達成している（図3）。

3.3　アノード酵素

バイオ電池では，糖，アルコール，アミン，水素など，生物がエネルギー源として使えるものは原理上すべて燃料として用いることができる。しかし，燃料の酸化反応を触媒する酵素反応で直接電子移動型として報告されているのは，数が限られている。

3.3.1　ヒドロゲナーゼ

クリーンなエネルギー変換デバイスとして水素を燃料に利用した燃料電池が注目されている。

固体高分子形燃料電池では，水素酸化と酸素還元の両方の触媒に白金が用いられており，燃料が混じらないように隔膜で区切るなどの工夫がなされている。白金は価格の高騰，枯渇，被毒による失活など問題を抱えており，代替触媒として水素の酸化，プロトンの還元を触媒する酵素，ヒドロゲナーゼが注目を集めている。筆者らは，酵素反応の基質選択性に注目し，酵素を電極触媒に利用する水素―酸素バイオ電池（MET型）を提案した[11]。水素の酸化反応を担うヒドロゲナーゼは，一般的に酸素や一酸化炭素によって失活するために，電極触媒として用いるのは容易ではなく，隔膜が必要となる。しかし，酸素や一酸化炭素耐性が高い*Ralstonia eutropha*由来の膜結合型ヒドロゲナーゼが新たに見つかり，Armstrongらは酸素を用いた隔膜のない水素―酸素燃料電池を報告している[12]。ラッカーゼカソードと組み合わせた電池の起電力は約1Vと非常に高いが，平板電極（熱分解黒鉛電極）を用いているために，電流値は非常に小さく出力は5 μW cm^{-2}程度である。酸素耐性のあるヒドロゲナーゼは他にも見つかっており，中でも大腸菌由来の膜結合型ヒドロゲナーゼは，電極触媒としての安定性および活性が高く，酸素耐性ヒドロゲナーゼを用いた燃料電池のモデル酵素として注目されている[13]。熱分解黒鉛電極を用い，数百μW cm^{-2}の電流密度が得られており，ビリルビンオキシダーゼと組み合わせた電池は，アノード，カソードの間にナフィオン®膜を入れた場合，60 μW cm^{-2}に達しているが，膜がない一室型で作動させた場合では，出力は酸素／水素分圧に依存し，水素分圧が高いときには，電池の出力はカソードが律速となり最大出力は10 μW cm^{-2}であった。今後の電極材料や電池システムを改良することで出力は伸びる可能性はある。

3.3.2　セロビオースデヒドロゲナーゼ

セロビオースデヒドロゲナーゼは木材腐朽菌が菌体外に出す酵素であり，その電気化学的応用について，スウェーデンのGortonらのグループが積極的に研究開発を進めている[14]。本酵素はフラビンアデニンジヌクレオチド（flavin adenine dinucleotide，FAD）とヘムを有しており，FADで糖を酸化し，電子はヘムを介し電極に移動する。ヘムの電位は，－50 mV付近である。多くのセロビオースデヒドロゲナーゼは，セロビオースのみならず，グルコースやラクトースも酸化でき，大変魅力的である。これまでグルコースを基質とするDET型酵素は知られていないために大きな期待が集まっている[15]。Gortonらは，本酵素をアノードに用い，カソードにラッカーゼを用いた弱酸性で働く電池[16]や，カソードにビリルビンオキシダーゼを用いた中性の緩衝液および血清中で働く電池[17]を発表している。直接電子移動反応を利用しているので，起電力はメディエータ型に比べれば高く，それぞれ0.73 V，0.62 Vであるが，電極には黒鉛の平板電極を用いているために，数μW cm^{-2}である。電池材料を最適化することで，出力の向上が見込まれる。

3.3.3　フルクトース脱水素酵素

本酵素は酢酸菌の膜結合型酵素であり，フルクトースとの反応はフラビンで行われ，そこで受け取った電子は，分子内電子移動によりもう一つの酸化還元中心であるヘム*c*部位へ移る。生体内ではこのヘム*c*部位で，膜内に存在する電子受容体であるユビキノンに電子が渡される。（診断薬用酵素として）市販されており，多くの研究者にDET反応のモデル酵素として利用されている。本酵素は様々な金属や炭素電極上に吸着し，直接電子移動反応を示す[18]。また，ケッチェンブラックを修飾した多孔質電極を利用することにより，図4(A)に示すように，フルクトース脱水素酵素により触媒されるフルクトースの電極酸化反応として，10 mA cm^{-2} にも達する大きな電流密度を達成している[19]。ただし，ケッチェンブラックなどの素材への吸着は，非常に遅く，触媒電流が最大値に達するには数時間以上要する。その理由として，電極の微細構造による障壁や，酵素可溶化剤として添加されている界面活性剤による影響などが考えられる。また，図4(A)に示すように触媒電流の立ち上がりは，ヘム c の酸化還元電位（39 mV）付近であり，ヘム c 部位で電極と電子移動していることが示唆される。フルクトース脱水素酵素はpH 5付近での活性が最も高いので，同じくpH 5付近で機能し，タイプ1銅の酸化還元電位が最も正なマルチ銅酵素として，*Trametes*属由来のラッカーゼをカソード触媒に用いた。ラッカーゼを多孔性炭素電極カーボンゲルに吸着させ，カソードとした[20]。両極に酵素を修飾した電極を用いた直接電子移動型のフルク

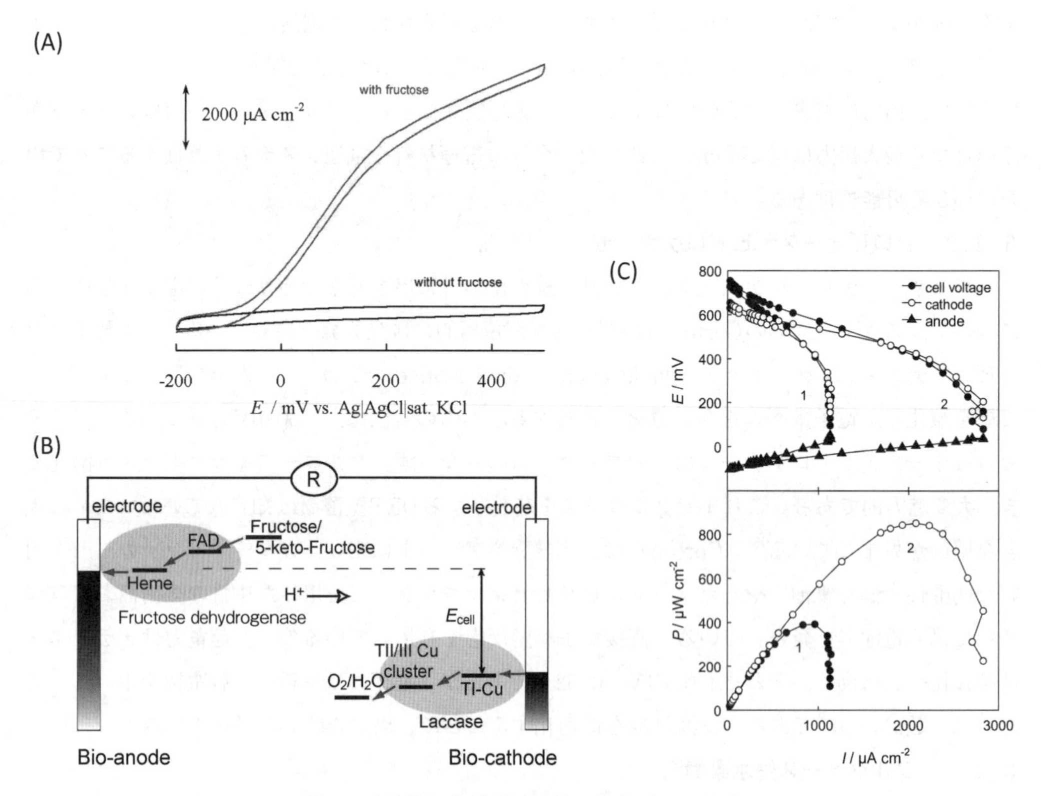

図4　直接電子移動型の果糖ー酸素バイオ電池

(A)FDH修飾ケッチェンブラック電極によるフルクトースの酸化反応

(B)電池反応スキーム

(C)電池の電流ー電圧曲線；(1)静止条件，(2)攪拌条件

（文献19，20より引用）

トース—酸素バイオ電池は，アノードとカソードの２本の酵素修飾電極をフルクトース溶液に挿入するだけで作動する。フルクトース脱水素酵素に作用できる電子供与体はフルクトースだけであり，ラッカーゼに作用できる電子受容体は酸素だけである。隔膜を隔てることなく両極を同一溶液に浸しても発電できる。開回路電圧は約0.8Ｖと高い。静止条件下では，カソード反応が律速となり，出力は小さいが，溶液を攪拌し酸素供給を促すと，最大電流密度はおよそ３mA cm^{-2}になり，最大出力は0.85 mW cm^{-2}（@0.4Ｖ）に達した（図４(C)）。ただし，スターラーで溶液を攪拌させている状況においても，カソードにおける酸素の拡散が律速である。先述の酸素の物質輸送を向上させるガス拡散型カソードを用いることで出力の向上が見込まれる。

炭素のみならずサイズおよび表面をコントロールした金ナノ粒子からなる多孔質材料も利用できる。金ナノ粒子を用いる利点は，サイズのみならず，チオール分子を表面に修飾することで容易に電極表面特性を制御できることにある。ビリルビンオキシダーゼおよびフルクトースデヒドロゲナーゼを用い，より中性に近いpH６で作動する電池が報告されている[21)]。出力は，0.87 mW cm^{-2}と高く，この場合も酸素の拡散が律速となっている。また，2011年，西澤らによって，フィルム状カーボンナノチューブにフルクトースデヒドロゲナーゼとラッカーゼを固定化したアノード，カソードからなる電池が発表された[22)]。出力密度は1.8 mW cm^{-2}と高い。カーボンナノチューブの間に酵素が効率よく固定化されているようである。この電池は高い安定性を有しており，１日の連続運転でも出力は16％しか減少していない。このように固定化方法の改良や酵素自身の安定性の向上により，電池の出力や耐久性が向上することが期待される。

3.3.4　その他

ピロロキノリンキノン（Pyrroloquinoline quinone, PQQ）依存性アルコールデヒドロゲナーゼ，PQQ依存性アルデヒドデヒドロゲナーゼも，分子内にヘムを有しており電極との直接電子移動が可能であり[23)]，エタノールなどアルコールを燃料とした電池を作製することができる。また，Minteerらはこれら酵素の基質特異性の低さに注目し，グリセロールの多段階酸化を実現し，電池の容量密度の向上を報告している[24)]。酢酸菌由来のグルコン酸デヒドロゲナーゼもFADとヘムを有する膜結合型酵素であり，電極との直接電子移動活性を示す酵素である[25)]。ヘムと電極が反応し，立ち上がりの電位は，－0.05Ｖ付近である。平板の金電極では４μA cm^{-2}の触媒電流が得られ，ケッチェンブラックからなる多孔質電極を用いることで，１mA cm^{-2}に電流値は増加する（未発表）。グルコースの２電子反応と組み合わせることで，グルコースの４電子酸化反応系を構築することができる。

文　　献

1）R. A. Marcus and N. Sutin, *Biochim. Biophys. Acta,* **811**, 265（1985）

2) H. B. Gray and J. R. Winkler, *Proc. Natl. Acad. Sci. USA*, **102**, 3534 (2005)
3) S. Shleev, J. Tkac, A. Christenson, T. Ruzgas, A. I. Yaropolov, J. W. Whittaker, and L. Gorton, *Biosens. Bioelectron.*, **20**, 2517 (2005)
4) T. Sakurai, and K. Kataoka, *Chem. Rec.*, **7**, 220-229 (2007)
5) M. R. Tarasevich, A. I. Yaropolov, V. A. Bogdanovskaya, and S. D. Varfolomeev, *J. Electroanal. Chem.*, **104**, 393 (1979)
6) S. Tsujimura, Y. Kamitaka, and K. Kano, *Fuel Cells*, **7**, 463 (2007)
7) S. Tsujimura, T. Nakagawa, K. Kano, and T. Ikeda, *Electrochemistry*, **72**, 437 (2004)
8) Y. Miura, S. Tsujimura, Y. Kamitaka, S. Kurose, K. Kataoka, T. Sakurai, and K. Kano, *Chem. Lett.*, **36**, 132 (2007)
9) Y. Miura, S. Tsujimura, K. Kurose, Y. Kamitaka, K. Kataoka, T. Sakurai, and K. Kano, *Fuel Cells*, **9**(1), 70-78 (2009)
10) R. Kontani, S. Tsujimura, K. Kano, *Bioelectrochemistry*, **76**(1/2), 10-13 (2009)
11) S. Tsujimura, M. Fujita, H. Tatsumi, K. Kano and T. Ikeda, *Phys. Chem. Chem. Phys.*, **3**, 1331 (2001)
12) K. A. Vincent, J. A. Cracknell, O. Lenz, I. Zebger, B. Friedrich and F. A. Armstrong, *Proc. Natl. Acad. Sci. USA*, **102**, 16951 (2005)
13) A. F. Wait, A. Parkin, G. M. Morley, L. d. Santos, F. A. Armstrong, *J. Phys. Chem.*, **114**, 12003-12009 (2010)
14) R. Ludwig, W. Harreither, F. Tasca, L. Gorton, *ChemPhysChem*, **11**, 2674-2697 (2010)
15) 糖鎖を除去したグルコースオキシダーゼがDET活性を示すことや，CNTなどのナノ構造を有する電極を利用することでグルコースオキシダーゼやデヒドロゲナーゼがDET活性を示す事例が報告されている。
16) V. Coman, C. Vaz-Dominguez, R. Ludwig, W. Harreither, D. Haltrich, A. L. De Lacey, T. Ruzgas, L. Gorton, S. Shleev, *Phys. Chem. Chem. Phys.*, **10**, 6093 (2008)
17) V. Coman, R. Ludwig, W. Harreither, D. Haltrich, L. Gorton, T. Ruzgas, S. Shleev, *Fuel Cells*, **10**, 9 (2010)
18) T. Ikeda, F. Matsushita, and M. Senda, *Biosens. Bioelectron.*, **6**, 299 (1991)
19) Y. Kamitaka, S. Tsujimura, and K. Kano, *Chem. Lett.*, **37**, 218 (2007)
20) Y. Kamitaka, S. Tsujimura, N. Setoyama, T. Kajino, and K. Kano, *Phys. Chem. Chem. Phys.*, **9**, 1793 (2007)
21) K. Murata, K. Kajiya, N. Nakamura and H. Ohno, *Energy Environ. Sci.*, **2**, 1280-1285 (2009)
22) T. Miyake, S. Yoshino, T. Yamada, K. Hata, M. Nishizawa, *J. Am. Chem. Soc.*, **133**, 5129-5134 (2011)
23) T. Ikeda, D. Kobayashi, F. Matsushita, T. Sagara, and K. Niki, *J. Electroanal. Chem.*, **361**, 221-228 (1993)
24) R. L. Arechederra, and S. D. Minteer, *Fuel Cells*, **9**, 63-69 (2009)
25) S. Tsujimura, T. Abo, K. Matsushita, Y. Ano, and K. Kano, *Electrochemistry*, **76**(8), 549-551 (2008)

4 PEFC型バイオ電池

田巻孝敬[*1]，山口猛央[*2]

4.1 はじめに

バイオ電池で触媒に用いられる酵素は，従来の固体高分子形燃料電池（PEFC）で用いられる貴金属触媒とは異なり，反応物の選択性が高い。一般にPEFCでは触媒に特異性がないため，カソードへ燃料が，あるいはアノードへ酸素が到達すると，それぞれ本来の電極反応とは異なる副反応が起こり，電圧降下を引き起こす。このため，PEFCでは燃料および酸素が混合しないように，隔膜としてプロトン伝導性電解質膜が用いられる。これに対して，バイオ電池では反応物の選択性が高い酵素の特徴を活かして，隔膜を用いずにセルを構築し，燃料と酸素が共存する状態での発電が可能である[1~4]。隔膜を用いないシンプルなセル構成はバイオ電池の魅力の一つといえ，現状の出力密度でも駆動可能な機器への展開が検討されている。

一方，生体に安全・安心な燃料が利用できるバイオ電池の応用先としては，人に近い場所で作動するポータブル型機器や医療補助具，また未来の医療用ロボットなど，現状より高い電流密度・出力密度が要求される機器も挙げられる。これらの機器で用いるバイオ電池の開発のコンセプトは，微小電流で駆動可能な機器を想定した場合とは異なる。酵素電極の高電流密度化へ向けては，多孔質電極の利用（第3章6節）などの研究が行われているが，電池全体として高出力化を達成するためには，カソードの酸素拡散律速を解消するための気相での酸素供給の実現や，マルチスタック化や大面積化へ向けた成型加工性の確保が求められ，隔膜を用いたバイオ電池が適している。また，隔膜の利用により，両極で用いる酵素の至適条件が大きく異なる場合に，両極の反応条件を個別に設定することも可能となる。本節では，PEFC型バイオ電池として，隔膜と電極を接触させた構成で発電を行っている研究を取り挙げる。PEFC型バイオ電池の研究は現在までのところ数例に限られている[5~10]が，それらの研究のセル構成と実際の開発例を示す。またPEFC型バイオ電池によって実現が可能となる気相酸素供給バイオカソードについても示す。

4.2 セル構成

PEFC型バイオ電池は図1に示すように，アノードと隔膜とカソードが一体化したセルで構成される。

これまでに報告されているPEFC型バイオ電池では，アノードあるいはカソードのどちらかで貴金属触媒が使われている例が多い。この場合，隔膜で燃料および酸素ガスの透過を抑制する必要があるため，従来のPEFCと同様に，プロトン伝導性電解質膜であるNafion®が用いられている[5~9]。一方で，両極で酵素電極を用いたバイオ電池では，緩衝液が浸潤できるセロハン膜が用いられている[10]。いずれの隔膜を用いた場合でも，アノードで生成したプロトンは，隔膜を伝導し，カソ

＊1　Takanori Tamaki　東京工業大学　資源化学研究所　助教
＊2　Takeo Yamaguchi　東京工業大学　資源化学研究所　教授

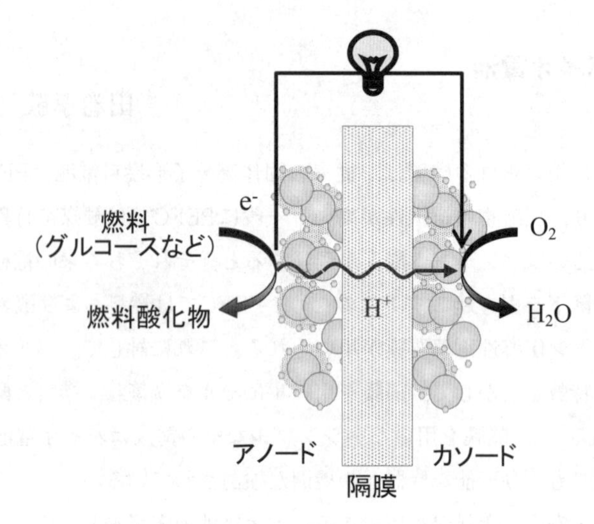

図1　PEFC型バイオ電池のセル構成

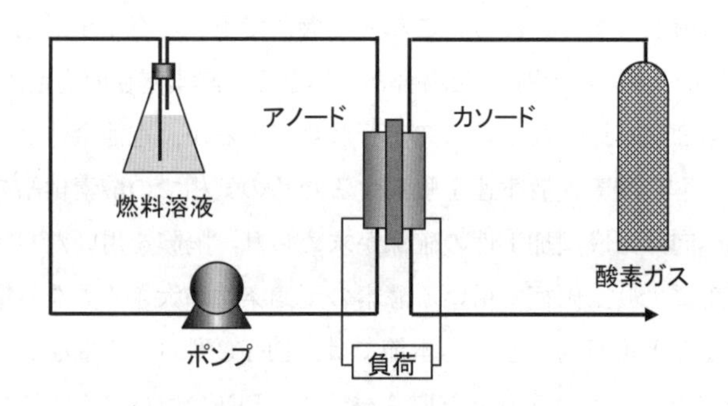

図2　PEFC型バイオ電池の評価装置の一例

ードで酸素と反応する。

従来のPEFCでは電極と隔膜間の接触抵抗を軽減するために熱圧着（ホットプレス）を行うが，PEFC型バイオ電池では，酵素が熱により失活する可能性がある。そこで，酵素電極に耐熱性を特別に付与していない場合には，隔膜と酵素電極をセットしたセルをネジなどで締め付けることにより接触させている。

PEFC型バイオ電池の評価装置の一例を図2に示す。燃料（グルコースなど）溶液や酸素をセルへ供給する方法は，図2に示すようにポンプなどの補機を用いるアクティブ型と，補機は用いずに燃料溶液をアノードと，空気をカソードと接触させて自然の浸透，拡散，対流などにより供給するパッシブ型の2つの形式が報告されている。

発電特性の評価としては，電流一電圧曲線（I-V曲線）の測定が行われる。発電特性は，酵素電極反応に加え，隔膜および各電極内の物質移動過程が関係している。また，取り出す電流密度によって支配的な因子が変化するため，発電特性のみからPEFC型バイオ電池の性能を解析することは困難である。このため，各電極および隔膜の特性評価と合わせた律速段階の解明が必要である。

4.3　開発例

PEFC型バイオ電池の開発は表1へ示すように行われている。以下では各開発例について示す。

Minteerらは，Nafionを4級アンモニウムでイオン交換することでNafionのクラスターの孔径と数を制御し，アルコールデヒドロゲナーゼなどの酵素を固定化すると，140℃で25分間熱処理を行っても活性の低下がみられないことを報告している[11]。この改質Nafion固定化酵素とポリメチレングリーンをメディエータに用いたアノードを，Nafion117膜と白金担持カーボン（Pt/C）から成るカソードと組み合わせてPEFC型バイオ電池を構築した[5]。電極に耐熱性が付与されているため，ホットプレスにより電極とNafion膜を接着している。なお，アノードで用いられているNafionは酵素固定化用の担体として用いられており，従来のPEFCでプロトン伝導体として電極へ導入されるNafionとは役割が異なる。また，PEFC型バイオ電池としての報告例は学会要旨のみにとどまり，その後の報告ではH型セルを用いた評価が行われている。

Bartonらはラッカーゼとオスミウム錯体をメディエータ部位に有するレドックスポリマーをカーボンペーパーへ固定化したカソードと，Nafion1135膜，Pt/Cあるいは白金ールテニウム担持カーボンブラック（Pt-Ru/C）とを組み合わせている[6,7]。アノードへ供給する燃料は水素（触媒はPt/C），あるいはメタノール（触媒はPt-Ru/C）である。従来のPEFCでアノードへ直接メタノールを供給する場合，メタノールがNafion膜をクロスオーバーしてカソードのPt上で反応することで，電圧の低下とカソード反応の阻害が起こることが問題であるが，反応の選択性を有する酵素・ラッカーゼを用いた場合にはクロスオーバーしたメタノールによる電圧低下は避けられ，開放起電力（OCV）0.8 V，最大電流密度4 mA cm^{-2}が得られている。また，水素を供給した場合，OCVは1.1 V，最大電流密度は6 mA cm^{-2}であった。この研究では，カソードへの酸素供給方法についても検討が行われており，酸素あるいは空気を飽和させた緩衝液を2つの流路形状のセルへ供給している。その結果，サーペンタイン流路（図3(a)）に比べて，交差流路（図3(b)，interdigitated

表1　PEFC型バイオ電池の開発例の概要

燃料	アノード触媒	隔膜	カソード触媒	酸素供給方法	文献
エタノール	アルコールデヒドロゲナーゼなど	Nafion117	白金	気相	5)
水素 メタノール	白金 白金ールテニウム	Nafion1135	ラッカーゼ	液相，気相	6,7)
グルコース	グルコースオキシダーゼ	Nafion115	白金	気相 （パッシブ）	8)
グルコース	グルコースオキシダーゼ	Nafion112	白金	気相	9)
グルコース （パッシブ）	グルコースデヒドロゲナーゼ， ジアホラーゼ	セロハン	ビリルビン オキシダーゼ	気相 （パッシブ）	10)

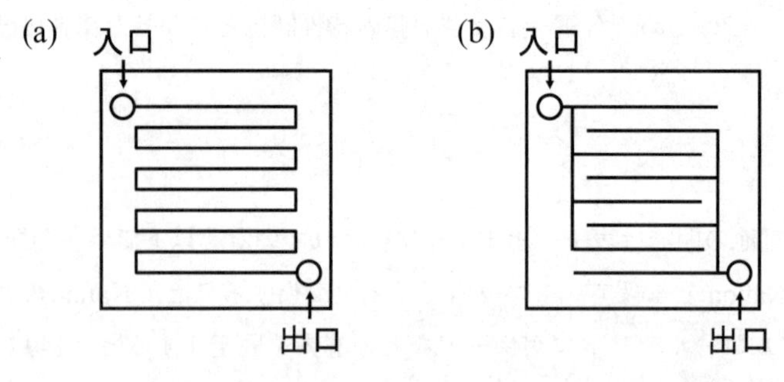

図3　流路の例
(a)サーペンタイン流路，(b)交差流路

flow）の方が高い電流密度が得られており，交差流路では酸素飽和溶液の供給速度に依存しない反応律速の領域が観察されている[6]。さらに，カソードへの酸素の気相供給も検討されており，ガス流量などの条件を検討した結果，加湿した酸素ガスを供給した場合には，性能低下が抑制された。また，20時間後の性能低下率は液相に飽和させて供給した場合が18%（初期の82%が保持）であったのに対し，気相供給では30%であった。気相供給の系における性能低下の主な要因はカソードのゲルの乾燥に伴うプロトン伝導性の低下であることが指摘されている[7]。

Kim，Haらは，カーボンナノチューブへグルコースオキシダーゼ（GOx）を化学的に結合した上で，さらにGOxを架橋させることで酵素クラスターを形成し，カーボンフェルト電極へ固定化したアノードを，Nafion115膜と白金黒のカソードと組み合わせて，PEFC型バイオ電池とした。アノードのメディエータにはベンゾキノンを用い，グルコース溶液へ溶存させてセルへ供給しており，カソード側はパッシブ型の“air-breathing”タイプのセル構成である。性能としては，OCV 0.32 V，最大出力密度120 μW cm^{-2}，最大電流密度約1.5 mA cm^{-2}が得られている。また，アノードへ供給する溶液が緩衝液の場合は初期の3時間で劇的な性能低下が観察されたのに対し，グルコースとメディエータのみを含む水溶液を供給した場合には初期性能こそ劣るものの，15時間程度にわたり比較的安定な性能が得られた。劇的に性能低下したセルに関して，カソードとNafion膜の接合体を交換した場合には性能が回復したことから，Nafion膜のプロトンが緩衝液に含まれるカチオンとイオン交換したことにより，膜のプロトン伝導性が低下したことが性能低下の原因と考えられている。ただし，緩衝能を持たない水溶液を供給しているため，試験中のpHは酵素活性の至適値ではない点が課題として挙げられている[8]。

著者らは，ビニルフェロセンを含むレドックスポリマーをグラフト重合したカーボンブラックから成るGOx固定多孔質電極（第3章6節）をアノードに用い，Nafion112膜とPt/Cのカソードで PEFC型バイオ電池を構築した。アノードにグルコース水溶液，カソードに酸素ガスを供給して室温で電池試験を行った結果を図4に示す[9]。アノードへプロトン伝導体であるNafionを導入していないセルで得られた電流密度は，酵素電極の特性のみを評価したCV測定で得られた酸化電流密度より一桁程度小さい値であった。この原因を検討するために，アノードにおける溶液中

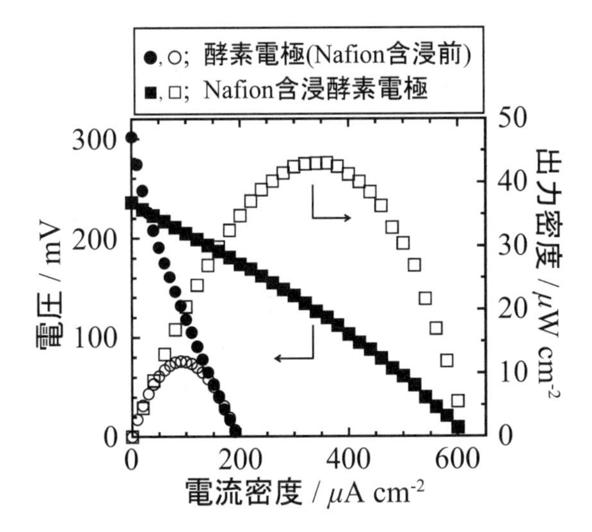

図4　PEFC型バイオ電池の電池試験結果
(アノード：ビニルフェロセンを含むレドックスポリマーをグラフト重合したカーボンブラックから成るグルコースオキシダーゼ固定多孔質電極，カソード：白金担持カーボンブラック，隔膜：Nafion112膜)[9]

のプロトン伝導率をNernst-Einstein式より求め，電極の厚みなどを考慮して電極中の溶液のプロトン伝導律速となる電流密度を計算したところ，pH 4において$10^2 \mu A\ cm^{-2}$のオーダーとなったことから，溶液中のプロトン伝導が律速段階である可能性が考えられた。そこで，アノードへNafionを導入した電極を作製し，電池試験を行った。試験では緩衝液ではなく，水溶液を供給したため，Nafionの強酸性によりNafion周辺では局所的にpHが低下し，酵素の一部が失活する可能性が考えられたが，本系では固体電解質のモデル物質としてNafionを用いた。その結果，電流密度および出力密度が増加した。これは，Nafionの導入により酵素電極中のプロトン伝導が改善したためと考えられる。しかし，先述のように，固体電解質として加えたNafionを導入した電極ではNafionの強酸性により酵素の一部が失活している可能性が考えられる。燃料や酸化剤の溶液にプロトンキャリアとなる物質を加え，かつ電解質溶液で両電極が接続されている系では，プロトンキャリア濃度（緩衝液濃度）の増加によりプロトン伝導を確保することも可能である。一方で，触媒や電解質を全て固体で構成した全固体PEFC型バイオ電池の場合，すなわち，プロトンキャリアを外部から供給しない場合には，酵素活性を保ち，かつプロトン伝導性を付与した電極の開発が必要であり，酵素電極自体の高電流密度化と合わせて検討が必要である。なお，得られたOCVは0.3 V以下と低い値にとどまっているが，これはメディエータに用いたビニルフェロセンの酸化還元電位が他のメディエータと比べて高いためである。酸化還元電位がより低いメディエータとしては，キノン化合物やオスミウム錯体が挙げられる。著者らは，ヒドロキノン誘導体をカーボンブラック上のグラフトポリマーへ固定化できることを示しており[12]，OCVの改善は可能と考えられる。

PEFC型バイオ電池として，両極で酵素を用いた唯一の研究は，ソニーと京都大学の共同研究として発表されている[10)]。アノードには，NAD依存性グルコースデヒドロゲナーゼとジアホラーゼを，メディエータとともにポリアクリル酸とポリ-L-リシン（PLL）のポリイオンコンプレックスによりカーボンファイバーへ固定化した電極を用い，カソードではビリルビンオキシダーゼと$K_3[Fe(CN)_6]$をPLLでカーボンファイバーへ固定化した電極を用いた。隔膜としてセロハン膜を用い，アノードへ供給した緩衝液が隔膜を経てカソードへ浸潤するシステムとなっており，プロトンは緩衝液を介してカソードへ伝導する。カソードは空気と接した“open-air”なタイプであり，パッシブ型の発電システムである。緩衝液濃度の最適化などにより，最大電流密度は11 mA cm^{-2}という高い値が得られており，OCVは0.8 V，最大出力密度は1.5 mW cm^{-2}と報告されている[10)]。さらに，マルチスタック化することで，ラジコン車やメモリータイプのウォークマンが作動することが示されており，実用化へ向けた一歩として注目を集めている。

4.4　気相酸素供給バイオカソード

PEFC型バイオ電池の一つの利点として，カソードへ気相で酸素を供給できる点が挙げられる。酸素の水溶液中の飽和濃度は気相濃度と比較すると数％以下であり，拡散係数は4桁程度低い[7)]。このため，水溶液中のバイオカソードの評価では酸素の拡散律速が問題となっていた。一方，酵素は乾燥条件下では容易に失活することから，気相での酸素供給は報告されてこなかった。しかし，最近のPEFC型バイオ電池の開発の進展に伴い，気相酸素供給バイオカソードが検討されるようになってきた。

図5へバイオカソードへの気相酸素供給の方式の一つである，パッシブ型の空気拡散セルの模式図を示す。空気拡散セルは，電極の片側が空気と接しており，他方は電解質溶液[13)]，あるいは電解質溶液が浸潤した隔膜[10)]と接している。カソードの構築の際に，疎水的なバインダーを用いることで，ガスが供給されるチャネルを形成するとともに，電解液の気相への漏出を防ぐことができる。疎水的なバインダーとしては，リチウムイオン電池や従来のPEFCで用いられているpoly(vinylidene difluoride) やpoly(tetrafluoroethylene) が検討されている。空気拡散セルを用いた測定では，バイオカソードを酸素あるいは空気飽和緩衝液へ浸した“sink-type”セルの測定と比較して高い電流値が得られており，またsink-typeセルでみられた酸素の枯渇に伴う電流密度の減少は空気拡散セルではみられなかった[10,13)]。また，バインダーの種類，電極中のバインダー比率，緩衝液濃度の最適化により，20 mA cm^{-2}の電流密度が得られている[13)]。

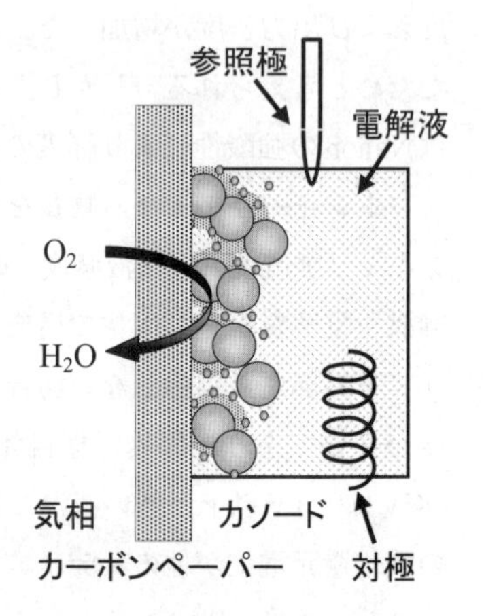

図5　空気拡散セルの模式図
（文献13をもとに作成）

また，前項で示したようにBartonらはアクティブ型の気相酸素供給バイオカソードを報告しており，乾燥ガスを供給した際には性能低下がみられたのに対し，ガスを加湿することで性能低下の抑制が可能であることを示している[7]。

酵素の乾燥耐性に関しては，PLLなど水を保持するハイドロゲルの利用により，乾燥耐性が向上することが報告されており[14]，ガスチャネルを形成する疎水的バインダーと，酵素の乾燥耐性を担保する保水材を適切に組み合わせることで，さらなる性能向上も期待される。

4.5　おわりに

本節では，PEFC型バイオ電池として隔膜と電極を接触させた電池構成で発電を行っている開発例と，PEFC型バイオ電池の利点といえる気相酸素供給バイオカソードについて示した。PEFC型バイオ電池では，アノードとカソードの両極の反応だけではなく，隔膜および両極内の物質移動など複数の反応拡散過程が関与するため，性能の解釈は単純ではない。したがって，様々な要因を考慮して律速段階を解明し，性能向上へとつなげていく必要がある。現在までのところPEFC型バイオ電池の報告例の数は限られており，両極で酵素を用いた研究は1例にとどまっている。しかし，今後の高出力密度化へ向けた検討の中で，酸素の供給律速の解消が可能で，マルチスタック化が容易といった特性を活かしたPEFC型バイオ電池の研究開発が必要とされるものと考えられる。

文　　献

1) E. Katz *et al.*, *J. Electroanal. Chem.*, **479**, 64 (1999)
2) T. Chen *et al.*, *J. Am. Chem. Soc.*, **123**, 8630 (2001)
3) Y. Kamitaka *et al.*, *Phys. Chem. Chem. Phys.*, **9**, 1793 (2007)
4) M. Togo *et al.*, *J. Power Sources*, **178**, 53 (2008)
5) N. L. Akers *et al.*, *Abstr. Pap. Am. Chem. Soc.*, **226**, U573 (2003)
6) N. S. Hudak *et al.*, *J. Electrochem. Soc.*, **152**, A876 (2005)
7) N. S. Hudak *et al.*, *J. Electrochem. Soc.*, **156**, B9 (2009)
8) M. B. Fischback *et al.*, *Electroanalysis*, **18**, 2016 (2006)
9) T. Tamaki *et al.*, *Ind. Eng. Chem. Res.*, **45**, 3050 (2006)
10) H. Sakai *et al.*, *Energy Environ. Sci.*, **2**, 133 (2009)
11) C. M. Moore *et al.*, *Biomacromol.*, **5**, 1241 (2004)
12) T. Tamaki *et al.*, *J. Phys. Chem. B*, **111**, 10312 (2007)
13) R. Kontani *et al.*, *Bioelectrochemistry*, **76**, 10 (2009)
14) S. Tsujimura *et al.*, *J. Electroanal. Chem.*, **576**, 113 (2005)

5　バイオセンサへの応用
～酵素燃料電池型バイオセンサから自立型バイオセンサへ～

山崎智彦*1，早出広司*2

5.1　はじめに

生物燃料電池は，金属触媒を用いた水素燃料電池と異なり，アノードの生体触媒を選択することで，様々な物質を燃料とすることができる。特に触媒として酵素を用いる酵素燃料電池は，燃料となる基質を選択的かつ効率的に電気エネルギーに変換できること，作動条件が微生物電池とは異なり微生物の生育状態によって制限されないことから，利用範囲が広い。特に，体液（血液，細胞間質液）中のグルコースなどの体内物質を燃料として作動させることで，生体内で発電できる小型電池として応用することができ，ペースメーカーに代表される体内埋め込み型医療機器の電源として期待されている。

一方で，酵素燃料電池は，バイオセンサのデバイスとしての応用が可能である。図1に酵素燃料電池の出力（電圧，電流，電力）と燃料である基質濃度の関係を示した。酵素燃料電池ではアノードに固定化された酵素の基質の酸化反応より電気エネルギーを得る。電力源としての酵素燃料電池の応用を考えた場合，出力を一定に保つために，出力が燃料である基質の濃度に依存しない濃度範囲，すなわち高濃度範囲にて運転する必要がある。基質がその濃度よりも低濃度である場合は，酵素燃料電池の出力は基質の濃度に依存する。すなわち，ある一定範囲の基質濃度においては酵素燃料電池の出力を検知すれば基質の濃度を測定することができる。したがって，酵素

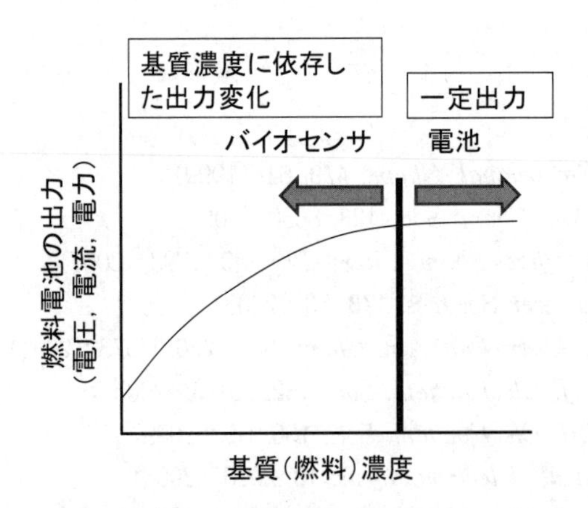

図1　酵素燃料電池の基質（燃料）濃度と出力との関係

＊1　Tomohiko Yamazaki　㈱物質・材料研究機構（NIMS）国際ナノアーキテクトニクス研究拠点（MANA）ナノバイオ分野生体機能材料ユニット　生命機能制御グループ　MANA研究員

＊2　Koji Sode　東京農工大学　大学院工学府　生命工学専攻／産業技術専攻　教授

燃料電池はバイオセンサとして応用が可能である。酵素燃料電池型バイオセンサは，電位を印加して測定するアンペロメトリ型の酵素センサと比較して，電位を印加するポテンショスタット回路を必要としない，という特徴がある。この特徴により，必要な回路を減らせることからセンサの小型化や低コスト化のメリットがある。また，出力は酵素反応のみから得られ，サンプル中の夾雑物質による影響がほとんどないというメリットがある。

本節では，酵素燃料電池の研究開発の中で，酵素燃料電池を応用したバイオセンサについて現在までの報告を紹介する。また，酵素燃料電池型バイオセンサの特徴を活かした，“stand-alone”，“self-powered“である自立型バイオセンサについてその構成，測定原理，センサとしての特性を筆者らの研究成果を中心に説明する。

5.2　酵素燃料電池型バイオセンサ

糖尿病患者の増加に伴い，糖尿病患者の血糖値をより詳細に把握することのできる連続血糖測定（Continuous glucose monitoring：CGM）に対する社会的ニーズが高まっている。CGMシステムは血液を試料とするのではなく，皮下の細胞間質液を対象として１～３日間，連続的に血糖を計測するシステムである。糖尿病の方の血糖管理のプログラム，薬剤投与の指標あるいは低血糖の頻度・時期の把握などで活用されている。現在市販されているCGMシステムはアンペロメトリの酵素センサにより測定するものである。体外で使用するアンペロメトリの酵素センサは，血液中のグルコースと特異的に反応するグルコース酸化還元酵素によって，生じた電子を人工電子メディエータに渡し，これを電極上で一定の電位のもとで還元することで得られる電流を計測する。しかしながら有機金属錯体を含む人工電子受容体は毒性を示すことから，人工電子受容体を体内で用いることが難しく，CGMにおいては過酸化水素検出あるいは酸素検出を同じくアンペロメトリで計測する酵素電極法が採用されている。この方法では，電極への一定電位を印加するためのポテンショスタットならびにその制御系が必要であり，センサ応答はその制御系を介して出力される電流値を解析してはじめて，計測が可能となる。

先にも紹介したように，酵素燃料電池はある一定範囲の基質濃度においてはその出力が基質の濃度に依存し，バイオセンサとして応用することができる。酵素燃料電池については現在まで，非常に多くの研究が報告されているが，酵素燃料電池を用いたバイオセンサの報告は少ない。酵素燃料電池型センサは2001年のイスラエルのI. Willnerらの研究グループにより報告されたのが初めてである。彼らは，グルコース酸化酵素（Glucose oxidase：GOD）と乳酸脱水素酵素（Lactate dehydrogenase：LDH）をアノード用触媒とした酵素燃料電池を“self-powered”酵素燃料電池型センサとして報告した[1]。センサの構成を図２に示す。酵素と電極間での電子伝達を行う補酵素を電極表面に共有結合により固定することで，隔壁のない酵素燃料電池を構築した。この酵素燃料電池の開回路電圧が，燃料であるグルコースもしくは乳酸濃度変化に伴い変化することを示した。すなわち，燃料電池の起電力は電池内の基質濃度に依存しており，起電力値を測定することにより，基質であるグルコースもしくは乳酸濃度を検知できることを示した。さらに，酵素燃料

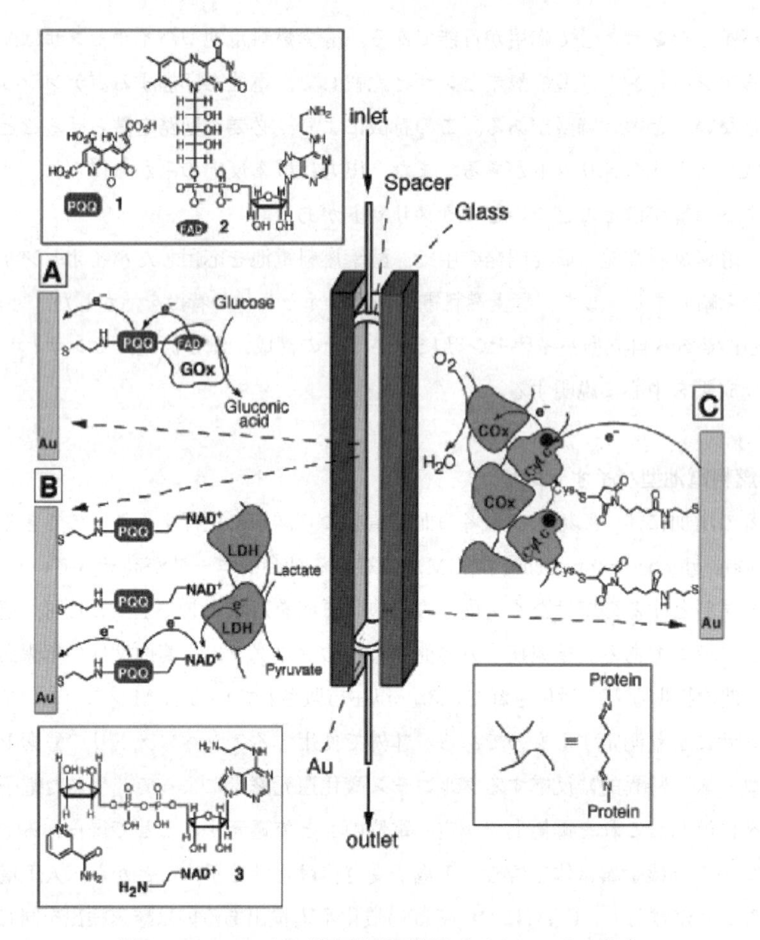

図2　I. Willnerらの酵素燃料電池型バイオセンサの構成

(A)グルコース酸化酵素を用いた補酵素固定アノード電極，(B)乳酸脱水素酵素を固定した補酵素固定アノード電極，(C)グルコース酸化酵素一チトクロムc固定カソード電極。(A)と(C)の組み合わせで酵素燃料電池型グルコースセンサ，(B)と(C)の組み合わせで酵素燃料電池型乳酸センサ（文献1からの引用）。

電池型センサを阻害剤検出“self-powered”センサに用いる報告が最近報告された。S. Dongらのグループは，シアン化合物[2]，水銀イオン[3]の検出に燃料電池型酵素センサを応用した。彼らは，アノード・カソードに固定化した酵素の反応阻害による出力の減少を指標にシアン化合物，水銀イオンを検出した。S. Minteerらのグループは，GODをアノードに用いた酵素燃料電池を構築し，金属キレート剤のエチレンジアミン四酢酸（ethylenediaminetetraacetic acid：EDTA）の濃度を測定するセンサを構築した[4]。GODの阻害剤であるCu^{2+}を添加して酵素反応を阻害させ出力がない状態から，燃料電池中のEDTA濃度が増加するにしたがい，酵素の活性中心に結合しているCu^{2+}が遊離し酵素が再活性化されることにより，出力が増加する。この増加を指標に，EDTAの濃度を測定できる。

現在までに報告されている酵素燃料電池においては，酵素から電極への電子移動は，測定溶液中に溶解している人工電子受容体，補酵素，金属錯体を介して行われている。もしくはこれらの物質を電極表面に固定化した状態で用いられている。人工電子受容体はその毒性から生体内での使用に適していないため，体表に装着して，常時，血糖を測定することを目的としている体内埋め込み型の燃料電池型酵素センサへの適用が制限されている。この問題を解決するために，人工電子受容体を電極上に固定化することにより，人工電子受容体の漏洩を避け，小型化を図っているが，非常に複雑な構成の電極を必要としていた。

筆者らは，電極との直接電子移動が可能である補酵素結合型耐熱性グルコース脱水素酵素をアノード触媒として用いた酵素燃料電池を開発した[5,6]。*Burkholderia cepacia* SM 4 株由来グルコース脱水素酵素（Glucose dehydrogenase：GDH）は，フラビンアデニンジヌクレオチド（flavin adenine dinucleotide：FAD）を補酵素とする補酵素結合型耐熱性グルコース脱水素酵素である。FADGDHは，3つのサブユニットから構成される。それぞれ，FADを補酵素とし，触媒活性を有する約60 kDaのαサブユニット，3つのヘムを有するcytochrome *c*を含む電子伝達にかかわる約43 kDaのβサブユニット，およびαサブユニットが活性を有した状態で発現するために必要な約18 kDaのγサブユニットである[7,8]。筆者らは，FADGDH構造遺伝子をクローニングし，大腸菌での組換え発現を報告している[9,10]。またこれまでに本FADGDHを用いたメディエータ型グルコースセンサ[11]，さらに電子伝達サブユニットであるβサブユニットを有することで本酵素複合体が電極と直接電子移動を起こすことを示し，本酵素複合体を用いた外部電子受容体を必要としない直接電子移動型グルコースセンサを構築した。

筆者らは，電極との直接電子移動が可能であるFADGDHをアノード用触媒としカーボンペーストを電極材料とし，カソードは白金電極とした直接電子移動型酵素燃料電池を構築し，酵素燃料電池型グルコースセンサに応用した[5]。直接電子移動型酵素燃料電池の構成を図3に示す。本FADGDHを用いることで，外部電子受容体を必要としないことから，隔壁のいらない燃料電池の構築が可能である。筆者らは，酵素燃料電池の小型化のために，新たにアノード・カソード一体型酵素燃料電池用の電極を設計・製作した（図4）。同電極は直径3 mmのセラミック管であり，外筒には白金がコートされカソード極として用いる。また，セラミックチューブの直径2 mmの孔の内部には白金線を環状に配置している。このセラミックチューブの孔にカーボンペーストとともに酵素を充填し，アノード極とする。構築した酵素燃料電池は40 mMグルコース存在下で，400 kΩの負荷をかけたときに最大電力が得られ，その値は約0.11 Vにおいて0.030 μW（0.42 μW cm^{-2}）であった。さらに，図4に示すワイヤレス送受信機およびデータ解析装置と組み合わせ連続血糖センシングシステムを開発した。本ワイヤレスセンシングシステムでは，酵素燃料電池の開回路電圧は直接，シグナル増幅なしに送信用ユニットに入力する。得られた開回路電圧値は送信用ユニットから受信用ユニットへ送信され，接続したコンピュータ上で本システム用に開発されたソフトウェアにより表示される。まず，グルコース濃度上昇，減少に伴う開回路電圧の変化を測定した。直接ならびにワイヤレスでシグナルを外部機器に送信して得られた結果を図5

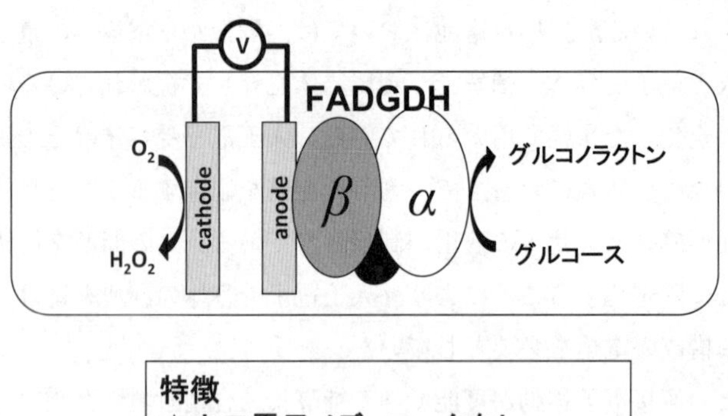

図3　FADGDHを用いた直接電子移動型酵素燃料電池

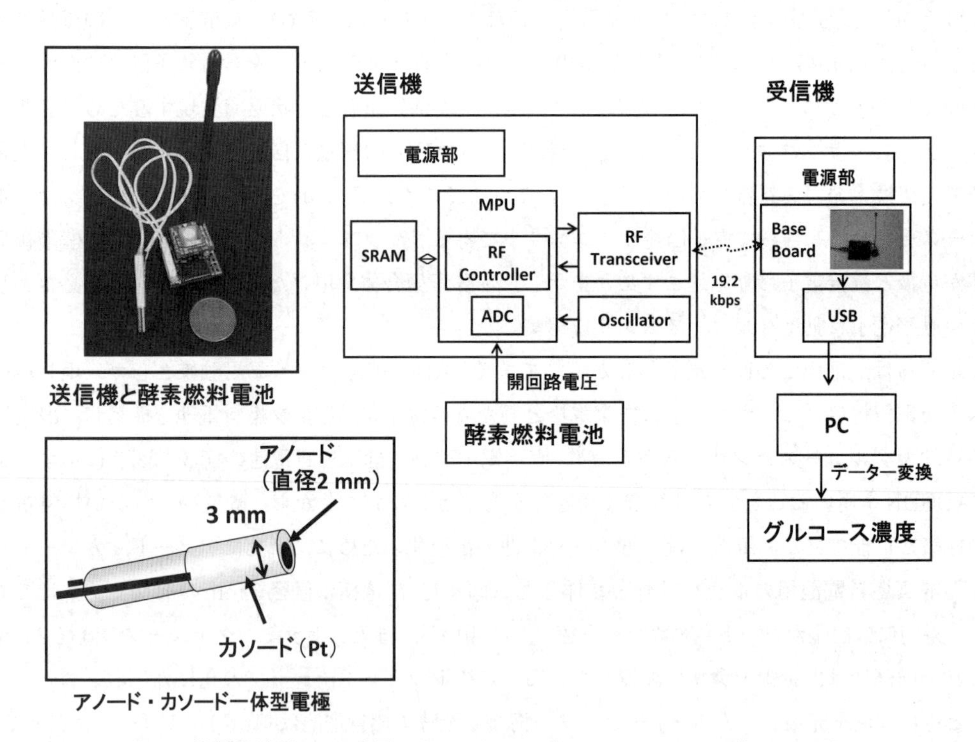

図4　燃料電池型センサを用いたワイヤレスグルコースセンシングシステムと
アノード・カソード一体型電極

に示す。グルコース濃度の増加および減少に対して同様の応答を示したことから，本センサがグルコース濃度の増減を追従できることが示された。グルコース濃度0.1 mMから6 mM付近まで濃度依存的に開回路電圧が変化することが示された。ワイヤレスシステムにより測定した応答曲線はアナログ計測と比較して，断続的なものであった。これは本ワイヤレスシステムが0～3.3 Vの

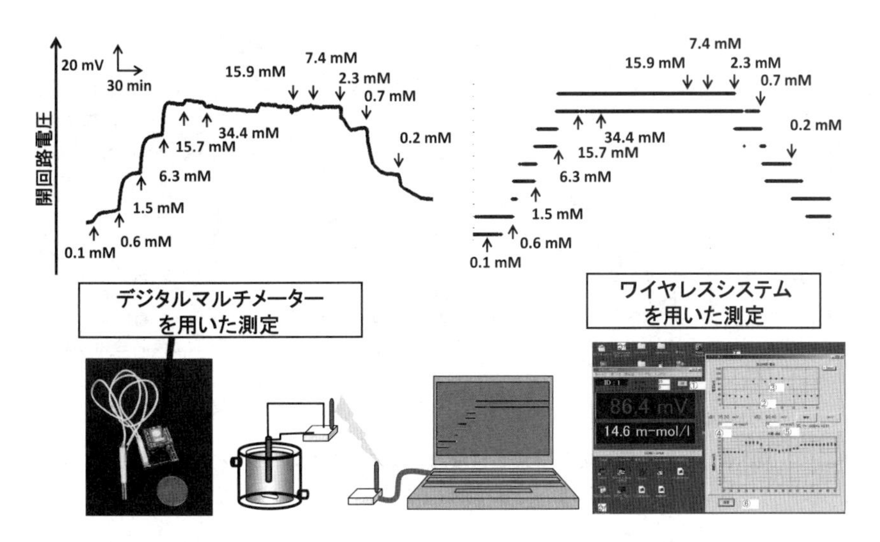

図5　直接電子移動型酵素燃料電池へのグルコース添加に伴う燃料電池ならびに外部受信機で得られたシグナル
図中の矢印の値は酵素燃料電池内のグルコースの終濃度を示す（文献5からの一部転記）。

範囲の入力信号を225 bitで表しているためであり，ワイヤレスシステムの性能によるものである。しかし，ワイヤレスシステムで得られた測定値を平均化したところ，これによって得られたキャリブレーションカーブはアナログ計測で得られたものと一致した。このことから，ワイヤレスシステムを用い，開回路電圧値をセンサシグナルとした，アノード・カソード一体型酵素燃料電池を用いる酵素燃料電池型センサでのグルコース測定が達成された。

次に連続計測への応用を念頭にアノード・カソード一体型酵素燃料電池の安定性を検討した。本センサのグルコース濃度5 mMに対するセンサシグナルである開回路電圧値は，72時間にわたり，時間の経過にかかわらずほぼ一定であった。耐熱性グルコース脱水素酵素であるFADGDHを用いたことにより，本センサの高い安定性が達成された。このようにアノード・カソード一体型酵素燃料電池を用いたセンサは72時間，3日間の血糖連続計測が可能な安定性を有していることが明らかとなった。さらにセンサの生体内での連続測定への応用を念頭に，血清中においても稼動するかをヒト血清にグルコースを添加してセンサの応答を調べた。図6に示すように本センサは血清中においても緩衝溶液中における結果と同様のキャリブレーションカーブを示すことが明らかになった。これらの結果より，本燃料電池型グルコースセンサが生体中でも稼動することが示された。さらに，マウスを実験動物として一体型燃料電池型酵素センサを用いる連続血糖センシングを試み，本センサがマウスの体内において血糖値をリアルタイムでモニタリングできることを示した。

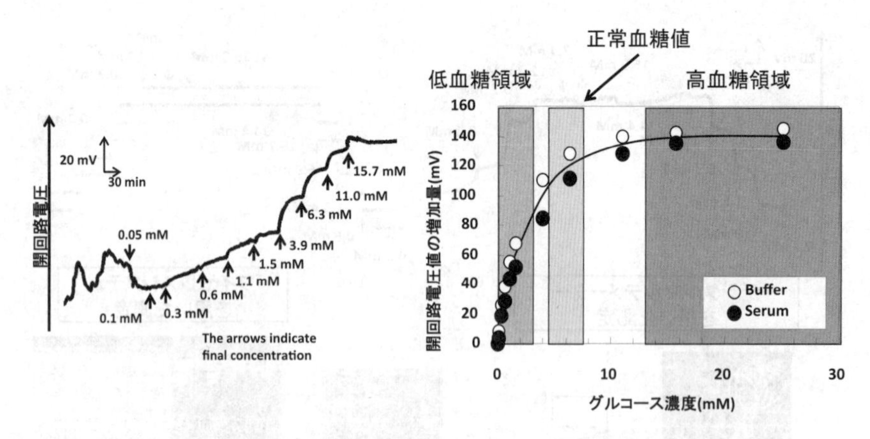

図６　ヒト血清中での酵素燃料電池型センサを用いたグルコース計測
図中の矢印の値は酵素燃料電池内のグルコースの終濃度を示す。

5.3　バイオキャパシタ～自立型バイオセンサの開発～

酵素燃料電池型バイオセンサは，出力も燃料とする基質の濃度に依存することから，酵素燃料電池自体がセンシングシステム，電源として同時に機能する“self-powered”「自立型」バイオセンサとしての応用が期待されている。しかしながら，“self-powered”バイオセンサの実現には，酵素燃料電池の出力の低さが問題となる。体内での発電を想定した場合，血流速度によって燃料の供給が制限されるため電流密度は最大でも１～２mA cm^{-2}であると報告されている[12]。電圧は，アノード・カソードに用いたメディエータもしくは補酵素の酸化還元電位の差によって決まるため理論的限界があり，グルコース・酸素燃料電池の場合，最大でもグルコースの酸化電位と酸素の還元電位の差である1.2Ｖである。したがって，酵素燃料電池のみから得られる電圧は埋め込み型デバイスや，トランスデューサなどを稼動させるには不十分である。酵素燃料電池から得られる電力を上げるためには，電流を上げる方法として電極面積の拡大，電圧を上げる方法として電池の直列連結が挙げられる。しかしながらこれらの手段では，電池構造の複雑化，大型化を招くため，体内埋め込みのセンシングデバイスとして考えた場合は，不適当な方法である。

このような背景をもとに，筆者らは全く新しいバイオデバイス，“バイオキャパシタ”を提案した[13]。バイオキャパシタは，１）燃料となる基質の濃度に出力が依存する「酵素燃料電池」，２）酵素燃料電池から得られる電圧を昇圧する「チャージポンプ」，３）酵素燃料電池から得られた電気エネルギーをチャージポンプを介して充放電する「キャパシタ」から構成される（図７）。バイオキャパシタは①チャージポンプを用いて酵素燃料電池の電圧を昇圧する，②酵素燃料電池から得られた電気量をキャパシタに充電する，という２つの方法をとることにより，酵素燃料電池の構造やサイズを変更することなく，デバイスを稼動させるのに十分な電力を得ることができる。バイオキャパシタは，以下の①から⑥の動作を繰り返し，シグナルを発生させる（図８）。

①　酵素燃料電池から出力が発生。

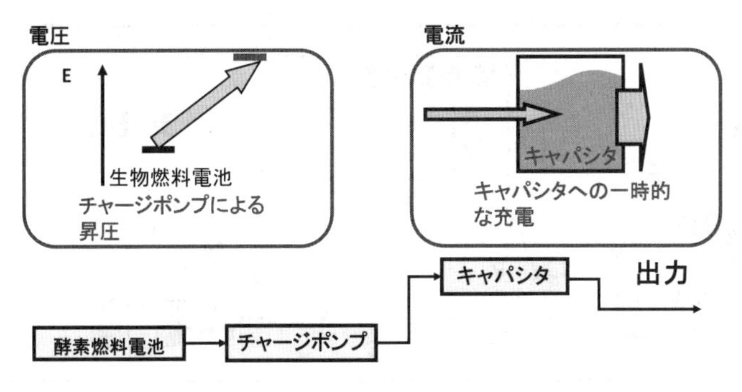

図7　バイオキャパシタの概念
（文献13から転記）

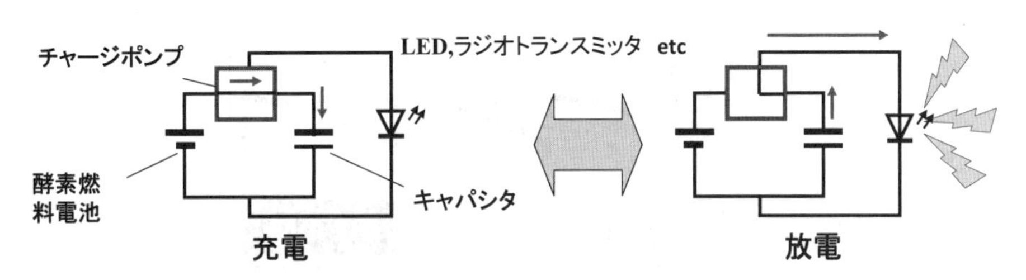

図8　バイオキャパシタにおける充放電
（文献13から転記）

② 酵素燃料電池から得られた出力をチャージポンプで昇圧。

③ 昇圧された電気エネルギーがキャパシタに充電。

④ キャパシタが一定電圧になるとチャージポンプが充電状態から放電状態へ切り替え。

⑤ キャパシタから放電。

⑥ キャパシタが一定電圧になるとチャージポンプが放電状態から充電状態へ切り替え。

このような動作はししおどし（鹿脅し）の動作によく似ている（図9）。ししおどしは竹筒に水を引き入れ，その水の重みで筒が反転して水が流れ，竹筒が元の位置に戻るときに石を打って音を出す装置である。酵素燃料電池の起電力は水量，キャパシタを竹筒に例えると，ししおどしで水量を変えると音の間隔が変化するのと同様に，バイオキャパシタでは酵素燃料電池の起電力に依存して放電の間隔が変化する。酵素燃料電池の起電力はある一定の濃度範囲では燃料である基質濃度と相関して変化することから，放電の間隔（頻度）を指標としたバイオセンシングシステムとなる。異なるグルコース濃度でのバイオキャパシタの充放電の頻度の観察例として10μFのキャパシタを用い，グルコース濃度が0.2mM，0.6mM，8mMのときのキャパシタにかかる電圧の時間変化のグラフを図10に示した。グルコース濃度0.2mMのとき一回の充放電に要する時間は20秒であり，充放電の頻度は0.05Hz（1/20s）と算出された。同様に0.6mMのとき0.12Hz,

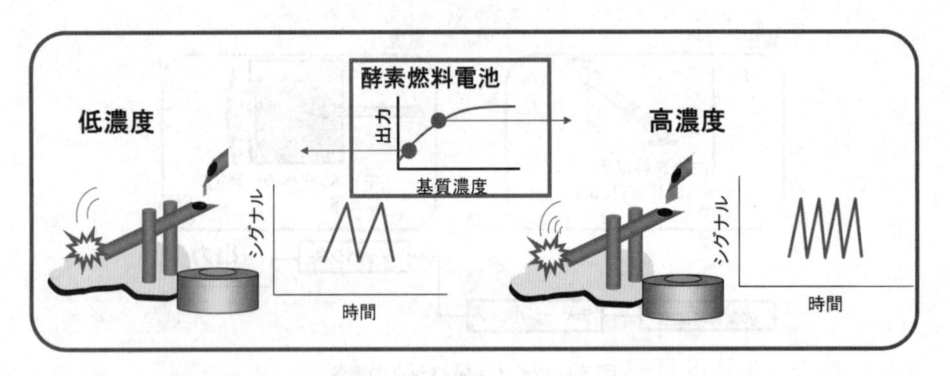

図9　バイオキャパシタの充放電頻度の基質（燃料）依存の概念図

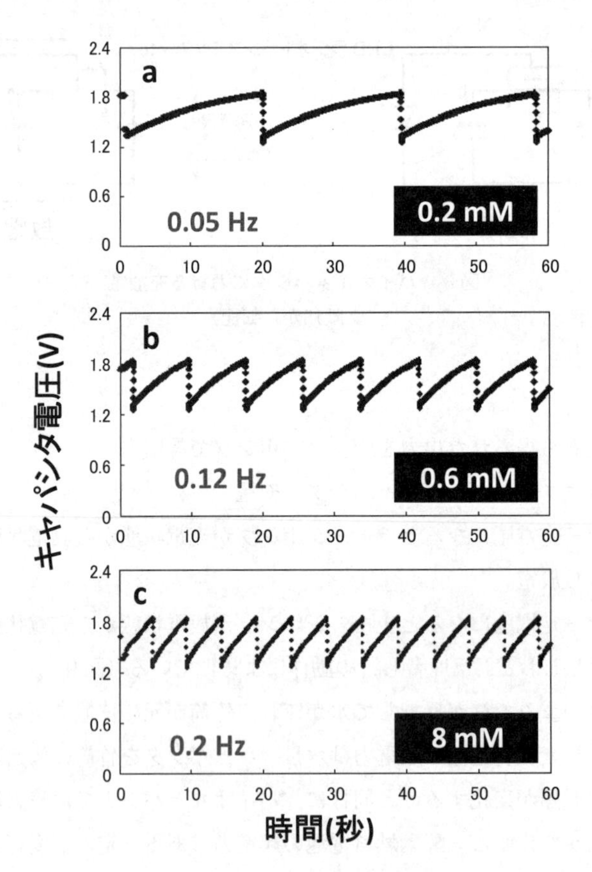

図10　充放電頻度のグルコース濃度依存性

8 mMのとき0.2 Hzとなり，グルコース濃度が増えるにつれて充放電頻度が増加した。すなわち，グルコース濃度の増加とともに燃料電池の出力が大きくなり，充電速度が速くなることにより，

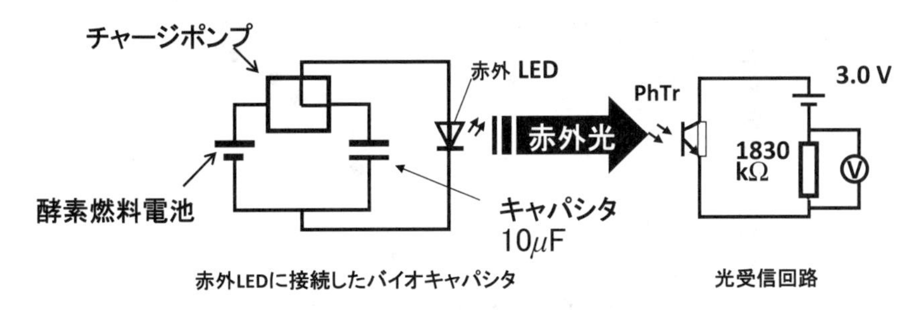

図11　赤外LEDを接続したバイオキャパシタによるワイヤレスグルコースセンシングシステムの回路
（文献13から転記）

結果として充放電頻度が増加した。充放電頻度を計測することで，燃料電池内の基質の濃度が測定できることがここに示され，バイオキャパシタの原理が実証された。

バイオキャパシタは，高電圧を間欠的に供給することが可能であり，この出力を用いてトランスデューサ，トランスミッタを稼動することで，“stand-alone”，“self-powered”バイオセンサが構築できる。筆者らは赤外線LEDをトランスミッタとして接続したバイオキャパシタを構築した[13)]。図11に回路図を示す。赤外線LEDは生体透過性が可視光領域よりも優れている近赤外光を発することから，体内表層付近に埋め込まれたバイオキャパシタからのシグナルを体外の赤外線受信機で受信することができる。赤外線LEDの起動には1.5V以上の電圧が必要であり，これは単一セルの酵素燃料電池では達成できない電圧である。しかし，バイオキャパシタの原理により，間欠的に1.8Vの電圧を発生させ，充放電頻度に応じて，赤外線LEDを起動・発光させた。赤外線LEDの発光をフォトトランジスタから構成される光受信回路にて観測することでワイヤレスセンシングを行った。図12に反応溶液中のグルコース濃度に対し，光受信回路にて受信されるシグナルの頻度をプロットしたものを示す。グルコース濃度依存的に光受信回路が受信するシグナルの頻度は増加し，0.73mMから6.4mMまでグルコース濃度の上昇に伴って増加した。本システムは外部電源を用いず酵素燃料電池から得られる電力のみでセンシング，ワイヤレストランスミッションを行っていることから，構築したバイオキャパシタは“stand-alone”，“self-powered”ワイヤレスグルコースセンシングシステムである。またこのグルコースセンシングシステムは3日間の連続運転後でも80%のシグナル受信頻度を維持し，耐熱性グルコース脱水素酵素であるFADGDHを用いたことにより，高い安定性が達成された。

筆者らは，バイオキャパシタを用いて発振回路をトランスミッタとするグルコースセンサ，バイオラジオトランスミッタを構築した[14)]。ラジオトランスミッタは電波を用いてワイヤレストランスミッションを行っており，電波は光と違い遮蔽物の影響を受けにくいため，埋め込み型ワイヤレスグルコースセンサへの応用に適したトランスミッタであると考えられる。構築したバイオラジオトランスミッタはキャパシタの放電によって88kHzの固定周波数で発振することを確認した。この放電により発生した電波を受信回路にて受信し，受信頻度を測定した。グルコース濃度

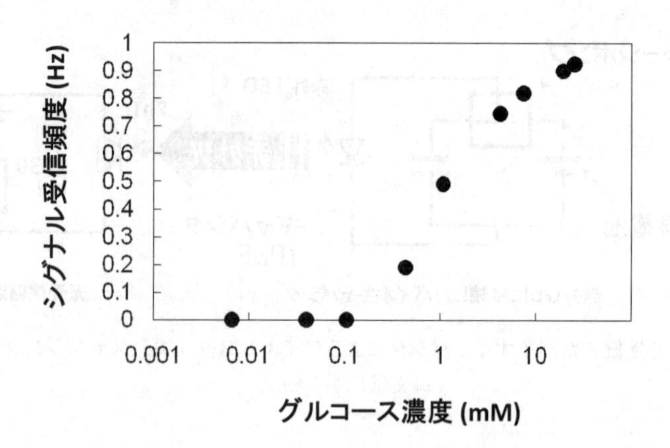

図12　赤外LEDを接続したバイオキャパシタからのシグナル受信頻度とグルコース濃度の関係
（文献13から転記）

依存的な受信頻度の増加が見られ，バイオラジオトランスミッタを用いることで“stand-alone”，“self-powered”，まさに「自立型」のワイヤレスグルコースセンシングが可能であることが示された。

5.4　まとめ

酵素燃料電池は一定範囲の基質濃度においてはその出力は燃料である基質の濃度に依存することから，バイオセンサとして応用することができる。酵素燃料電池型バイオセンサは測定の際に電位印加が必要ないことから，装置の小型化ができるメリットがある。さらに，直接電子移動型酵素を用いることにより，測定系に人工電子受容体を添加する必要がないことから，本節で紹介したようなアノード・カソード一体型電極のような隔壁の必要ない単純な構造のセンサを用いることができ，センサ自身の小型化ができる。さらに，アノード酵素として体内にある糖や有機酸を基質とする酵素を用いることで，体液中の物質を燃料とし作動することから，埋め込み型センサとして用いることができる。特に，直接電子伝達が可能な補酵素結合型耐熱性グルコース脱水素酵素（FADGDH）を用いることで，高い安定性と反応特性を兼ね備えた血糖連続計測システムを構築することができた。また，後半に紹介したバイオキャパシタはセンサ，電源として酵素燃料電池の同時使用が可能であり，外部電源を必要とせず，必要とする電子部品が少ないことから，デバイスの小型化，軽量化が容易である。バイオキャパシタを酵素燃料電池型グルコースセンサに組み込むことで，体内に埋め込まれた小型センサが，外部電源を必要とせずに常時体内のグルコース濃度を測定，またその計測値を体外に送信する体内埋め込み型ワイヤレスグルコースセンサを開発した。筆者らが提唱したバイオキャパシタという新しい測定原理を酵素燃料電池型バイオセンサに応用することで，“stand-alone”，“self-powered”を実現することができる。

文　献

1) E. Katz, A. F. Buckmann, and I. Willner, *J. Am. Chem. Soc.*, **123**, 10752-10753 (2001)
2) L. Deng, C. Chen, M. Zhou, S. Guo, E. Wang, and S. Dong, *Anal. Chem.*, **82**, 4283-4287 (2010)
3) D. Wen, L. Deng, S. Guo, and S. Dong, *Anal. Chem.*, **83**, 3968-3972 (2011)
4) M. T. Meredith, and S. D. Minteer, *Anal. Chem.*, **83**, 5436-5441 (2011)
5) N. Kakehi, T. Yamazaki, W. Tsugawa, and K. Sode, *Biosens. Bioelectron.*, **22**, 2250-2255 (2007)
6) J. Okuda-Shimazaki, N. Kakehi, T. Yamazaki, M. Tomiyama, and K. Sode, *Biotechnol. Lett.*, **30**, 1753-1758 (2008)
7) K. Sode, W. Tsugawa, T. Yamazaki, M. Watanabe, N. Ogasawara, and M. Tanaka, *Enzyme Microb. Technol.*, **19**, 82-85 (1996)
8) T. Yamazaki, W. Tsugawa, and K. Sode, *Appl. Biochem. Biotechnol.*, **77-79**, 325-335 (1999)
9) K. Inose, M. Fujikawa, T. Yamazaki, K. Kojima, and K. Sode, *Biochim. Biophys. Acta*, **1645**, 133-138 (2003)
10) T. Tsuya, S. Ferri, M. Fujikawa, H. Yamaoka, and K. Sode, *J. Biotechnol.*, **123**, 127-136 (2006)
11) Y. Nakazawa, T. Yamazaki, W. Tsugawa, K. Ikebukuro, and K. Sode, *IEEJ Trans. Sens. Micromach.*, **123**, 185-189 (2003)
12) S. C. Barton, J. Gallaway, and P. Atanassov, *Chem. Rev.*, **104**, 4867-4886 (2004)
13) T. Hanashi, T. Yamazaki, W. Tsugawa, S. Ferri, D. Nakayama, M. Tomiyama, M. Ikebukuro, and K. Sode, *Biosens. Bioelectron.*, **24**, 1837-1842 (2009)
14) T. Hanashi, T. Yamazaki, W. Tsugawa, K. Ikebukuro, and K. Sode, *J. Diabetes Sci. Technol.*, **5**, 1030-1035 (2011)

第5章　微生物の電気化学

中村龍平[*1]，中西周次[*2]，橋本和仁[*3]

1　序論

自然界において微生物がグローバルなエネルギーと物質の循環に大きな役割を担っていることは現在では広く認識されている。例えば，海洋表層において，光合成（独立栄養）微生物は，水を電子源として光エネルギーを元に二酸化炭素を還元し，有機物を生産する。こうして生産された有機物は，従属栄養微生物の呼吸活動の結果として酸化され，二酸化炭素の再放出を導く。環境中に存在する二酸化炭素循環の実に数十％に微生物が関与していることを考えると，小さな微生物が現在の地球環境の構築に及ぼしている影響の大きさに驚かされる。一方，太陽光の届かない深海底に目を移すと，そこでは鉄や硫黄などの酸化還元反応を介した共生生態系が構築されている。

このように，自然界のあらゆる場面で，微生物は酸化還元反応，すなわち電子移動反応を媒介している。光合成における水の酸化反応や二酸化炭素還元反応，あるいは微生物呼吸における酸素還元反応などは，我々人類が今まさに環境・エネルギー問題の観点から注目している反応である。一般には，白金などのレアメタルを触媒として利用し，場合によっては高温・高圧でのみ進むこれらの反応を，微生物（生細胞）はユビキタス元素を利用して常温・常圧で高効率に進行させる。化石燃料に頼らない環境調和型の新エネルギーシステムを開発し，また環境汚染を起こさない技術，さらに進んで汚染されてしまった環境を元に戻すための技術開発を行う上で，生細胞におけるこうしたエネルギー生産・エネルギー循環システムに学ぶべき点は非常に多い。

こうした背景の下，微生物を「生きた電極触媒」として捉えた微生物燃料電池（Microbial fuel cell, MFC），および微生物電解還元（Microbial electrolysis cell, MEC）に関する研究が近年活発化している。MFCにおいては，酸素還元反応など適切なカソード反応の共存下，微生物の呼吸電子がアノードへと渡ることで電池回路が形成され，化学エネルギー（微生物のエサとなる有機物）が電気エネルギーへと変換される（図1(a)）。一方，MECでは，高エネルギーの電子をカソードから微生物に注入し，その代謝過程を利用して微生物に有用な物質を生産させる（図1(b)）。これは電気エネルギーから化学エネルギー（燃料）への変換プロセスと捉えることができ，例え

＊1　Ryuhei Nakamura　東京大学　大学院工学系研究科　応用化学専攻　助教
＊2　Shuji Nakanishi　東京大学　先端科学技術研究センター　特任准教授
＊3　Kazuhito Hashimoto　東京大学　工学部　教授

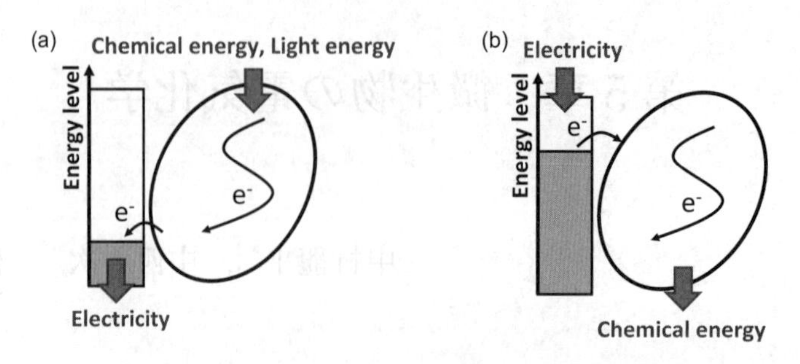

図1　(a)微生物燃料電池および(b)微生物電解還元の説明模式図

ば，二酸化炭素とカソードからの高エネルギー電子を元にメタンが生成されることが近年実際に示されている。

この微生物と電極（アノード・カソード）との電子交換反応，すなわち細胞外電子移動は，微生物を介した化学ー電気エネルギー変換系の本質である。この細胞外電子移動はMFCやMECだけに止まらず，微生物が関与する腐食反応（微生物腐食）にも深く関わっている。実際，下水道管・石油パイプラインなどの各種配管や船底などが微生物腐食にさらされ，その対策に莫大なコストとエネルギーが投入されている。また，上述したように，細胞外電子移動はグローバルな物質・エネルギー循環においても重要な役割を果たしており，自然界における共生生態系の理解や生命起源の神秘にもつながる概念でもある。このように考えると，細胞外電子移動の本質を物理化学的観点から深く理解することは極めて重要である。

このような考えに基づき，筆者らは近年，細胞外電子移動の物理化学的研究を進めている。より具体的には，バイオマスを燃料源とした独立栄養性材料，有機汚染物質を浄化しながら外部に電力を供給する環境浄化燃料電池，自己修復・自己学習機能を持った時間発展型の光エネルギー変換材料の開発など，夢の技術開拓に取り組んでいる。本章では，こうした筆者らの最近の挑戦的試みを3節に分けて紹介したい。

2　細胞外電子移動の界面電気化学

2.1　鉄還元細菌が行う電極への細胞外電子移動

微生物が細胞の外へ電子を受け渡す方法は，大きくは以下の2つの方法に分けられる。一つは，間接電子伝達と呼ばれる方法である。代表的なのは電子メディエータ（シャトル）による電子伝達で，細胞の内外で電子を受け取った酸化還元活性なメディエータ分子が電子受容体まで拡散し，酸化され，再び微生物に利用される。*Shewanella*の場合にはキノンやフラビンの誘導体を自ら分泌し，これらをメディエータとして使うことが報告されている[1~4]。もう一つの直接電子伝達と呼ばれる過程は*Shewanella*などの金属還元細菌（Dissimilatory metal-reducing bacteria: DMRB）

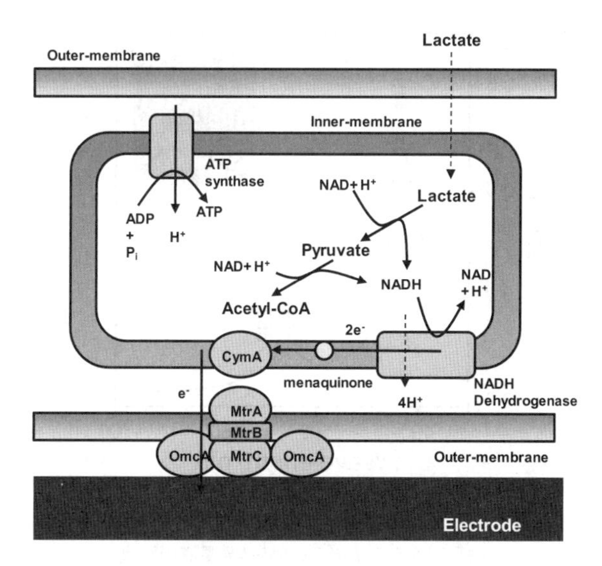

図2　*S. oneidensis* MR-1が行う固体状電極還元において推定されている電子伝達機構

に特徴的な代謝過程である。分子の拡散を伴う間接電子伝達と異なり，直接電子伝達では細胞表面にある酸化還元活性な膜タンパク質，シトクロム*c*などを介して，電子は細胞から電子受容体へ直接的に受け渡される[1~4]。*Shewanella*の中でモデル種として研究されている，*Shewanella oneidensis* MR-1（*S. oneidensis*）の細胞膜構造と細胞外電子伝達に関わるタンパク質ネットワークを図2に示す。グラム陰性菌に属する*Shewanella*の細胞表面には，約100Å程度の厚さを持つPeriplasm（PS）を挟んで，内膜（Inner-Membrane，IM）と外膜（Outer-Membrane，OM）が存在する。通性嫌気性である*Shewanella*は好気条件下では酸素呼吸を行うが，嫌気条件下に置かれると，OmcAやMtrCと呼ばれる外膜シトクロムを細胞表面に高濃度で発現させ，これらを介して細胞表面から酸化鉄や電極などの固体電子受容体に対して電子供与を行う[5~9]。だがこれらのシトクロムについては，解析された*S. oneidensis*の遺伝子配列を基に活性中心のヘムの数（MtrCやOmcAの場合は10個，decaヘム）ならびにその配位環境が明らかになっている点を除いては，その構造や電子伝達機能の詳細は明らかになっていない（*S. oneidensis*の全ゲノム配列が読まれ，42種ものシトクロム*c*様遺伝子群の存在が明らかになっている）。ごく最近になり，*S. oneidensis*の電子伝達膜タンパク質の一つMtrF（MtrCの類似タンパク）が単離・精製され，その結晶構造と電気化学的手法が報告された[9]。しかしながら，その複雑さゆえ，生細胞そのものを研究対象とした報告は依然として少なく，シトクロム*c*を介した直接的な電子伝達過程の詳細は分かっていない。

2.2　外膜シトクロム*c*の分光電気化学的検出

このような背景を踏まえて筆者らは，細胞そのものを分光学的に観測する手法の確立を目指し

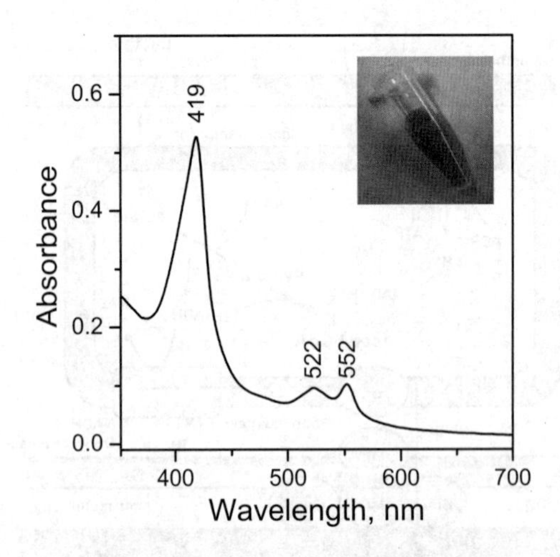

図3　*S. loihica* PV-4の拡散透過スペクトル
挿入図は*S. loihica* PV-4懸濁液の写真

た。具体的には，シトクロム内部に存在する活性中心であるヘム鉄が大きな吸収係数を持つことに注目し，拡散透過吸収分光ならびに界面高感度である光導波路分光を用いて*Shewanella*が細胞外電子伝達を行っている環境下（代謝条件下）においてシトクロムの吸収スペクトル測定を行った[10,11]。

拡散透過UV-vis法を用いて*Shewanella*懸濁液のスペクトル測定を行うと，419 nmにピークを持つ鋭い吸収帯と，2つの弱い吸収ピークが522と552 nmに観測された（図3）。この吸収スペクトルは還元体のヘム鉄に特徴的であり，それぞれSoret帯とQ帯に帰属される。その濃度は0.5 mMと極めて高く，これまでタンパク質解析のために使用されてきた様々な分子分光法を生細胞観察のために適用できることを示している。そこで我々は，透明導電性ガラス電極（ITO）をコートした石英導波路上で*Shewanella*を培養し，電流生成を行っている環境下で細胞シトクロムの吸収スペクトル測定を行った。電極電位を－0.5 Vから0.3 V（vs SHE）に掃引することで，還元体シトクロムに帰属されるSoret帯は減少し，0.1 V以上の正電位においては酸化体に帰属される吸収バンドが410 nmに観測された。また，0.3 Vから－0.5 Vに電位を掃引することで，再び還元体に帰属されるSoret帯が418 nmに観測された（図4）。つまり，シトクロムを介して細胞・電極間電子移動が進行していることを示している。さらに興味深いことに，このアプローチを通して微生物内シトクロムの中点電位（約140 mV，吸収強度電位依存性から測定）は単離されたシトクロム（－350～+10 mV）に比べて正側へ大きくシフトしていることが明らかになった。この現象は代謝過程からシトクロムへの過剰な電子供給が反映されていることを示唆しており，生きた細胞を使うことで初めて明らかになった点で重要である。

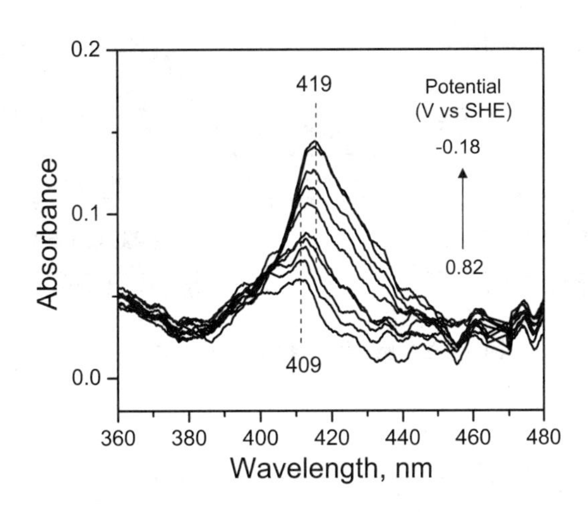

図４　光導波路分光法を用いた生細胞*S. loihica* PV-4の電解スペクトル

2.3　外膜シトクロムcの光化学を用いた電流生成ダイナミクスの追跡

代謝によって維持される生命の本質はダイナミクスであり，その本質を分子ダイナミクスの観点から理解することは，生化学における重要な目標である。パルスレーザーを使用する時間分解測定は，ダイナミクス観測に有用であり，様々な人工分子，単離タンパク質などに適用されてきた。一方，生体系では，光合成における電子・エネルギー伝達ダイナミクスが数多く研究されているが，様々な代謝の中でも非常に重要である呼吸・電子伝達系は光不活性であるため，そのダイナミクスに関する知見は限られていた。筆者らは，*Shewanella*に対して人工的な光化学反応を適用することにより，生細胞の呼吸における電子伝達ダイナミクスを直接観測することを試みた。ここでは，*Shewanella*が持つ*c*-Cyt活性中心であるヘム鉄への一酸化炭素（CO）配位の光化学応答反応を採用した。CO配位子は，ヘム鉄に配位することで*c*-Cytの酸化還元活性を抑制すること，可視光照射によりヘム鉄から脱離することなどが知られており，*Shewanella*内の電子伝達反応の光化学的制御が期待される（図５）。そこで本研究では，生細胞*S. loihica* PV-4内CO配位*c*-Cyt（*c*-Cyt(FeCO)）の光化学を基にして，生体内電子伝達反応の光化学的制御を行った。さらに，この光化学的制御を用いて，生細胞呼吸代謝のダイナミクスを直接観測することを試みた[11]。

*Shewanella*懸濁液へのCO導入前後の拡散透過UV-visスペクトルを図６(a)に示す。生細胞内*c*-Cyt(Fe^{2+}）に帰属される吸収帯のSoret帯（420 nm，Q帯は524と552 nm）が観測された。それはCOの導入によって，415 nm(*c*-Cyt(FeCO)）へとシフトすることから，生細胞内*c*-CytへのCO配位が確認された。電気化学セルにCOを導入することで，微生物から生成する電流は減少し，可視光照射によって増加した（図６(b)）。図に光照射によって増加した電流のアクションスペクトルを示す。アクションスペクトルは，生細胞内*c*-Cyt(FeCO）の吸収スペクトル（図６(a)）と非常に強い相関を示した。これらはCOが*c*-Cytに配位することで*c*-Cytの酸化還元活性が抑制され，生体内電子伝達が阻害されたこと，可視光照射でCO配位子が脱離することによって*c*-Cytの活性

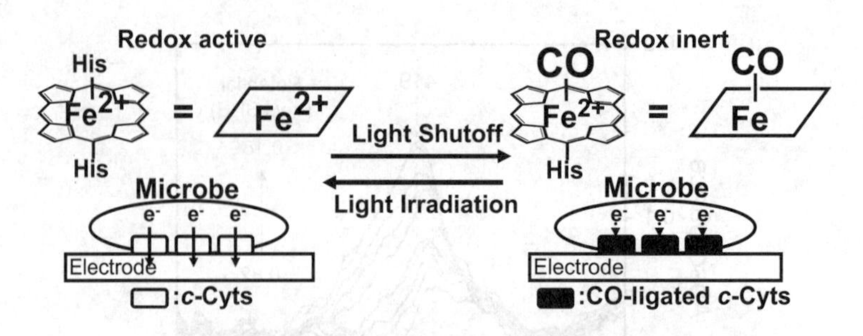

図5　生細胞電子伝達反応の光化学的制御

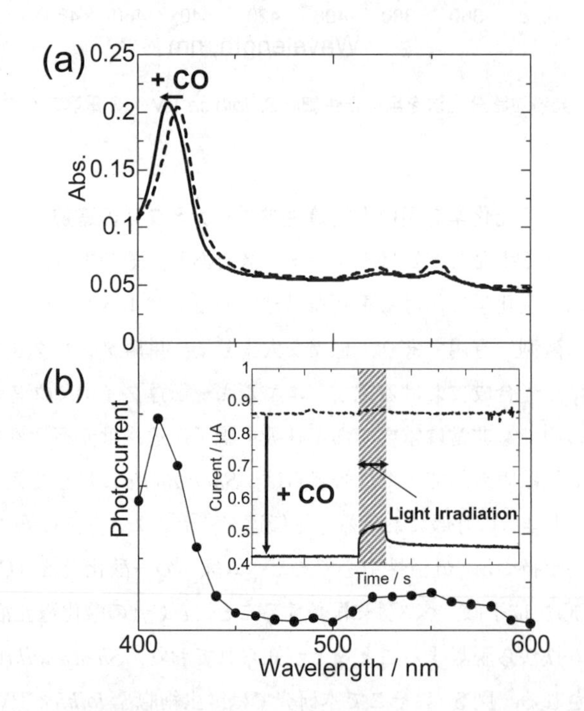

図6　(a)N_2雰囲気下（破線）およびCO雰囲気下（実線）における微生物懸濁液の拡散透過スペクトル。(b)光照射によって増加した電流のアクションスペクトル。挿入図：N_2雰囲気下（破線）およびCO雰囲気下（実線）における光照射時（530 nm）の電流値の時間変化。

が回復し，電子伝達が再開されたことを示している。以上より，生体内電子伝達反応の光化学制御が可能であることを確認した。

引き続き，細胞外電子移動のダイナミクスを選択的に観測するために，エバネッセント波過渡電解吸収測定システムを構築した。時間分解測定には，ナノ秒Nd:YAGレーザー（532 nm）を用いて試料の励起を行った。過渡吸収スペクトルと電位依存性の解析から，電流生成時にのみ観測される長寿命の減衰（470 ms）は，代謝過程で生成するNADHからの電子が，電子伝達系の*c*-Cytへ注入される還元過程（*c*-Cyt(Fe(III))→*c*-Cyt(Fe(II))）に帰属された（図2）。以上は，*c*-Cyt錯体の光化学を用いることで，*Shewanella*生細胞の呼吸ダイナミクスを直接観測が可能であることを示している。本研究は，光不活性な呼吸鎖電子伝達系のダイナミクスを追跡した最初の報告であり，例えばミトコンドリア内で進行するATP生産に関わる電子伝達経路の理解を深める上で，重要な成果であると考えている。

2.4　Cyclic voltammetry（CV）検出

上で述べた分光学的手法と合わせ，筆者らは*Shewanella*の細胞外電子伝達におけるシトクロム*c*の役割を明らかにすることを目的とし，電気化学手法を用い生細胞／電極界面で進行する電子移動過程のその場追跡について検討を進めている。ここではその一例として，ITO電極上に成長させた*S. oneidensis*バイオフィルムからの電気化学シグナルについて紹介する[12~15]。

電気化学測定は，作用極にITOガラス，対極にPt線，そして参照極にAg|AgCl（KCl_{sat}）を用い，嫌気下で行った。電極電位を10 mV s^{-1}で掃引したときに得られた*S. loihica*バイオフィルムからの酸化還元波を図7に示す。電位掃引に伴い50 mV（vs SHE）に中点電位を持つ酸化還元種が検出された。ここで，観測された酸化還元種が細胞膜表面の電子伝達タンパク質に由来することを確かめるため，シトクロム*c*内に存在するヘム鉄と特異的に結合する一酸化窒素（NO）を細胞に暴露し，電気化学測定を行った。約5分間のNO暴露後は，先ほどまで観察された酸化還元波は正に大きく（650 mV）シフトした。NO導入によるこのような電位シフトは，単離タンパク質を用いた研究結果と良く一致するものであり，観測された酸化還元種が細胞膜表面に局在しているシトクロム*c*に帰属されることが分かる。実際に，NOを暴露した細胞の吸収スペクトルを拡散透過法により測定すると，ヘム鉄に特徴的なSoret帯領域においてNOが配位したヘム鉄に由来する吸収ピークが408 nmに観測された。また，界面のみに高感度な光導波路分光法を用いて，細胞表面から30 nm以内の吸収スペクトル測定を行ったところヘム鉄のSoret帯領域において同様の

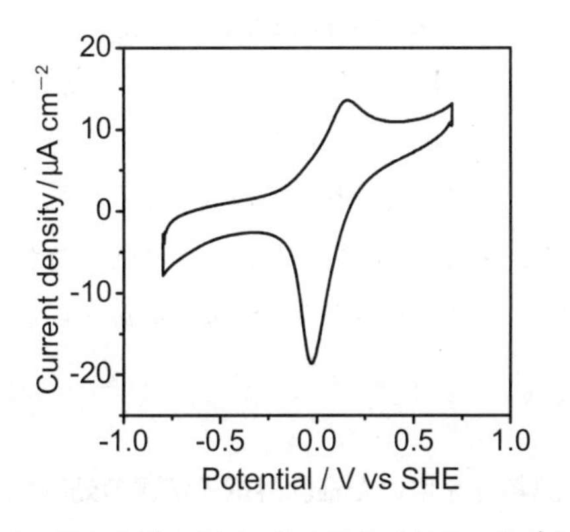

図7　*S. loihica* PV-4バイオフィルムのサイクリックボルタモグラム

スペクトルが観測されたことからも，NO配位反応が細胞膜表面に局在したシトクロム*c*で進行し，その結果酸化還元波が正にシフトしたことが分かる。

2.1項で紹介したように，*Shewanella*は約100Å程度の厚さを持つPeriplasmを挟んで，シトクロム複合体を発現させ，細胞の内から外へ電子を運び出す。ここで筆者らは，外膜および内膜シトクロムをノックアウトした遺伝子破壊株（ΔmtrA, ΔmtrB, ΔmtrC/omcA, ΔcymA, ΔpilD）を用いることで，50mVに中点電位を持つシトクロムは主としてOmcA-MtrCAB複合体（図2）に帰属されることを明らかにしている。また，メナキノン合成遺伝子を破壊したΔmenD株を用いた電気化学測定より，*Shewanella*が自ら電子メディエータとして分泌するキノン誘導体はOmcA-MtrCAB複合体から電極への電子移動過程に関与しないことを確認している[14]。

2.5　CVによる界面電子移動速度の見積もり

ここで，シトクロム*c*を介した細胞外電子伝達の速度を求めることを目的とし，掃引速度を1～200 V s^{-1}の範囲で変化させてCV測定を行った。酸化・還元電流はともに掃引速度に対して線形の増加を示し，吸着系としての速度論解析が可能であることを確認した。その後，Trumpet Plotより標準速度係数$k_0 = 140 \pm 10 s^{-1}$を得た。また，細胞表面を覆う絶縁性の高分子であるpolysaccharide合成遺伝子をノックアウトした遺伝子破壊株ΔSO3177においても，野生株と同様の速度定数を得た。この値は，シトクロム*c*／電極界面における電子移動反応が10ms程度の時間スケールで進行していることを示し，*Shewanella*が自ら分泌するメディエータ（リボフラビン：ビタミンB_2）を介した電子伝達反応より100倍以上も大きな値である。また，この値は，バイオ燃料電池の電極触媒として研究開発が進められている化学修飾を施した酵素固定電極における電子移動速度係数と同程度である。したがってこれらの結果は，*Shewanella*／電極界面において高効率な直接電子伝達経路がpolysaccharideなどに阻害されることなくシトクロム*c*によって形成されていることを示している。なお，電極表面に対するシトクロム*c*の被覆率は，その酸化還元波ピーク面積より30%程度と見積もられる[12～15]。

2.6　光ピンセットを用いた単一*Shewanella*細胞の電気化学

さらに我々は，光ピンセット法を適用することにより，生きた微生物一個体を電極に脱着させ，その際の電流変化の測定を行った（図8）[16]。嫌気条件下で栄養源として乳酸を用いて電気化学系を組んだとき，電極電位が+150 mV付近より正の領域で細胞の電極への物理的接触により代謝電流が発生し，脱離することにより電流は消滅した。これは微生物から電極へ直接電子移動していることを直接的に示した初めての実験といえる。*Shewanella*一個体が200 fAの電流を発生していることが分かる。

2.7　シトクロムモデル金属錯体を用いた細胞外電子伝達の効率化

*Shewanella*の細胞外電子移動を介した微生物電流を向上させることは微生物燃料電池などの化

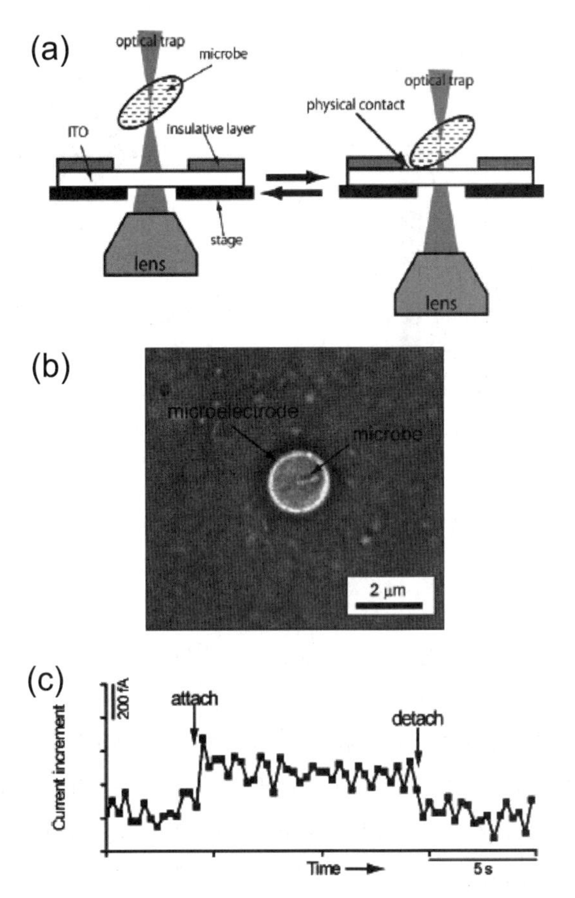

図8　光ピンセットを用いた単一細胞レベルの電流生成検出
(a)実験の説明図。(b)パターン微小電極の光学顕微鏡写真。中央丸は導電性パターン電極部。その中に生細胞一個体が見てとれる。(c)生細胞を電極に脱着させたときの電流応答。

学一電気エネルギー変換の観点から重要である。そこで，系内の電子伝達シトクロム錯体を増加することで，電流生成を向上できるかについて検討した。本研究では，微生物電流を増加すること，および微生物一電極間電子伝達物質の設計指針を得ることを目的としてシトクロム錯体と類似した様々な人工ポルフィリン錯体を添加して実験を行った[17]。

疎水性人工ポルフィリン錯体（MTPP，M＝H_2，Mn，Fe，Co，Zn）を添加し，微生物電流を測定した。*S. loihica* PV-4 *c*-Cyt錯体と同等の酸化還元電位を有するFeTPP，MnTPPとともに培養した場合のみ，微生物電流が約2倍に増加することを見出した。この微生物電流の増加は*c*-Cyt→MnTPP(FeTPP)→電極のような新しい電子伝達経路の形成を示唆する。この考えは，酸化型Mn(III)TPPとともに培養した*S. loihica* PV-4の拡散透過吸収スペクトルが，微生物からの電子移動による還元型Mn(II)TPP生成を示したことからも支持された。さらにMnポルフィリン錯体のSoret帯（酸化型Mn(III)TPP＝473 nm，還元型Mn(II)TPP＝435 nm）は，*c*-Cyt錯体の

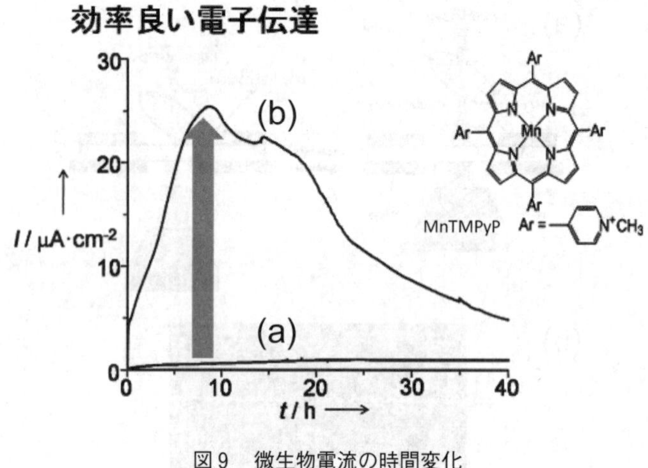

図9　微生物電流の時間変化
(a)微生物のみ，(b)MnTMPyP錯体添加

Soret帯（411～419 nm）から良く分離しているため，電子吸収測定により，微生物との酸化還元過程を追跡可能であることも示された。

次に，上で得られた知見を基に，効果的に働くポルフィリン系電子伝達剤の創製を試みた。幾つかの有機化合物，金属錯体について検討した結果，シトクロム錯体と同等の酸化還元電位を有する水溶カチオン性Mnポルフィリン（MnTMPyP，MnTPPS）が，微生物電流を大きく向上（最大で約70倍）することを見出した（図9）。共焦点蛍光顕微鏡観察から，カチオン性MnTMPyPは負に帯電した微生物表面に集積していることが明らかになった。これにより微生物からメディエータ（今の場合はMnTMPyP）への電子伝達が効率的に進み，微生物電流の大きな向上につながったと考えられる。

3　微生物代謝過程の電気化学的制御

3.1　電気化学的アプローチ

前節で紹介してきたように，*Shewanella*における固体受容体への最終電子伝達分子は直接経路の場合は外膜シトクロム，間接経路の場合は自身が分泌するフラビンである。電極呼吸の場合には，電極電位の操作により外膜シトクロムやフラビンの酸化還元状態を任意に制御することが可能となる。例えば，電極電位を外膜シトクロムが還元される電位に保持すれば，微生物から電極への電子移動は起こり得なくなり，微生物体内は還元雰囲気となる。この微生物体内の酸化還元雰囲気の変化を受けて，遺伝子発現様式を含め，様々な代謝過程が変調を受けることが予想される。このように電気化学的手法を用いれば，原理的には，微生物体内の酸化還元雰囲気の変調を可逆的に誘起することができる。このことが微生物の細胞外電子移動を調べる上で電気化学的手法が持つ最大の特徴であるといえよう。

3.2　微生物代謝活性の電極電位依存性

Shewanella loihica strain PV-4の外膜シトクロムおよび自己分泌フラビンの中点電位は，それぞれ−0.05 V，−0.4 V（vs. Ag|AgCl）である。したがって，これら２点の電位に挟まれた領域（例えば-0.2 V）では間接経路だけが熱力学的に許容されるのに対し，外膜シトクロムの中点電位より正側の領域（例えば+0.2 V）では間接および直接両経路による電子移動が起こり得る。この２点の電位における微生物生成電流を図10に示す。本来であれば，間接経路しか機能し得ない-0.2 Vにおける電流は，両経路が機能する+0.2 Vよりも小さくなると考えられる。しかしながら，この予想に反し，−0.2 Vにおいてより大きな電流が流れるという結果が得られた[18)]。

この一見異常にも思える微生物生成電流の電極電位依存性をより詳細に調べるために，掃引速度を10 mV h^{-1}と極めて遅く設定し，リニアスイープボルタメトリ（LSV）を行った。この掃引速度では，電位を一端から他端へと掃引するのに実に70時間を要し，遺伝子発現様式の変化など，一般には遅い生物的過程でさえ十分にその電極電位の変化に追随できる。つまり，この掃引速度で得られるLSVには微生物代謝活性の電極電位依存性が反映されることになる。図11にITO電極上で得られたLSVを示す。負側の電位領域（領域A）では，正側の電位領域（領域B）よりも約10倍の大きな電流が観測された。LSVにおける電位掃引方向を反転させても全く同様の電流一電位特性が得られた。さらに，電極電位を+0.2 Vと−0.2 Vの２点間で交互に切り替えた場合には，この操作に追随して代謝電流は可逆的に変化した（図12）。これらの結果は，LSVで得られた電流一電位特性には，電極呼吸をしている微生物の代謝活性の電極電位依存性が反映されていることを意味している。

ここで興味深いことは，領域Aと領域Bの境界となる電位が外膜シトクロムの中点電位（図11，点線）とほぼ一致していることである。このことは，外膜シトクロムの酸化還元状態に応じて微

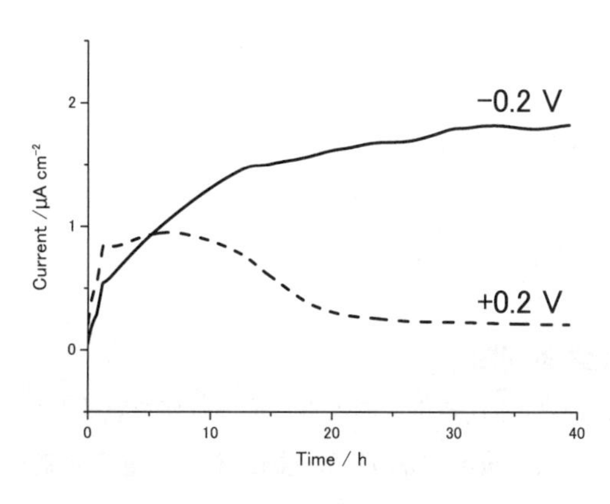

図10　+0.2 Vおよび−0.2 Vにおける微生物電流

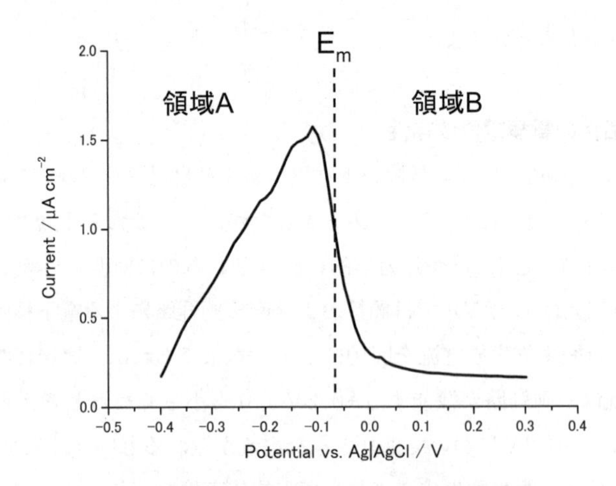

図11　微生物電流のアノード電位依存性
点線：外膜シトクロムの中点電位

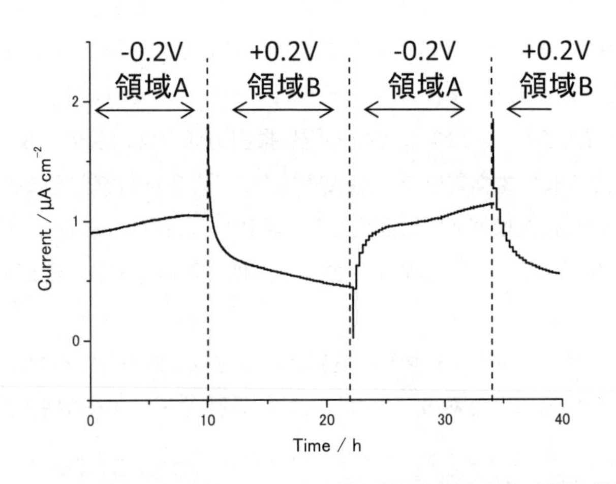

図12　アノード電位を+0.2Vと−0.2Vとの間で交互に切り替えた際の微生物電流

生物代謝活性が変化していることを示唆している。もっといえば，外膜シトクロムの酸化還元状態の電気化学的制御を介して，微生物集団のアノードへの細胞外電子移動活性が（電気化学的に）自在に制御可能であることを意味している。

3.3　TCA回路の電気化学的開閉

では，この領域AとBにおける代謝電流の大きな違いは何を意味しているのだろうか。ここで，その違いを考察するために，*Shewanella*の乳酸代謝における電子の流れを考えてみたい（図13）。体内に取り込まれた乳酸はAcetyl-CoAへと変換され，その過程の中で２分子のNADHが生成される。その後，クエン酸回路（TCA回路）が機能する場合には，さらにNADHが3分子と$FADH_2$が1分子生成される。表1に乳酸1分子が代謝される場合に電極へと流れる電子数を，TCA回路が機能する場合，しない場合とに分けてまとめた。ここから分かるように，TCA回路が機能する場合には，しない場合に比べ3倍の数の電子が流れる。我々は，領域AとBにおける微生物電流の大きさの違いが，このTCA回路の開閉と関連しているとの仮定の下に以下の実験を行った。このように*Shewanella*における呼吸電子の流れをTCA回路経路が完全に機能する場合とそれ以外のみに分けてしまうのは，いささか簡略しすぎてはいるが，それでもこれから述べるように多くのことが分かる。

一般に，TCA回路が機能しているか否かは，TCA回路阻害剤を加えることで調べることができる。例えば，マロン酸はそのようなTCA回路阻害剤の一種である。TCA回路の一部を成すComplex IIにおいてはコハク酸がフマル酸へと変換されるが，コハク酸と構造が酷似したマロン酸を適当量加えると，それがComplex IIに優先的に結合し，結果としてTCA回路が止まることになる（図14）。図15には領域Aおよび Bにそれぞれ相当する−0.2Vおよび+0.2Vで微生物電流が流れている状態で系内にマロン酸を加えたときの結果を示す。より大きな電流が流れている−0.2Vにおいてのみ，マロン酸を加えた瞬間に電流が大きく減少し，ここでTCA回路が機能していたこ

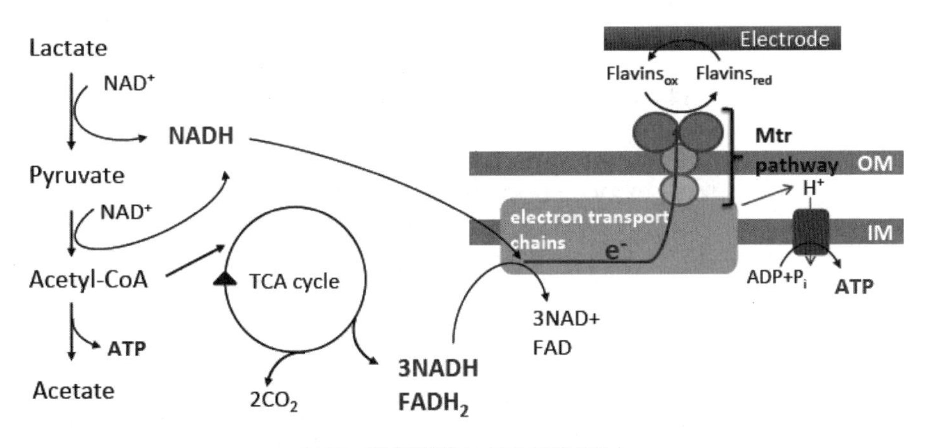

図13　乳酸代謝における電子の流れ

表1　乳酸が1分子代謝される際に電極へ移動する電子数

TCA回路	ATP数／乳酸1分子	NADH数／乳酸1分子	$FADH_2$数／乳酸1分子	電子数※1／乳酸1分子
機能する場合	4	5	1	12
機能しない場合	2	2	0	4

※1　電極へと伝達される電子数

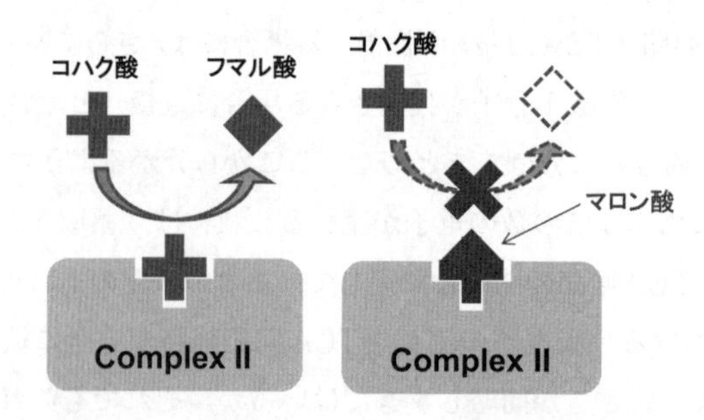

図14　マロン酸によるComplex II機能阻害の説明図

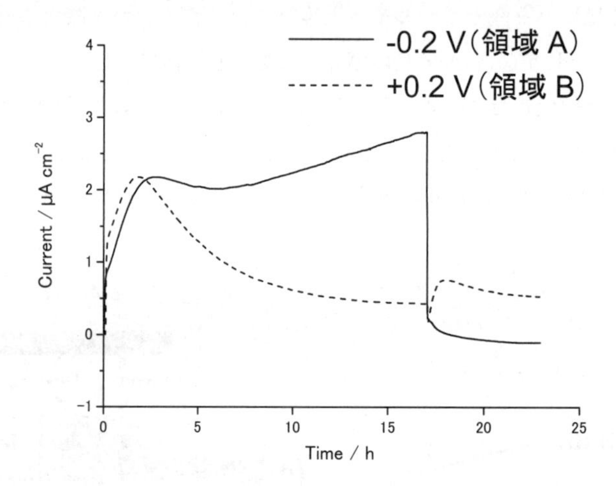

図15　+0.2 Vおよび−0.2 Vにおける微生物電流生成に対するマロン酸（TCA回路阻害剤）添加の効果

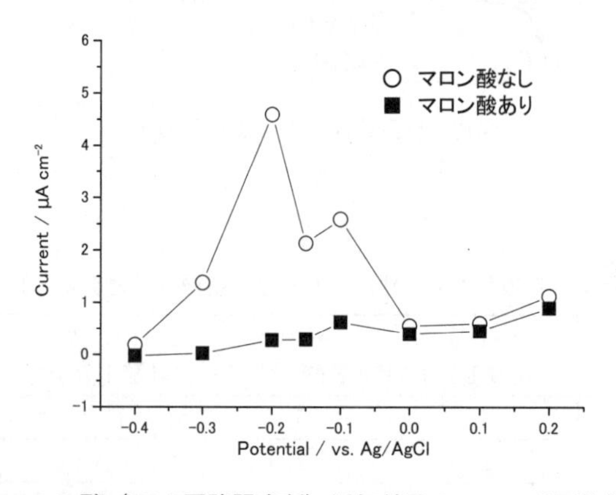

図16　マロン酸（TCA回路阻害剤）添加効果のアノード電位依存性

とが示唆された。このマロン酸添加の効果の電位依存性をより詳しく調べるために，様々な電位で同様の実験を行い，マロン酸添加前後の電流値を電位に対してプロットしたものを図16に示す。ここから分かるように，領域Aではマロン酸添加後に大きく電流が減少したのに対し，領域Bでは何の影響も見られなかった。また，同じような結果が，マロン酸以外の他のTCA阻害剤を加えた場合にも観察された。今後，各電位で電気化学培養した菌体内の代謝物解析が必要であるが，上記の結果は，領域AにおいてTCA回路が機能していることを示唆している。

3.4　TCA回路開閉のトリガー

LSVを行ったのと全く同じ系で，掃引速度だけを50 mV s^{-1}と約15,000倍速くして得られたサイクリックボルタモグラム（CV）を図17(a)に示す。この場合には，2節で既に述べたように，外膜シトクロムに帰属される酸化還元ピークが観測される。このCVの微生物培養電位依存性を調

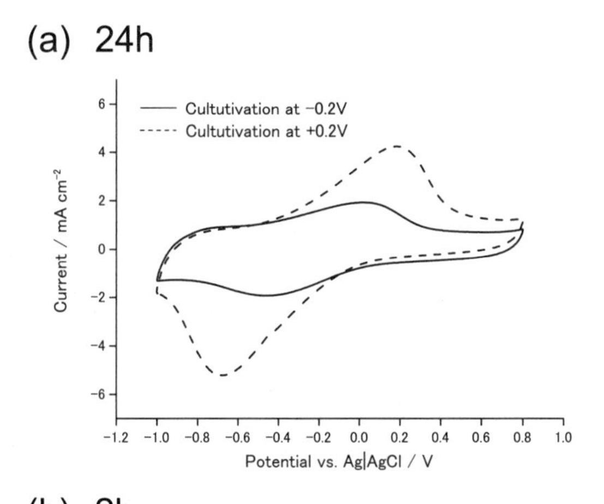

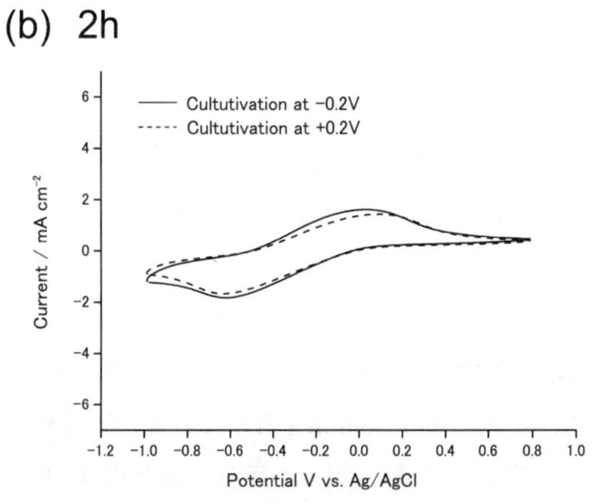

図17　電気化学培養開始24時間後(a)および2時間後(b)における*S. loihica* PV-4バイオフィルムのサイクリックボルタモグラム

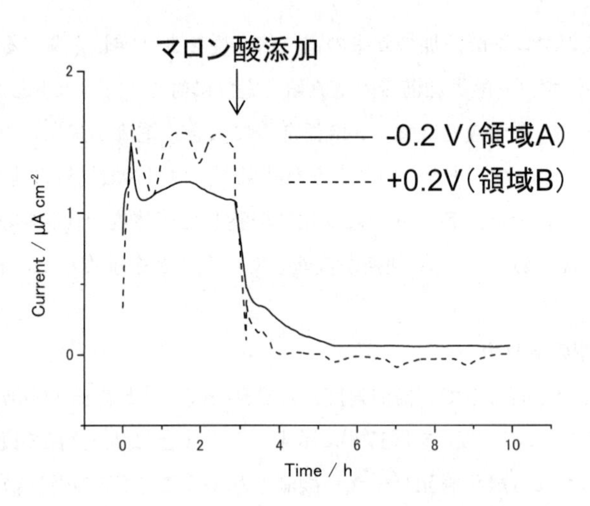

図18　電気化学培養開始２時間後におけるマロン酸（TCA回路阻害剤）添加の効果

べたところ，TCA回路が機能する領域Aで微生物を電気化学培養した場合には，CVにおけるピークが小さく（破線），逆に，TCA回路が機能しない領域Bでは，そのピークが大きくなることが分かった（実線）[18,19]。

例えば，領域Bの+0.2Vで微生物を電気化学培養した場合，CVにおけるピークが時間とともに成長し，約24時間後に飽和する。図17(b)には２時間後（破線）および24時間後（実線）におけるCVを示す。２時間後では，まだCVにおけるピークは小さく，領域AでのCVにおけるピーク（図17(a)，破線）と大差はない。ここで大変興味深いことに，まだCVにおけるピークが大きくなっていない２時間の時点でマロン酸を添加すると，この領域Bにおいても電流が大きく減少した。CVにおけるピークが成長し終わった24時間後では，マロン酸を加えても何の変化も観測されなかった（図18）。

このようにTCA回路の開閉（代謝電流の大小）とCVにおけるピークの大小との間には常に相関が見られた。すなわち，CVにおけるピークが明瞭に観察されない領域Aや領域Bにおける２時間後の時点ではTCA回路が機能しているのに対し，CVにおいてピークが大きく確認される場合（領域Bでの24時間後）にはTCA回路が機能しない。CVにおけるピークの大小には，電極と電気化学的に相互作用している外膜シトクロムの数が反映されている。したがって，上記の結果は，外膜シトクロムが電気化学的に電極と相互作用するとTCA回路が停止することを示唆している。外膜シトクロムが電気化学的に電極と相互作用する場合には，微生物体内の酸化還元雰囲気が大きく酸化雰囲気側へと傾き，それによりComplex IIなどの電子伝達タンパク質の活性が大きく低下することが予想される。実際に，単離Complex IIの*in vitro*電気化学実験では，正側電位領域でComplex IIの活性が大きく低下することが知られている[20]。このことを考え合わせると，電子伝達タンパク質の活性低下が領域Bにおける代謝電流減少の一因かもしれない。

4　微生物と鉱物の電気化学的相互作用

4.1　酸化鉄ナノ粒子添加による電流増加

図19はハワイ島近海の海底火山，Loihi山付近の微生物・鉄マット（Microbial Iron Mat）の様子である。筆者らが用いている電流発生菌*S. loihica*は，このような環境にある海抜－1325 mのNaha火口から単離された種であり，天然においては固体の酸化鉄を電子受容体として利用することで代謝（嫌気呼吸）を営んでいる。通常の微生物と同様，有機物を含む反応容器内で*S. loihica*の培養を行っても，発生する電流はわずかである。そこで筆者らは，電流発生菌が鉄マットに生息していることに着想を得て，酸化鉄のナノコロイドを電気化学セル内に添加した。すると，状況は大きく変わった。微生物からの電流発生が時間とともに増大し，最終的には微生物だけの場合に比べて，50倍以上もの電流が発生したのである。以下では，土壌や堆積物などの自然環境で普遍的に観測される「*Shewanella*と酸化鉄ナノ粒子の相互作用」を利用した電気伝導性を持つ*Shewanella*細胞集団の構築と，その結果得られた微生物電流生産能の大幅向上について紹介する[21~23]。

図20に*S. loihica*からの微生物電流生成の結果を示す。作用極にはITOガラスを用い，ITO電極の電位は0.2 V（vs Ag|AgCl(KCl_{sat})）に固定している。乳酸を電子源として含む電気化学セルに細胞懸濁液を添加することで，電流は立ち上がり，その後，約0.5 μAで定常に達した。ここで，導入する細胞の濃度（optical density）を0.1から4.0の間で40倍変化させても電流の定常値に大きな変化は見られなかった。この結果は，たとえ*S. loihica*細胞が溶液中に高濃度で存在しても，電流生成に寄与することができるのは，電極表面近傍の細胞に限られていることを示している（図20，挿入図）。つまり，本電気化学システムにおいては，直接電子伝達が微生物電流生成におけるメイン過程であることを示している。細胞を含んだ電気化学セルにα-Fe_2O_3ナノコロイドを添加することで，電流は一度ゼロにまで減少した。しかしその後，時間とともに電流値は増加し，約12時間後には50倍以上にも達する電流値の向上が観測された（図21）。なお極大を迎えた後の電流

図19　*Shewanella loihica* PV-4 が単離されたLoihi山付近の鉄マットの様子
Oceanus Magazine, **42**, 1（2004）より掲載

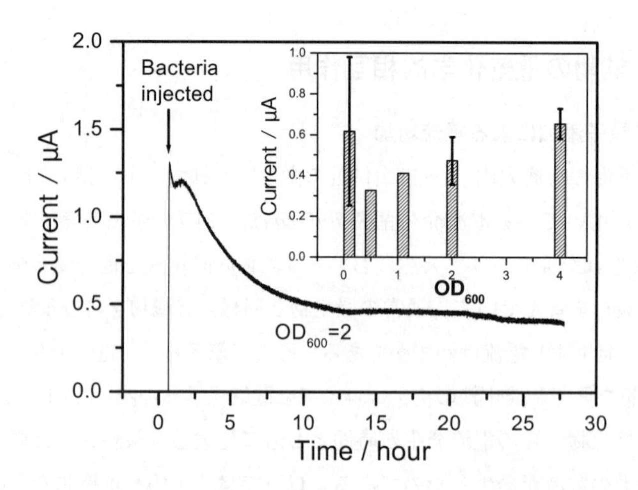

図20　*S. loihica*の電流―時間曲線と細胞濃度に対する定常電流値変化（挿入図）

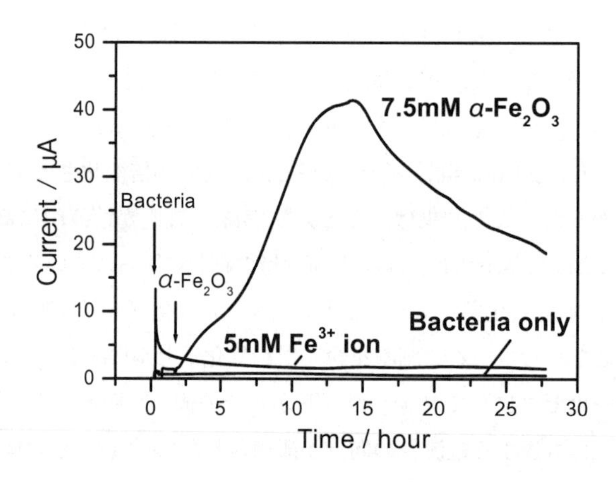

図21　α-Fe_2O_3ナノ粒子の導入による*S. loihica*の電流生成の増大

値の減少は，電子供与体の乳酸の不足に起因する。また，ナノ粒子の添加により細胞表面に存在するシトクロムcの酸化還元波のピーク電流も300倍以上と，大幅に増大した。

電気化学測定後，SEMを用いて電極表面の観察を行ったところ，20～40 nmの粒径を持つα-Fe_2O_3粒子が細胞表面を覆い，細胞同士が直径50 nm程度のワイヤー状の構造体を介して多孔質な凝集構造体を形成している様子が観測された（図22）。ここで，比較として従来型の手法である電子メディエータ（クエン酸鉄）を添加した場合には，電流値の増大は3倍以下であった。またクエン酸鉄を加えてもシトクロムcに由来する酸化還元波電流の増大は観測されなかった。

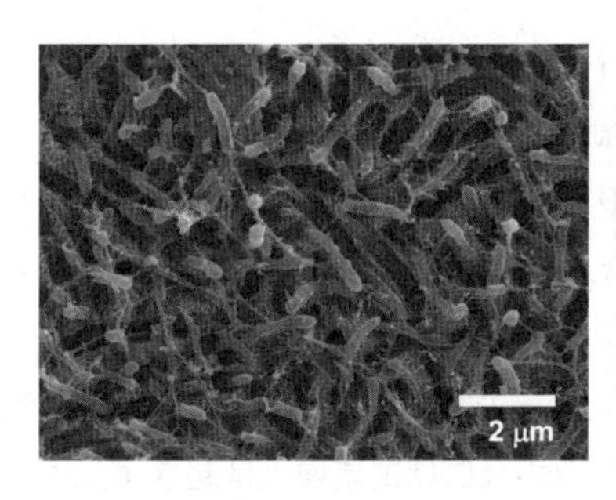

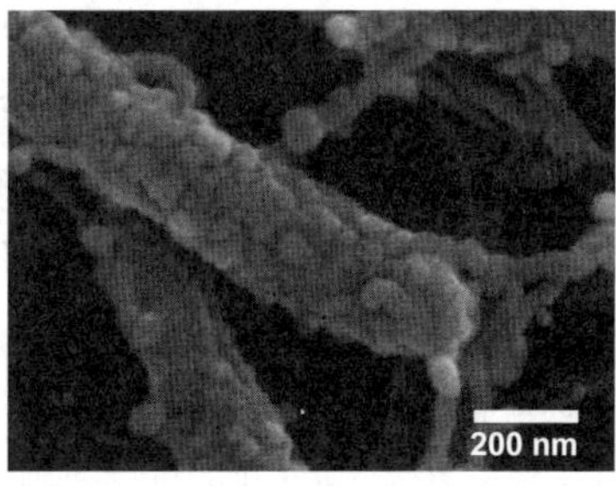

図22　酸化鉄コロイド存在下で*S. loihica*が電極上に形成した微生物ネットワーク構造のSEM像

4.2　半導体を利用した長距離細胞外電子伝達モデルの提唱

上で述べたα-Fe_2O_3ナノコロイドの添加による電流値の飛躍的な向上は，α-Fe_2O_3が持つn型半導体特性と，シトクロム*c*の酸化還元電位に着目することで理解することができる。*S. loihica*は細胞表面に存在するシトクロム*c*を利用してα-Fe_2O_3の伝導帯に直接電子注入を行う。ここで，シトクロム*c*の中点電位が50 mV（vs SHE）にあることに着目すると，この値はn型半導体であるα-Fe_2O_3の伝導帯下端のエネルギー（－10 mV vs SHE, pH7.8）とほぼ等しいことが分かる。したがって，両者の間の電子交換反応に伴うエネルギー障壁は小さく，シトクロム*c*を介したナノコロイド間の電子ホッピング反応が可能になる。その結果，たとえ電極表面から遠く離れた細胞であっても電極への電子伝達が可能になり，電流値が飛躍的に向上したと考えられる（図23）。

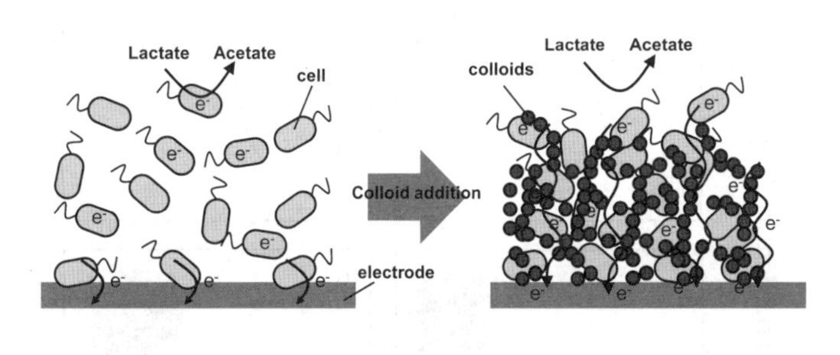

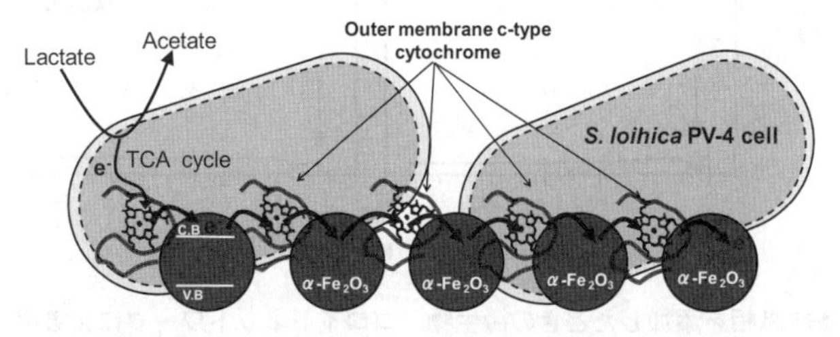

図23　（上）酸化鉄ナノ粒子添加による微生物凝集構造体の形成。（下）シトクロムと半導体酸化鉄ナノ粒子を介した微生物長距離電子ホッピング機構。

4.3 電流生産における酸化鉄ナノ粒子のバンド構造の影響

このような長距離電子ホッピングモデルを検証するため，本研究ではα-Fe_2O_3，α-FeOOH，γ-Fe_2O_3（以上n型半導体），Fe_3O_4（半金属）の4つの結晶構造を持つ酸化鉄コロイドを用いた[22)]。それぞれのコロイドを添加した場合の*S. loihica*による微生物電流生成測定の結果を図24に示す。α-Fe_2O_3やα-FeOOHを添加した場合には，電流生成はいったん減少した後，時間とともに増大し，15時間の培養後，約20 μA cm^{-2}に達した。その後の電流減少は電子源の乳酸の欠乏による。一方，同じn型半導体でもγ-Fe_2O_3を添加した場合には電流増大は起きず，添加後の電流値は1.4 μA cm^{-2}であった。また，半金属のFe_3O_4の場合の電流生成はγ-Fe_2O_3の場合と同程度であった。微生物電流生成の測定後は，微生物／コロイド電極に光照射（λ >420 nm）を行い，酸化鉄コロイドのバンドギャップ光励起で生じる光電流を測定した。すると，α-Fe_2O_3とα-FeOOHの場合には光電流が検出されたのに対し，γ-Fe_2O_3やFe_3O_4の場合には全く検出されず，微生物電流生成と同様の結晶構造依存性が見られた。これらの結果は，図23に示す長距離電子伝達は半導体酸化鉄の伝導体を介して進行し，その効率がバンド構造に強く依存することを示している。

図25は各酸化鉄コロイドの電流生成条件下での伝導帯端の位置をまとめ，*S. loihica*のシトクロム*c*の式量電位と比較した図である。コロイドのエネルギー準位は電気化学的に求めた。大きな微生物電流生成を誘起したα-Fe_2O_3やα-FeOOHの伝導帯下端は，20 mV以内の範囲内に収まるほどシトクロム*c*の式量電位と近接していた。これはシトクロム*c*と，α-Fe_2O_3やα-FeOOHの間

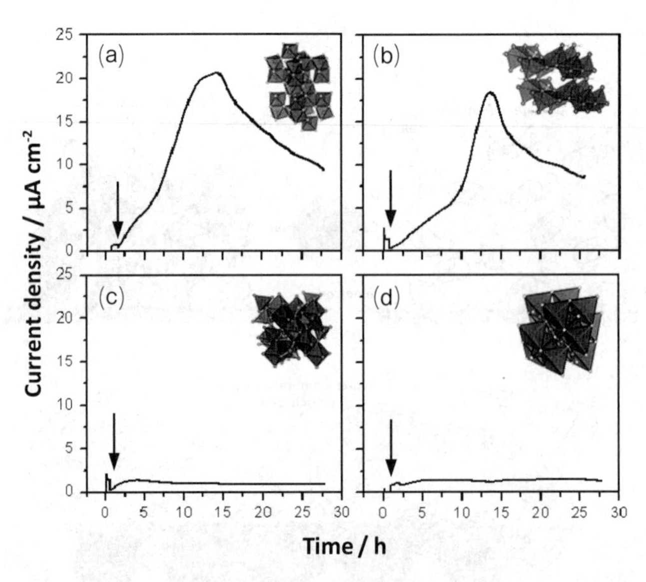

図24　異なる結晶相を添加したときの微生物／コロイドネットワークによる電流生成曲線：矢印の点でコロイドを添加

(a)α-Fe_2O_3，(b)α-FeOOH，(c)γ-Fe_2O_3，(d)Fe_3O_4。挿入図は各相の結晶構造。

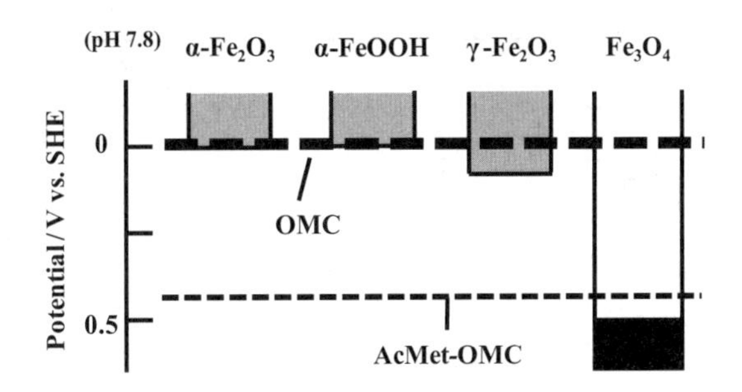

図25　電気化学的に求めた酸化鉄コロイドのバンド構造とシトクロムcの式量電位との比較

の電子交換反応のエネルギー障壁が存在しないことを示している。一方で小さな電流生成しか引き起こさなかったγ-Fe_2O_3やFe_3O_4の場合，シトクロムcの電位とは0.1 V以上のエネルギー差があることが分かった。以上の結果は，酸化鉄コロイドとシトクロムcの間のエネルギー・マッチングが微生物／酸化鉄ネットワークにおける長距離電子伝達（図23）に対して重要であることを示しており，その電子伝達機構のモデルとして，「シトクロムcと半導体酸化鉄の伝導帯の間で電子交換反応が起きることで長距離電子ホッピングが進行する」という仮説を示すことが可能である（図23）。

4.4　タンパク質変性実験と遺伝子破壊株を用いた電子ホッピングモデルの検証

電流生成に重要なシトクロムcをノックアウトした遺伝子破壊株（Δ2525株）を用いてα-Fe_2O_3存在下の電流生成を測定すると，電流値は野生株に比べ50～80％減少した。また，アセチルメチオニン（AcMet）を用いてシトクロムの活性中心であるヘムの配位子を交換すると，シトクロムの式量電位は大きく正にシフトし，微生物／α-Fe_2O_3ネットワークからの電流生成も90％以上減少した。式量電位のシフトはシトクロムcと酸化鉄コロイドの間の電子交換反応のエネルギー障壁を大きくする。したがってこれらの結果は，長距離電子伝達には細胞のシトクロムcが関与しており，かつコロイドとシトクロムcの間のエネルギー・マッチング（電子交換反応）が電流増大に対し重要であることを示している[21)]。

4.5　電流生成の酸化鉄コロイド濃度依存性予測と実証

図23の電子伝達モデルの特徴は，シトクロムcと半導体酸化鉄の両方が電子ホッピングには必要となることである。この場合酸化鉄とシトクロムcの結合の有無により，微生物・コロイド複合体構造内部はランダムに導電・絶縁性領域の2つに分かれていると考えられる。半導体ナノ粒子ネットワークの構造と電子伝達能の関係を記述できる浸透理論によれば，こうした構造を持つバルク体の導電性は導電性領域の空間占有率に対し閾値を持つ。本研究ではα-Fe_2O_3コロイド濃度を変えることで構造内の導電性領域の空間占有率を変化させ，この予測が確認されるか検討し

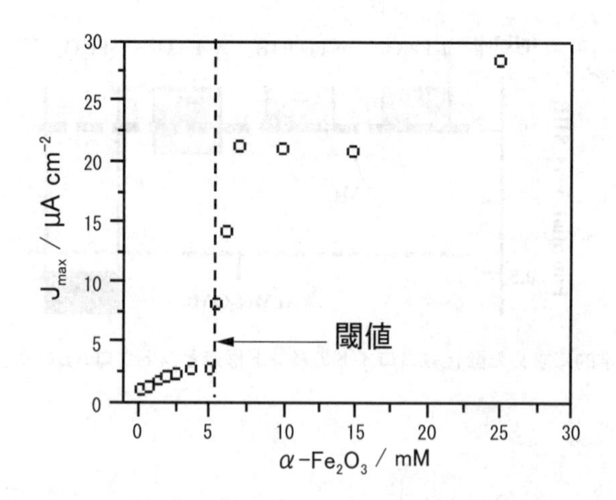

図26　*S. loihica*の最大電流生成値（J_{max}）のα-Fe_2O_3コロイド濃度依存性

た。図26には*S. loihica*による電流生成最大値のα-Fe_2O_3コロイド濃度依存性を示す。電流生成は5～7 mMの間で急激に向上し，これは閾値の存在を示している。この結果は，半導体ネットワーク内のナノ粒子間電子ホッピングと類似の機構により，微生物／コロイドネットワークで長距離電子伝達が進行していることを示している。以上の4.1～4.4項の結果を総合的に考慮すると，*Shewanella*と酸化鉄コロイドの混合によって誘起される長距離電子伝達は図23の機構で進行していると結論付けられる[22]。このようなナノコロイドを介した電子ホッピングモデルは，現在盛んに研究がなされている半導体ナノ粒子を用いた化学太陽電池（色素増感太陽電池など）における電子輸送反応と同じ原理である。しかし，電子ホッピングネットワークが電極表面に自発的に構築されるという点に，化学太陽電池との大きな違いがある。

4.6　金属性硫化鉄ナノ粒子のバイオミネラリゼーション

自然界にはα-Fe_2O_3以外にも，電子伝達能を有する多種多様な機能性材料がナノ鉱物という形で存在している。例えば，深海底などの嫌気条件下においては金属硫化物（FeSやFeS_2）が豊富に存在している。これらの金属硫化物の多くは，鉄還元菌や硫黄還元菌などの代謝活動（生合成・バイオミネラリゼーション）によって形成されることが知られている。しかしながら，鉱物の固体物性がバクテリアの代謝活動にどのような影響を与えているのかという点に関しては，これまで議論がなされてこなかった。我々は，海洋微生物*S. loihica* PV-4 を用いた硫化鉄材料の生体合成，ならびにその微生物燃料電池への応用について検討を行った。細胞を鉄イオンと硫黄化合物の共存下で培養することで黒色の金属性沈殿物が生成し，その結果，微生物燃料電池の効率が大幅に増大することを見出した[24]。

硫化鉄の生合成は，*S. loihica*を，塩化鉄（III）(5 mM）ならびにチオ硫酸イオン（10 mM）の存在下で，電子源には乳酸10 mMを用い30 ℃で行った。塩化鉄（III）およびチオ硫酸ナトリウ

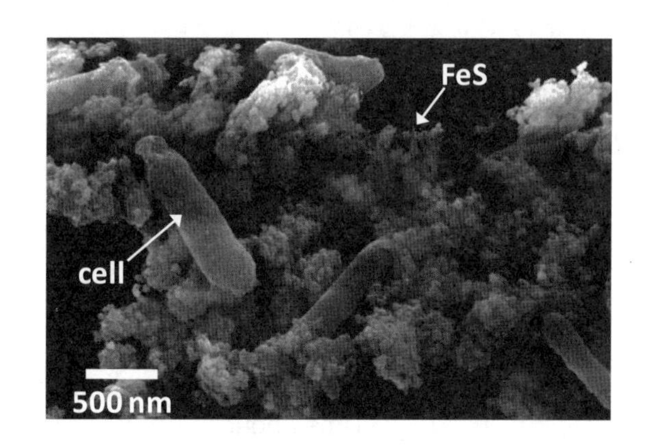

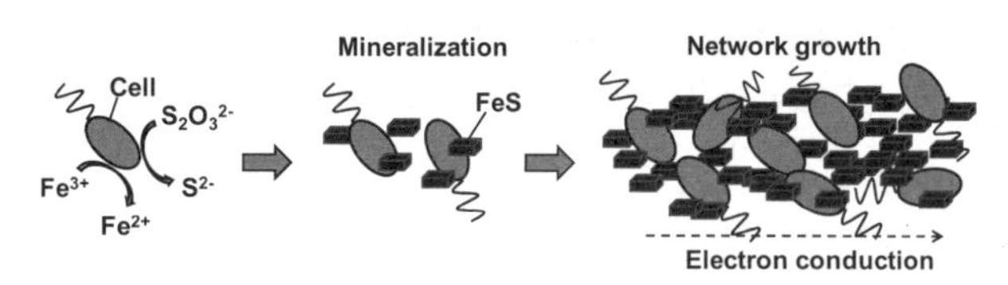

図27　バイオミネラリゼーションによって形成したFeSと細胞からなる
電気伝導ネットワークSEM像とネットワーク形成過程の模式図

ム存在下で*S. loihica*の嫌気培養を行うと，細胞懸濁液の色は1時間ほどで変わり始め，約3時間後には黒色の沈殿物を得た。細胞を添加しなかった場合には色の変化は観察されなかった。沈殿物のXPS測定より，鉄は2＋へ，硫黄は2－へ還元され，FeSとして存在していることを確認した。また，XRD測定より，黒色沈殿物は時間の経過につれて非晶質からmackinawite（FeS）に移り変わることを確認した。得られた沈殿物を乾固した後，アルミニウム電極を蒸着させ，電極間距離1mmの間隔で二端子法により電気伝導度測定を行った。印加電圧に対して電流値が線形に変化したことから，得られた細胞／FeS複合体（図27にそのSEM像を示す）は金属特性を有することが分かる。

引き続きFeSの生合成を，ITOを作用極として用いた電気化学反応容器内で行った（図28）。微生物の代謝に由来する電流が時間の経過とともに増大し，鉄イオンと硫黄イオンが存在しない場合と比較して最大で200倍以上に増加した。化学的に合成したmackinawiteコロイドを，細胞を含む電気化学反応容器に添加した場合には，このような電流の増大は観測されなかった。ここで，細胞／FeS複合体が金属電気伝導性を示すこと，そして電流生成が微生物の代謝に由来することを考慮に入れると，電流の大幅な増大は細胞が自ら作り出したFeS粒子を長距離電子伝達材として利用していることを示している。

微生物の電気生成については現在から100年前に最初の報告がなされていたが，長年電流密度が低いことから注目されてこなかった。しかし，環境問題への関心の高まりを背景として，バイオマスエネルギーの回収プロセスとして，あるいは自立型の環境浄化プロセスとして，近年関心を

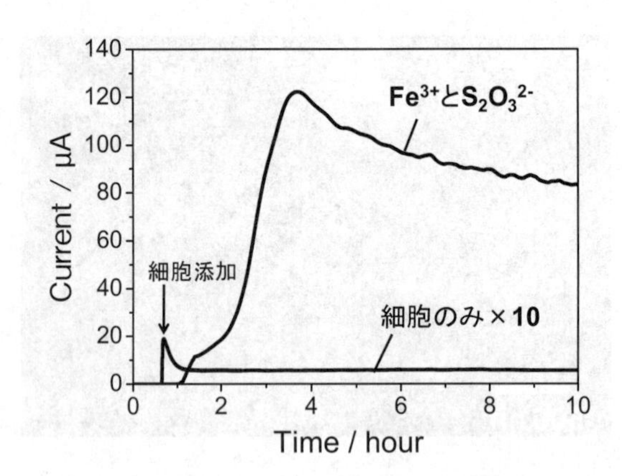

図28 Fe^{3+}および$S_2O_3^{2-}$存在下における*S. loihica*からの電流生成
細胞のみの電流生成については電流値を10倍にして表示している。

集めている。例えば，2009年には*Times*誌で今後注目すべき10の技術の一つとして微生物燃料電池が紹介されている。筆者らの結果が，そのまま微生物発電プロセスの性能向上につながるというわけではないが，自然界に近い環境を作るだけで著しく電力生産能が上昇したことは，いかにも自然に生きる微生物を取り扱うプロセスらしく，興味深い結果であると考えている。

4.7 深海底に広がる巨大電気化学システム

上述した微生物と酸化鉄／硫化鉄の相互作用に関する発見を踏まえ，我々は深海底における巨大な電気化学反応場，すなわち鉄系鉱物に支えられた電流生態システムの存在を考えるに至った。そこで海洋研究開発機構との共同研究の下，深海熱水噴出孔であるブラックスモーカーチムニーより鉱物塊を採取し，その電気伝導ならびに電極触媒特性について検討を行った[25]。

地球上のほとんどの生態系では太陽光エネルギーによる有機物生産（光合成）が食物連鎖の出発点となる。一方，深海の熱水噴出孔周辺では太陽光が届かない代わりに硫化水素や水素といった高エネルギー化合物に富む熱水が地球内部から放出され，これらの化合物の酸化還元反応を利用して有機物を生産できる微生物が食物連鎖の出発点となり多様な生態系を形づくっている。例えばブラックスモーカーと呼ばれる熱水噴出孔（図29）では，熱水が海水中に放出されると主にカルコパイライトやパイライトと呼ばれる硫化鉱物が形成し沈殿することでチムニー（煙突）と呼ばれる構造物が形成される。ある種の微生物はこのチムニー壁に生息し有機物の生産を行うが，これはチムニー壁がエネルギー源に富む熱水と酸素に富む海水の境界面となり直接的な酸化還元化学反応を維持するのに都合が良いからだと考えられている。

1970年代後半に発見されて以降，ブラックスモーカーチムニーについては生物学的，鉱物学的，構造学的な研究は広く行われてきたが，電気伝導性や電気触媒性については研究がなされてこなかった。そこで筆者らは，ブラックスモーカーチムニーの電気化学的な特性の解析を行った。チ

図29　南西太平洋のラウ海盆海域の深海熱水孔
Snow Chimney, 22° 10.825'S, 176° 36.095 W, 1908 m

図30　南西太平洋のラウ海盆海域から採取したチムニー塊

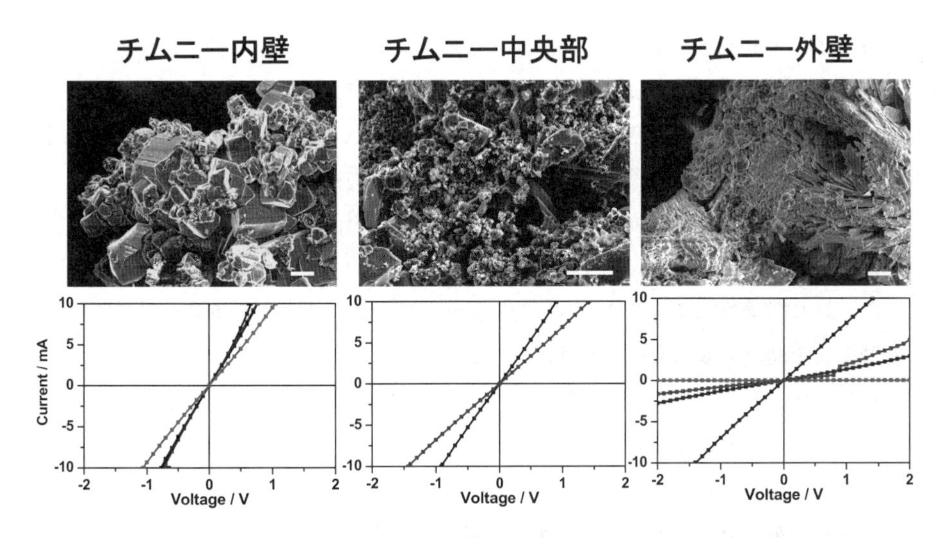

図31　チムニー内壁，外壁，中央部の硫化鉄鉱物のSEM像と電気伝導特性

ムニー塊は南西太平洋のラウ海盆という海域の深海熱水孔から採取した（図30）。本研究では，チムニーの内壁側，内部，外壁側から切り出したチムニー片を測定試料とし，それぞれについて電気伝導性の測定を行った。さらに内壁側と外壁側のチムニー片における触媒能も電気化学的に測定を行った。

チムニー塊から小片を幾つか切り出し個々の電気伝導性を測定したところ，全ての小片でまるで金属のような高い電気伝導性を示した（図31）。さらにチムニー塊全体を用いて長距離間（10 cm以上）の電気抵抗を測定したところ常に10 Ω cm^{-1}以下の値を示した。この値は一般的に電極と

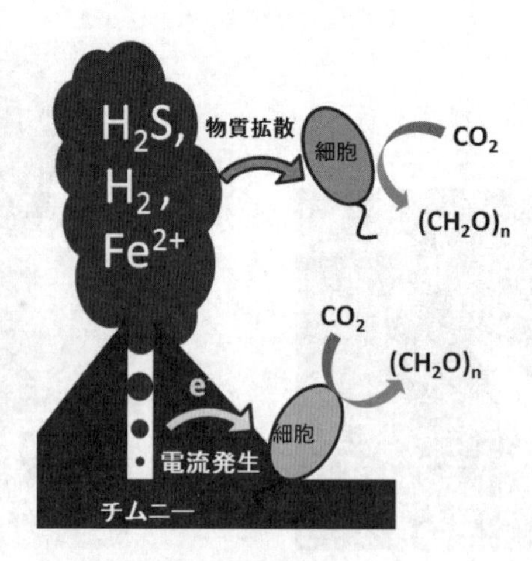

図32　チムニー壁の触媒能と電気伝導性を利用した熱水からの電流生成の概念図

して使用されるグラファイトと同等の高い電気伝導性である。本来は絶縁体（または半導体）であるカルコパイライトやパイライトの結晶から成るチムニーが電気伝導性を示すのは，チムニーが非常に微小な結晶の集合によって構成される複雑な構造であることと，熱水に含まれる多様な金属元素がチムニー内部に高濃度に取り込まれている（heavy doping）ためと考えられる。

引き続き，チムニーの電極触媒能力の評価を行った。その結果，チムニー内壁表面による触媒活性により硫化水素が元素状硫黄に酸化され，一方，外壁表面では触媒活性によって酸素分子の還元反応が観察された。この触媒活性は溶液にモリブデンやニッケルを添加することによりさらに増大した。これらは熱水に含まれる典型的な微量金属元素であり，チムニーの電気伝導性だけではなく触媒能を助ける機能も持つと考えられる。

今回の結果から，チムニーの内外で最大700 mVの電位差を持つ化学反応が進みチムニー壁を横断する電流が流れることが示された。しかも，この反応によるエネルギー損失は極めて小さく，チムニーが触媒として極めて優秀であることも明らかとなった。これにより，チムニー壁は空間的に隔離された熱水と海水のエネルギー差を高効率に電気エネルギーに変換する天然の電池としての機能を持つことになる（図32)。

これまで，深海熱水域の高いエネルギー生産は全て熱水と海水が直接混ざり合うことで起こる酸化還元化学反応に起因していると信じられてきた。すなわち，チムニー壁内部でも毛細管のような割れ目を通じて熱水が拡散・対流し海水と直接に混ざると考えられている。熱水と海水が接触しなくてもチムニーを介して電気エネルギーに変換できることを示した筆者らの発見は，環境一生物間のエネルギー循環の仕組みに新たな可能性を提示する。つまり，チムニー内に生息する微生物の一部は，有機物生産のためのエネルギーを，細胞に取り込まれた化学物質の酸化還元反応から得るのではなく，チムニー内を流れる電子から直接獲得している可能性が考えられる。酸化還元反応が起きやすい場所は還元的な物質と酸化的な物質がどちらも供給される空間的に限られた場所である。チムニーのような電気エネルギーを伝える物質が介在することで，酸化還元反応によって生じるエネルギーが供給される空間の拡がりは大きく増大する。今後，深海底における電気エネルギーに依存した微生物生態系が発見されれば，地球における生命活動の存在可能領域についての理解が大きく変わるであろう。さらにいえば，この現象は生命の起源にも深く関係しているかも知れない。今後は微生物燃料電池の出力向上と合わせて，このような壮大な研究課題にも取り組んでいきたいと考えている。

文　献

1) H. H. Hau, J. A. Gralnick, *Annu. Rev. Microbiol.*, **61**, 237 (2007)
2) J. A. Gralnick, D. K. Newman, *Molecul. Microbiol.*, **65**, 1 (2007)
3) E. Marsili, D. B. Baron, I. D. Shikhare, D. Coursolle, J. A. Gralnick, D. R. Bond, *Proc. Natl. Acad. Sci. USA*, **105**, 3968 (2008)
4) L. Shi, T. C. Squier, J. M. Zachara, J. K. Fredrickson, *Mol. Microbiol.*, **65**, 12 (2007)
5) N. S. Wigginton, K. M. Rosso, M. F. Hochella, *J. Phys. Chem. B*, **111**, 12857 (2007)
6) R. S. Hartshorne *et al.*, *J. Biol. Inorg. Chem.*, **12**, 1083 (2007)
7) N. S. Wigginton, K. M. Rosso, B. H. Lower, L. Shi, M. F. Hochella, *Geochim. Cosmochim. Acta*, **71**, 543 (2007)
8) S. J. Field, P. S. Dobbin, M. R. Cheesman, N. J. Watmough, A. J. Thomson, D. J. Richardson, *J. Biol. Chem.*, **275**, 8515 (2000)
9) A. A. Clarke, *Proc. Natl. Acad. Sci. USA*, **108**(23), 9384 (2011)
10) R. Nakamura, K. Ishii, K. Hashimoto, *Angew. Chem. Int. Ed.*, **48**, 1606 (2009)
11) S. Shibanuma, R. Nakamura, Y. Hirakawa, K. Hashimoto, K. Ishii, *Angew. Chem. Int. Ed.*, **50**, 9137 (2011)
12) A. Okamoto, R. Nakamura, K. Ishii, K. Hashimoto, *ChemBioChem*, **10**, 2329 (2009)
13) G. J. Newton, S. Mori, R. Nakamura, K. Hashimoto, K. Watanabe, *Appl. Environ. Microbiol.*, **75**, 7674 (2009)
14) A. Okamoto, R. Nakamura, K. Hashimoto, *Electrochimica Acta*, **56**, 5526 (2011)
15) A. Okamoto, K. Hashimoto, R. Nakamura, InTech Recent Trend in Electrochemical Science and Technology, Chapter 2, in press
16) H. Liu, G. J. Newton, R. Nakamura, K. Hashimoto, S. Nakanishi, *Angew. Chem. Int. Ed.*, **37**, 6746 (2010)
17) S. Mori, K. Ishii, K. Hirakawa, R. Nakamura, K. Hashimoto, *Inorganic Chemistry*, **50**, 2037 (2011)
18) H. Liu, S. Matsuda, S. Kato, K. Hashimoto, S. Nakanishi, *ChemSusChem*, **3**, 1253 (2010)
19) H. Liu, S. Matsuda, T. Kawai, K. Hashimoto, S. Nakanishi, *Chem. Commun.*, **47**, 3870 (2011)

20) A. Sucheta, B. A. C. Ackrell, B. Cochran, F. A. Armstrong, *Nature*, **356**, 361 (1992)
21) R. Nakamura, F. Kai, A. Okamoto, G. J. Newton, K. Hashimoto, *Angew. Chem. Int. Ed.*, **48**, 508 (2009)
22) F. Kai, A. Okamoto, K. Hashimoto, R. Nakamura, submitted
23) S. Kato, R. Nakamura, F. Kai, K. Watanabe, K. Hashimoto, *Environmental Microbiology*, **12**, 3114 (2010)
24) R. Nakamura, A. Okamoto, N. Tajima, G. J. Newton, F. Kai, T. Takashima, K. Hashimoto, *ChemBioChem*, **11**, 643 (2010)
25) R. Nakamura, T. Takashima, S. Kato, K. Takai, M. Yamamoto, K. Hashimoto, *Angew. Chem. Int. Ed.*, **49**, 7692 (2010)

第6章　微生物電池—アノード反応

1　微生物—電極間電子移動

井上謙吾*

生物が有機物の化学エネルギーをATPの生産へ利用する過程で生じる電子は最終的に何らかの電子受容体へ伝えられる。通常電子受容体は可溶性の化学物質であるが，固体の電極などを電子受容体として利用できる微生物も存在し，それらを利用したのが微生物電池である。電極を電子受容体として利用できる微生物種として，真正細菌のプロテオバクテリア，アシドバクテリウム，ファーミキューテス，および酵母などで見出されている[1)]。微生物電池の機能向上のためには，電極表面および周辺で起こる電子移動についての基礎的解明が重要である。複数の微生物種から成る複合系の微生物電池では，電子移動にかかわる要因が複雑であるため，詳細な研究は単一の株から構築された純粋培養系の微生物電池によるものがほとんどである。純粋培養系での微生物電池として，*Geobacter sulfurreducens*や*Shewanella oneidensis*などの鉄還元細菌を用いたものが確立され知見が蓄積している。ここでは，鉄還元細菌を中心に微生物から電極への電子移動について，①微生物の細胞内から細胞外への電子移動，②細胞表面から電極への電子移動，③微生物から電極への電子移動，の3つに分けて解説する。

1.1　微生物の細胞内から細胞外への電子移動

微生物から電極への電子移動における最初の反応は，微生物が電子供与体となる有機化合物を細胞内で代謝し，そこから還元力を得るところから始まる。微生物電池の電子供与体から電極への電子移動の効率の指標として，クーロン効率があり，これは，理論的に取り出せる電子供与体の電子の数のうち実際に取り出した電子の数の割合である[2,3)]。クーロン効率はアノード側の微生物の細胞内で電子供与体がどのような代謝経路を辿るのかによって異なる値になる。また，電極以外の電子受容体が系内に存在すると，その値は低くなる。微生物が電子供与体となる有機物を完全酸化し，電位損失なく電極へ電子を伝えることができれば，クーロン効率は高くなる[4,5)]。

微生物が電極へ電子を伝えるためには，細胞内で生じる電子を細胞外へと伝える必要がある。細胞膜は絶縁体ともいえる分子的性質を持つため，電子が細胞膜を通過するためには特別な機構がなくてはならない。細胞内から細胞外への電子伝達機構についての研究は*G. sulfurreducens*, *S. oneidensis*を中心に知見が蓄積している[6,7)]。

*Geobacter*属細菌は，微生物電池のアノード表面で見出されることが多く，複数種の微生物が複

*　Kengo Inoue　宮崎大学　IR推進機構　IRO特任助教

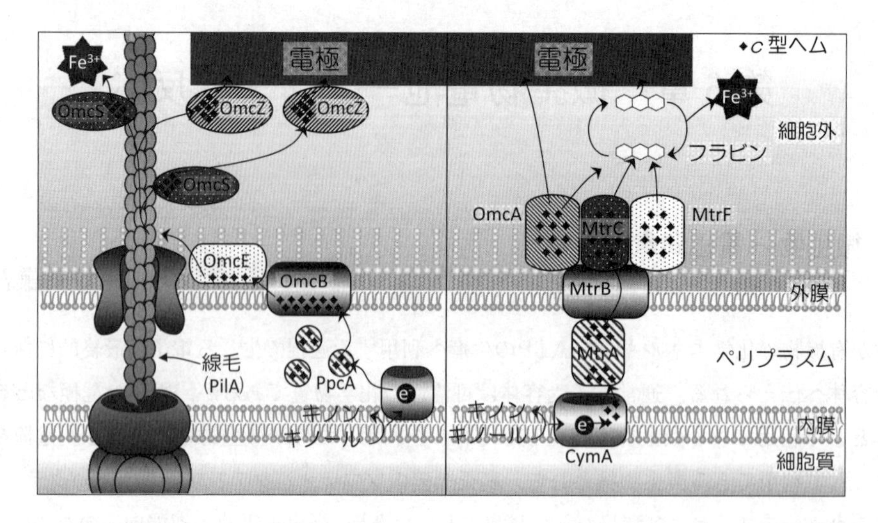

図1　*Geobacter sulfurreducens*（左）と*Shewanella oneidensis*（右）における予想細胞外電子伝達経路

合的に発電にかかわる微生物電池においても電極への電子移動に中心的な役割を果たすことが多い。*Geobacter*属細菌の中でも*G. sulfurreducens*については純粋培養系の微生物電池として最も高い出力密度での発電が可能であり，その遺伝子改変システム，全ゲノム解析とそれに続くマイクロアレイ解析など，分子生物学的研究手法が確立・整備されている[8]。*S. oneidensis*においては，複合系の微生物電池で見出されることはそれほど多くはないものの，通性嫌気性細菌であるため取扱いが容易であり，*G. sulfurreducens*同様多様な分子生物学的解析手法が確立されている[7]。

図1に*G. sulfurreducens*，および*S. oneidensis*における細胞内から細胞外への予想電子伝達モデルを示した。呼吸の過程で発生した電子は細胞質内でNAD^+などの電子伝達体へ伝わり，NADHが生じる。NADHはNADHデヒドロゲナーゼによりキノンへ電子が伝達されることでキノールが産生される。

*G. sulfurreducens*では，キノールから細胞内膜周辺に局在する電子伝達タンパク質などを介し，ペリプラズム内の*c*型シトクロムPpcAへ電子が伝えられる[9]。酸化鉄Fe(Ⅲ)の還元にはそのホモログであるPpcB，PpcC，PpcD，PpcEも同様の機能を果たす可能性も示唆されている[10]。PpcAは細胞外膜，および細胞外に局在する別の*c*型シトクロム（OmcB，OmcE，OmcS，OmcTおよびOmcZ）を介し，電極への電子移動が行われる。これら細胞外表面周辺に局在する*c*型シトクロムは複数の*c*型ヘムを分子内に持ち（図1），電気伝導性ナノワイヤー[11]（後述）と協調的に働くことで細胞外への電子移動が行われると考えられている。*G. sulfurreducens*の微生物電池において，*omcZ*と*pilA*遺伝子は高出力での発電に必須であるが，*omcB*，*omcE*遺伝子破壊株，*omcS*と*omcT*の二重破壊株，これら全ての遺伝子の四重破壊株は野生株と同等の出力で発電できる[12]。よって，電極への電子伝達を行う際，OmcB，OmcE，OmcS，OmcTには相補的に機能する他のタンパク質が存在すると考えられる。

*S. oneidensis*では細胞内のキノールからの電子は*c*型シトクロムCymAへと渡り，ペリプラズムのMtrAへと伝えられる。MtrAは細胞外膜に局在するMtrBへ電子を伝え，MtrBはOmcA，MtrCへと電子を伝える。MtrB，OmcA，MtrCは1：1：1で複合体を形成することが示されている[13]。MtrC，OmcAのホモログであるMtrFも細胞外電子受容体への電子移動を担うとされる[14]。MtrBを除くこれらのタンパク質も複数の*c*型ヘムを分子内に持つシトクロムである（図1）。*omcA*遺伝子破壊株では微生物電池における発電能力が低下し，*mtrA*，*mtrB*，*mtrC*遺伝子破壊株，および*omcA*と*mtrC*の二重破壊株にいたってはほぼ発電能力を失うことが示されている[15]。

1.2　細胞表面からアノードへの電子移動

微生物電池における微生物からアノードへの電子移動に関して，以下に示す電子移動様式が提唱されている（図2）。

1.2.1　直接接触

微生物が電極表面に直接接触して電子を電極へ伝える様式。直接接触による電極への電子伝達を行う微生物としては，*S. oneidensis*[16]，*S. loihica*[17]，*Aeromonas hydrophilia*[18]，*Clostridium*属細菌[19]，*Rhodoferax ferrireducens*[20]，*Desulfobulbus propionicus*[21]，*Geopsychrobacter electrodiphilus*[22]，*G. sulfurreducens*[23]などが知られている。マイクロアレイ解析による*G. sulfurreducens*の網羅的発現解析から，発電時には細胞外表面に局在する*c*型シトクロムの発現量が上昇することが明らかになっており[24,25]，さらに，分光電気化学的手法により，アノードに電子を直接伝えるのはやはり*c*型シトクロムであることが示唆されている[26]。*S. oneidensis*においては，精製された*c*型シトクロムを用いた電気化学的解析から，細胞外表面の*c*型シトクロムOmcAとMtrCは直接電子を電極へと伝えることが示されている[27,28]。*G. sulfurreducens*，*S. oneidensis*ともに，細胞外表面に局在する*c*型シトクロムタンパク質は，概して広い酸化還元域を有しており，様々な酸化還元電位を持つ電子受容体に対応するためと考えられる[27~31]。

1.2.2　電子シャトル

電子シャトル（可溶性の電子伝達物質，メディエータとも呼ばれる）を利用した様式。電子シャトルが微生物から電子を受け取り還元され，細胞外の電子受容体へ電子を渡すことで酸化され

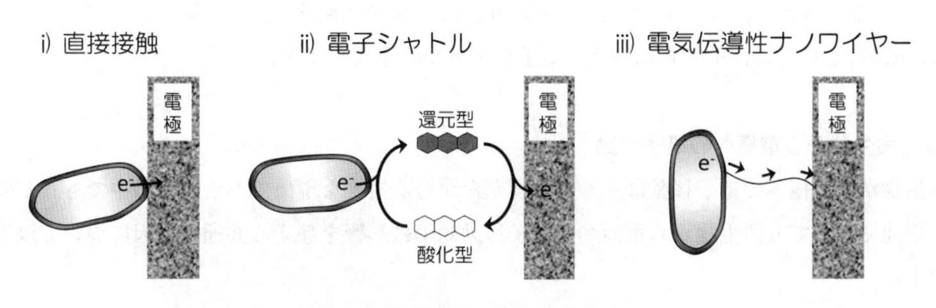

図2　微生物電池の電子移動モデル

る。酸化状態になった電子シャトルは，微生物から再度電子を受け取り，電子受容体（電極）に電子を渡す。これを繰り返して微生物—電極間での電子移動を行う。自然界では腐食酸などの物質を電子シャトルとして不溶性の酸化鉄の還元に利用することが見出されているが，微生物自体が電子シャトルを生産することも知られている[32]。電子シャトルとして，フラビン，フェナジン，キノン，メラニンなどが利用され，電子シャトルを生産・利用する微生物として*S. oneidensis*（フラビン，図１）[33]，*S. putrefaciens*（キノン）[34]，*S. algae*（メラニン）[35]，その他の*Shewanella*属細菌（フラビン）[36]，*Lactococcus lactis*（キノン）[37]，*Geothrex fermentans*[38]，*Pseudomonas chlororaphis*（フェナジン）[39]，*P. aeruginosa*（フェナジン）[40]，その他の*Pseudomonas*属細菌（フェナジン）[41]が知られている。電子シャトルを用いる電子移動の利点は，物理的に離れていても電子シャトルを介して電極への電子移動が可能なことであるが，微生物と電極が離れ過ぎると電子シャトルの移動・拡散が微生物—電極間の電子の授受を制限することになる。また，連続的に培地を供給する運転方法では，系内の培地の入れ替えにより電子シャトル濃度が減少して出力が下がる可能性がある[42]。

1.2.3 電気伝導性ナノワイヤー

電気伝導性の線毛状の構造物である電気伝導性ナノワイヤーを介した電子移動様式。*G. sulfurreducens*ではPilAを構造タンパク質とする太さ数nmの線毛がその正体と考えられている[11]。野生株よりも高い出力密度での発電が可能な同種の株（KN400株）では，電気伝導性ナノワイヤーの産生性が高い[43]。電子顕微鏡と免疫標識による局在性の解析から，OmcSはナノワイヤーに沿って局在し，その電気伝導性に寄与している可能性が示唆されている（図１）[44]。*S. oneidensis*では，OmcA破壊株，およびMtrC破壊株が産生するナノワイヤーは電気伝導性を示さないことが明らかになっており，これらの*c*型シトクロムがナノワイヤーの電気伝導性に寄与していることが示唆されている[45]。電気伝導性ナノワイヤーは，鉄還元細菌でない微生物，*Synechocystis, Pelotomaculum thermopropionicum*においても産生されることが示されている[46]。ただし，電気伝導性ナノワイヤーを構成する物質については，未だ詳細は明らかになっておらず，また，*c*型シトクロムが直接接触，電気伝導性ナノワイヤー両方の様式に関与するため，不明な点も残る。

上記の細胞表面から電極への電子移動様式は，単独の様式だけではなく協調的に行う例が報告されている。例えば，*G. sulfurreducens*であれば，直接接触と電気伝導性ナノワイヤー，*S. oneidensis*においては，それらに加え，電子シャトルの様式もとる。

1.3 微生物から電極への電子移動

微生物から電極への電子移動は多くの要因がかかわる複雑な現象である。その中でも，どの微生物電池であっても微生物から電極への電子移動効率に影響を与える共通の要因について以下に解説する。

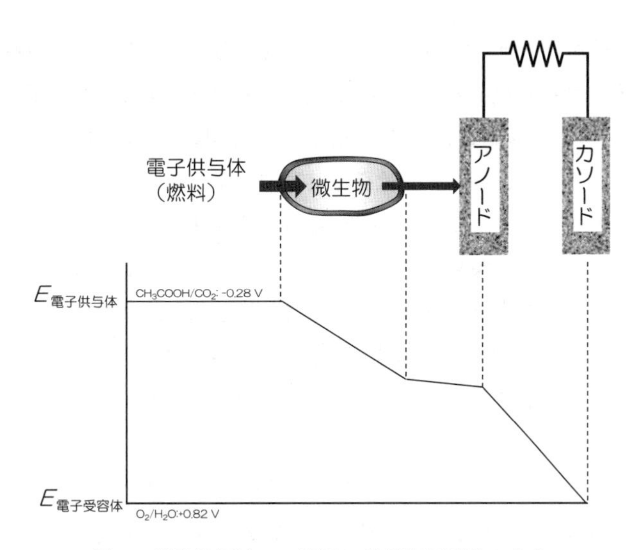

図3　微生物電池での発電に伴う還元電位の変化

1.3.1　電位

微生物電池において，電子供与体，微生物細胞表面，電子受容体などの各構成要素が持つ酸化還元電位は重要である。電子供与体となる有機物が細胞内で物質変換反応が行われる際，各反応の酸化還元電位によって，微生物が得るエネルギーおよび電池として得られるエネルギーは異なる。微生物電池として，電子供与体を酢酸，電子受容体を酸素とした場合，アノードでの反応として酢酸から二酸化炭素への変換では−0.28 V（vs標準水素電極，pH 7；以下同様），カソード反応が酸素から水であれば+0.82 V，全体として+1.1 Vの差があるので，電池として成立し，この値が理論的な電池の起電力となる。実際には，微生物が利用する電位の損失分があるため，細胞内と細胞表面の酸化還元電位は異なる（図3）。さらに，細胞表面から電極への電子移動の途中でエネルギーの一部は，電子移動抵抗により熱として消費される。また，上述の細胞表面から電極への電子移動様式によって損失の度合いは異なり，概して直接接触，電気伝導性ナノワイヤーを介した電子移動では損失が比較的少なく，電子シャトルではその濃度や拡散の度合いによるといわれている[42]。結局，これらの要因により，実際の電位差は，理論値よりも低くなる（図3）。理想的な微生物電池では，微生物の代謝などに充てられる電位の損失が少なく，細胞表面から電極への電子移動の際の損失も少ないものとなる。

1.3.2　バイオフィルム

微生物電池においてアノード表面への微生物の接着とバイオフィルム形成は，純粋培養系，複合系にかかわらず効率的な発電に重要である。バイオフィルム内の細胞外部分にある構成要素，つまり細胞外マトリクスには，多糖，核酸，タンパク質など，様々な物質が存在し，ここには上記の電気伝導性ナノワイヤーや細胞外へ分泌されたc型シトクロムも含まれる。微生物が形成するバイオフィルムは絶縁性を有していることが一般的であるが，電気化学的解析から微生物電池のアノード表面に形成されるバイオフィルムが電気伝導性を有することが示唆されており[47]，*G. sulfurreducens*のバイオフィルムにおいては実際に電気伝導性と蓄電能力を有することが実験的に証明されている[48]。*G. sulfurreducens*は発電時に厚さ数十μmのバイオフィルムを形成するため，全体が電気伝導性を有するには比較的長距離の電子移動が必要である。電気伝導性ナノワイヤーが形成できなくなった変異株を用いた解析から，バイオフィルム内の長距離の電気移動には電気伝導性ナノワイヤーがその役割を担っている可能性が示されている[49]。また，バイオフィルムと電極の接着面には*c*型シトクロムOmcZが高密度で局在することから，OmcZは微生物（バイオフィルム）から電極への電子移動を促進する働きを持つことが示唆されている[50]。

1.3.3 プロトン

微生物電池内において，微生物が有機物を代謝する過程で，プロトン（H^+）を放出する場合，アノードバイオフィルム内のプロトンの蓄積は微生物の代謝速度を低下させることが指摘されている[47]。pH感受性蛍光プローブを用いた*G. sulfurreducens*のバイオフィルムの解析によると，電極表面に近い領域では特にプロトンが蓄積しやすくpHは6.1以下だったのに対し，バイオフィルムの外側ではpH 7と1オーダー近い濃度の差が見られた[51]。プロトン蓄積の対応策として，比較的高い濃度のバッファーを用いることでプロトンの排除・拡散に効果が得られ，高い出力を維持できることが報告されている[52]。*G. sulfurreducens*においては，野生株よりも8倍の出力密度で発電できるKN400株は野生株よりも薄いバイオフィルムで発電が可能であり，微生物電池の内部抵抗も低い[43]。これはKN400株のバイオフィルムではその薄さにより，十分にプロトンの拡散が行われるからかもしれない。

これまでの微生物電池における微生物―電極間電子移動のメカニズム研究から明らかになった知見を微生物電池の性能向上へ応用した試みは行われてきたが，飛躍的に改良された例は皆無といえる（例えば，*G. sulfurreducens*のOmcSやPilAの過剰発現株による微生物電池での出力は野生株と変わらない[53]）。これは微生物―電極間電子移動のメカニズムの詳細については未解明な点が多く残っており，電池の改良に応用するに足る十分な知見が蓄積していないためと思われる。これからの微生物電池についての研究の発展により，基礎的知見に基づいた改良のもと，出力向上へのブレイクスルーが起こることを期待するところである。

文　献

1) B. E. Logan, *Nat. Rev. Microbiol.*, **7**, 375-381 (2009)
2) B. E. Logan *et al.*, *Environ. Sci. Technol.*, **40**, 5181-5192 (2006)

3) K. Watanabe *et al., J. Biosci. Bioeng.*, **106**, 528-536 (2008)
4) M. Lanthier *et al., FEMS Microbiol. Lett.*, **278**, 29-35 (2008)
5) K. P. Nevin *et al., Environ. Microbiol.*, **10**, 2505-2514 (2008)
6) D. R. Lovley, *Curr. Oipn. Biotechnol.*, **19**, 564-571 (2008)
7) J. K. Fredrickson *et al., Nat. Rev. Microbiol.*, **6**, 592-603 (2008)
8) A. E. Franks and K. P. Nevin, *Energies*, **3**, 899-919 (2010)
9) J. R. Lloyd *et al., Biochem. J.*, **369**, 153-161 (2003)
10) Y. H. Ding *et al., Biochim. Biophys. Acta*, **1784**, 1935-1941 (2008)
11) G. Reguera *et al., Nature*, **435**, 1098-1101 (2005)
12) H. Richter *et al., Energy Environ. Sci.*, **2**, 506-516 (2009)
13) D. E. Ross *et al., Appl. Environ. Microbiol.*, **73**, 5797-5808 (2007)
14) D. Coursolle *et al., Mol. Microbiol.*, **77**, 995-1008 (2010)
15) D. Coursolle *et al., J. Bacteriol.*, **192**, 467-474 (2007)
16) H. Liu *et al., Angew. Chem. Int. Ed.*, **49**, 6596-6599 (2010)
17) G. J. Newton *et al., Appl. Environ. Microbiol.*, **75**, 7674-7681 (2009)
18) T. H. Pham *et al., FEMS Microbiol. Lett.*, **223**, 129-134 (2003)
19) H. S. Park *et al., Anaerobe*, **7**, 297-306 (2001)
20) S. K. Chaudhuri *et al., Nat. Biotechnol.*, **21**, 1229-1232 (2003)
21) D. E. Holmes *et al., Appl. Environ. Microbiol.*, **70**, 1234-1237 (2004)
22) D. E. Holmes *et al., Appl. Environ. Microbiol.*, **70**, 6023-6030 (2004)
23) D. R. Bond *et al., Appl. Environ. Microbiol.*, **69**, 1548-1555 (2003)
24) D. E. Holmes *et al., Environ. Microbiol.*, **8**, 1805-1815 (2006)
25) K. P. Nevin *et al., PLoS ONE*, **4**, e5628 (2009)
26) J. P. Busalmen *et al., Angew. Chem. Int. Ed.*, **47**, 4847-4877 (2008)
27) R. S. Hartshorne *et al., J. Biol. Inorg. Chem.*, **12**, 1083-1094 (2007)
28) M. Firer-Sherwood *et al., J. Biol. Inorg. Chem.*, **13**, 849-854 (2008)
29) S. J. Field *et al., J. Biol. Chem.*, **275**, 8515-8522 (2000)
30) K. Inoue *et al., Appl. Environ. Microbiol.*, **76**, 3999-4007 (2010)
31) X. Qian *et al., Biochim. Biophys. Acta*, **1807**, 404 (2011)
32) K. Watanabe *et al., Curr. Opin. Biotechnol.*, **20**, 633-641 (2009)
33) E. Marsili *et al., Proc. Natl. Acad. Sci. USA*, **105**, 3968-3973 (2008)
34) D. K. Newman and R. Kolter, *Nature*, **405**, 94-97 (2000)
35) C. E. Turick *et al., Appl. Environ. Microbiol.*, **68**, 2436-2444 (2002)
36) H. von Canstein *et al., Appl. Environ. Microbiol.*, **74**, 615-623 (2008)
37) S. Freguia *et al., Bioelectrochem.*, **76**, 14-18 (2009)
38) D. R. Bond *et al., Appl. Environ. Microbiol.*, **71**, 2186-2189 (2005)
39) M. E. Hernandez *et al., Appl. Environ. Microbiol.*, **70**, 921-928 (2004)
40) K. Rabaey *et al., Environ. Sci. Technol.*, **39**, 3401-3408 (2005)
41) T. H. Pham *et al., Appl. Microbiol. Biotechnol.*, **77**, 1119-1129 (2008)
42) C. I. Torres *et al., FEMS Microbiol. Rev.*, **34**, 3-17 (2010)
43) H. Yi *et al., Biosens. Bioelectron.*, **24**, 3498-3503 (2009)

44) C. Leang *et al.*, *Appl. Environ. Microbiol.*, **76**, 4080-4084 (2010)
45) M. Y. El-Naggar *et al.*, *Proc. Natl. Acad. Sci. USA*, **107**, 18127-18131 (2010)
46) Y. A. Gorby *et al.*, *Proc. Natl. Acad. Sci. USA*, **103**, 4705-4714 (2006)
47) C. I. Torres *et al.*, *Envion. Sci. Technol.*, **42**, 6593-6597 (2008)
48) N. Malvankar *et al.*, *Nat. Nanotechnol.*, **6**, 573-579 (2011)
49) G. Reguera *et al.*, *Appl. Environ. Microbiol.*, **72**, 7345-7348 (2006)
50) K. Inoue *et al.*, *Environ. Microbiol. Rep.*, **3**, 211-217 (2011)
51) A. E. Franks *et al.*, *Energy Environ. Sci.*, **2**, 113-119 (2009)
52) Y. Z. Fan *et al.*, *Environ. Sci. Technol.*, **41**, 8154-8158 (2007)
53) D. R. Lovley and K. P. Nevin, "Bioenergy: Microbial contributions to alternative fuels", p. 295-306, ASM Press (2007)

2 電気生産微生物生態ネットワーク

二又裕之*

2.1 はじめに

微生物燃料電池（MFC）は，バイオマスのエネルギーを生物化学的変換により直接電気エネルギーとして回収する次世代型のエネルギー生産システムとして注目を集めている。この10年間で発電性能は飛躍的に向上されたとはいえ，実用化にはさらなる電気生産能力の効率化が必要である。そのためには，装置および電極の構造や材料の開発とともに，電気生産微生物に関する解析が必要不可欠である。現在，電気生産微生物に関する知見は急速に増加しており，様々な微生物が電気生産能力を有することが明らかとなってきた。

MFCの実用化を考えた場合，廃水，食品の残渣，作物の非食部位や人畜糞尿などの有機性廃棄物処理との併用が最も現実的であり有効であろう。その場合，MFCの負極槽内は，多種多様な微生物が存在する微生物生態系が嫌気条件下で構築される。この中で，ある特定の高効率型電気生産微生物群の優占化を図る，あるいは高効率の電気生産を可能とする微生物生態系の好適制御を如何に図るのかが重要な課題といえる。

本節ではより効率的な電気生産の鍵となる微生物の生態系について，現時点での成果を取りまとめ考えることとする。

2.2 効率的な電子伝達経路，電気生産微生物の特性および微生物生態系

微生物燃料電池における電子の移動は微生物から電極への電子移動に始まる。微生物はその特徴に応じて，①電極に直接，②伝導性マトリックス，③メディエータを介するなどの方法を用いて電極へ電子を渡している（図1）。Nakamuraらは，*Shewanella loihica* PV-4株を用いてその菌体密度と発電量について検討した結果，懸濁液中の細胞密度を増加させても電流密度には変化がほとんど生じないことを示した[5]。この結果は，たとえ*S. loihica* PV-4株が負極溶液中に高濃度で存在しても，電流生成に寄与できるのは電極表面近傍の細胞（バイオフィルム形成細菌）に限られていることを示している。*Geobacter sulfurreducens*を用いた実験では負極上の細胞密度と限界電流密度の間には正の相関があることが報告されている[8]。また，PV-4株よりもメディエータを介した電子伝達が優位な*S. oneidensis* MR-1株の発電特性と比較すると，PV-4株の方が電流密度ならびにクーロン効率が高いことが示されている[6]。メディエータを利用する電極への電子伝達では，メディエータの拡散が制限因子ともなるため，高密度の電流を生産することが難しいとされている[17]。これらの結果から，電極上に生息する微生物（バイオフィルム）からの直接電子伝達が微生物燃料電池における重要な電子伝達経路と考えられる。

これらの知見は，装置や電極の構造を考える上でも有益であろう。すなわち，電流密度を増加させるためには，負極槽体積に対する電極の比表面積が大きい装置がより効率的発電に適してい

---

* Hiroyuki Futamata　静岡大学　工学部　物質工学科　准教授

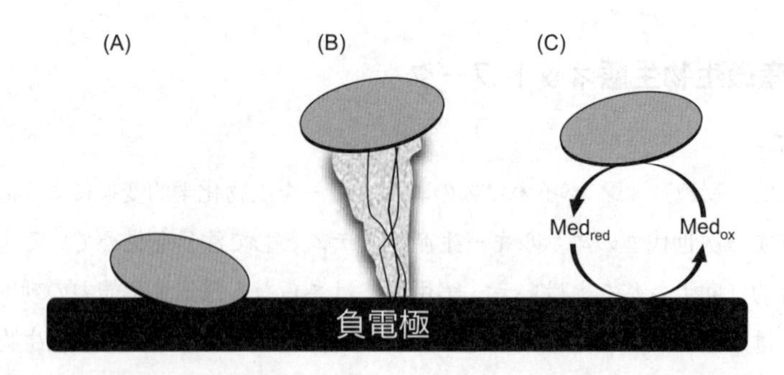

図1　電気生産微生物による細胞から負電極への電子伝達の模式図
(A)直接電子伝達，(B)固体状導伝性マトリックスを介する伝達，(C)メディエータ物質を介する伝達。

ると考えられる。もう一つ重要な点は，負極槽内の溶液体積をより減らすことができれば，発酵性の微生物数を減少させることが可能となり，負極槽内における電子フローをより電極へ収斂させることが可能と考えられる。

一方で，これらの実験は純粋培養系でかつ単一の電子供与体（乳酸）を用いており，供試した菌株が乳酸を直接利用できる点に注意すべきであろう。微生物燃料電池は廃棄物や廃水処理を行いながらエネルギー生産が可能であり，それを利点と捉えるのならば，如何にして多種多様な微生物が生息する状況下で，高効率型の電気生産微生物を電極上に形成させるか，といった負極槽全体での微生物生態系を考慮する必要がある。

電気生産微生物として*Geobacter*属細菌，*Shewanella*属細菌，*Rhodoferax ferrireducens*, *Aeromonas hydrophila*, *Pseudomonas aerogunosa*, *Clostridium butyricum*あるいは*Enterococcus gallinarum*など多種多数の微生物が，門レベルあるいはドメインレベルを超えて知られている。一方で，多くの高効率電気生産微生物の電気生産にかかわる代謝経路は限定的であることも報告されている。例えば，*G. sulfurreducens*は酢酸や水素を電子供与体として利用でき[2]，*Geobacter metallireducens*はより多様な有機物を利用できる[3]。一方で，*S. oneidensis*は絶対嫌気条件下で乳酸を利用できるが酢酸を利用できない[4]。また，*Desulfitobacterium hafniens* DCB 2は蟻酸から直接電気を生産できないにもかかわらず，メディエータ存在下では電気生産（400 mW m^{-2}）が可能である。これらの知見は，電子供与体に有機性廃棄物などの複合基質が用いられる場合，純粋培養系よりも多様な微生物で構成された複合微生物系が効率的発電に有効であることを示唆しており，コンソーシウムの方が純粋培養系よりも電気生産能力が高いことも報告されている。Ishiiらは，酢酸を電子供与体とするMFCにおいてでさえも，コンソーシウムの方が*G. sulfurreducens*の純粋培養系よりも電気生産能力が高いことを示している[7]。この結果は，微生物同士の相互作用や適切な微生物群集の構築が効率的な電気生産に必要であることを示唆している。

海洋底泥を接種源とし酢酸を電子供与体としたMFCの場合，負極上のバイオフィルムにδ-*proteobacteria*に属する*Desulfuromonas*が集積すること[8]，また河川底泥の場合では，負極バイオ

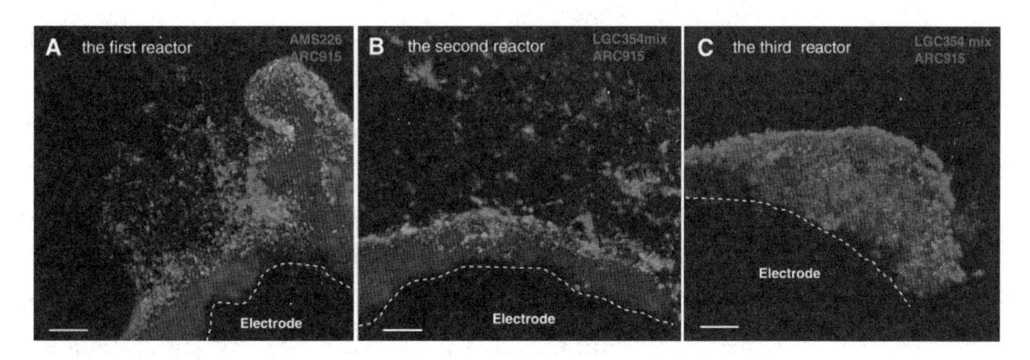

図2　負電極表面に形成されたバイオフィルム（fluorescence in situ hybridizationによる解析）
白色が*Aeromonas*属または*Firmicutes*門，灰色は古細菌を示す[10]。この研究では，グルコースを唯一のエネルギー源とし3つのMFCを直列に連結（上流側から順にA，B，C）した。

フィルムは高い多様性を持つことが報告されており，α-，β-，γ-*proteobacteria*，*Firmicutes*，*Bacteriodetes*や*Actinobacteria*などの集積も報告されている[9]。これらの微生物の多様性形成には，正極からの酸素の混入や発酵性の複合基質などの様々な因子が関与していると考えられている。

接種源に活性汚泥，電子供与体に単一物質（例えば酢酸や乳酸のみ）を供給し1年間以上運転した供給基質の異なるMFCの負極上バイオフィルムの微生物多様性と電気生産特性の関係性が調べられた。その結果，多様性指数が小さいほど電気生産能力（発電力およびクーロン効率）が高い傾向にあることが示唆されている[14]。この結果は，電子供与体から電極までの電子フローが単純であるほど効率的であることを示している。

一方，岡部らの研究によれば，メタン生成アーキアと考えられる細菌群が負極表面上にバイオフィルムを形成し，その表面に*Aeromonas*属あるいは*Firmicutes*門の存在がfluorescence in situ hybridizationにより直接確認されている（図2）[10]。メタン生成アーキアは電気生産に使用される酢酸や水素をメタン生成に利用しているため，効率的な電気生産を目指すためには負極上バイオフィルム中に生息して欲しくない。しかしその一方で，メタン生成アーキアのあるグループは個体の鉄（Fe(Ⅲ)）を直接還元できることも報告されており[11]，電極上バイオフィルムのメタン生成アーキアが電気生産に直接寄与している可能性も示唆されている。

MFCの実用化を廃水処理などの有機物処理との併用と考えた場合，複合基質が不均一にかつ連続的に供給される状況下で，長期間の安定した電気生産能力の維持が求められる。嫌気条件下では，単純な基質ですら複数種の微生物により分解が進行し，そこには種間水素伝達系と呼ばれる微

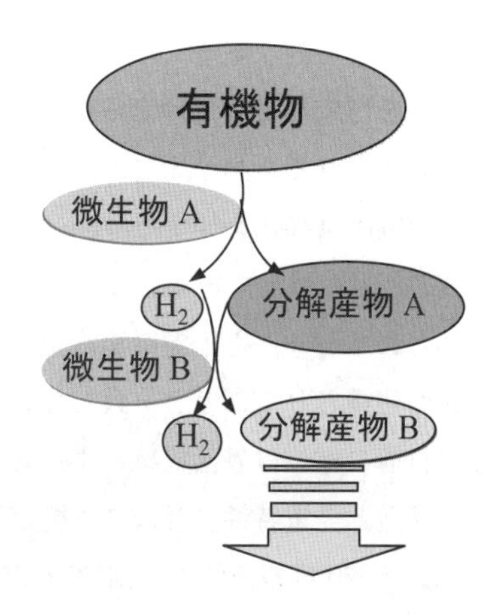

図3　種間水素伝達系の概念図

生物間の電子の受け渡しが必要である（図3）。そのため，今後はおそらく電気生産微生物と発酵性微生物の群集構造や電子フローバランスの制御が重要となってくると考えられる。

2.3　効率的発電に向けた電極上微生物生態系の制御

電極上のバイオフィルムを含む負極槽内の微生物生態系は，供給される基質，運転方法あるいは接種源によって異なることが示されてきた。その一方で，電極上バイオフィルムには電極呼吸を行う微生物群が選択的に集積されてくること，同時に電流生産には寄与しない他の呼吸形態を持つ微生物（メタン生成アーキアや脱窒細菌など）も含まれること[10,12]，そのために負極溶液中の微生物は電子利用に関する強い競合者であるのと同時に新たなバイオフィルム形成と電気生産に向けた微生物プールとしての役割の両面が明らかとなっている。

それでは，積極的に電極上（あるいは負極槽内）の微生物生態系を制御し，効率的な発電を図るにはどうしたら良いのだろうか。その一つとして，ポテンショスタットにより負電極の電位を制御することでバイオフィルムを構成する微生物群集を制御し効率的な発電が可能なのかが試みられた[15]。その前提となった知見は，効率型電気生産微生物として知られる*G. sulfurreducens*のNernst-Monod E_{KA}値が約－0.15 V（vs SHE，以下同等）である[16]のに対し，*Pseudomonas* sp.により生産されるメディエータ物質のpyocyaninのそれは－0.03 Vということである。すなわち，電極をより低い電位に保つことで*G. sulfurreducens*の選択的集積と効率的電気生産ができるのではないかということである。実験の結果，－0.42 Vあるいは－0.36 Vの低電位に負電極電位を保つことで，－0.25 Vあるいは＋0.10 Vと高電位に保ったMFCよりも，より早く電気生産が開始されかつ高い電流密度生産を発揮した。電気化学的解析からも，低電位に負電極を保ったことで固体状導電性マトリックスを介した細胞外電子伝達が生じており，一方の高電位に保った方ではメディエータ物質を介した電気生産が生じていることが示された。バイオフィルムに占める*G. sulfurreducens*の割合は－0.42 Vおよび－0.36 Vでは99％および92％程度あり，－0.25 Vおよび＋0.10 Vでは90％および16％程度であった。*G. sulfurreducens*は－0.4 Vおよび－0.1 Vのどちらかに適応可能な電子フローを持つことが示唆されているため，－0.25 Vでも本細菌がバイオフィルムを形成し得たと考えられた。しかし，メディエータ物質を介した電気生産にシフトしていたと考えられる。バイオフィルムの多様性が最も高かったのは＋0.10 Vであった。この結果は，単一の電子供与体を与えた場合，微生物の多様性と発電効率には負の関係があるとするKielyらの研究[14]とも一致している。*G. sulfurreducens*は細胞外電子伝達に固体状の導伝体を利用することが知られており，電子顕微鏡観察でもより低い電位に保った電極上により厚いバイオフィルムの形成が観察されたことと一致している。

負極の電位は外部抵抗によっても制御されることから，外部抵抗の違いが負極槽内の微生物群集構造と発電特性に及ぼす影響が調べられている[18]。Jungらは電子供与体として酢酸を供給し外部抵抗970 Ωの条件下でMFCを65日間運転した後，150 Ω，970 Ωおよび9800 Ωの外部抵抗に変更した。その結果，外部抵抗を大きくすることによって負電極上のバイオフィルム微生物生態系

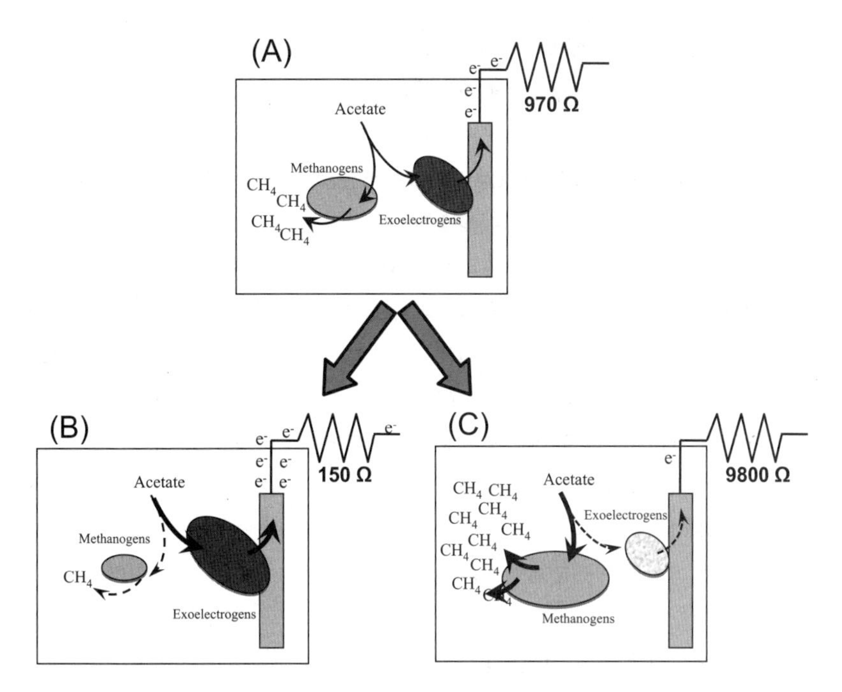

図4　外部抵抗の変更に伴う電子フローとバイオフィルム構成微生物の変化
(A)外部抵抗970Ω（65日間培養），(B)外部抵抗150Ω，(C)外部抵抗9800Ω。正極槽およびプロトン交換膜は省略している。微生物を表す楕円の大きさは菌密度も意味している。

が大きく変化し，電流密度が最も小さくなることが示された。その要因の一つとしてメタン生成アーキアの活性が増加したことが指摘されている（図4）。負電極電位は，メタン生成細菌の制御にも効果があることが示されており，－220 mVから200 mVの範囲では抑制される[19]一方で，－300 mVから－100 mVの範囲内ではメタン生成が増加したことが報告されている[20]。

嫌気条件下における最終産物は一般的にメタンであるため，電気生産細菌とメタン生成アーキアは電子を巡る競合関係にある。積極的なメタン生成アーキア（*Methanosarcinaceae*）を抑制するため，酸素への暴露，低pH環境の設定，温度，2-bromoethanesulfonate（BES）による特異的生育阻害，および外部抵抗の変化が試された。低pH環境および温度は発電効率にほとんど影響しない一方で，0.2 mM程度のBES添加は，電気生産細菌群に悪影響を及ぼすことなくクーロン効率を35％から70％に増加した。酸素への暴露は電気生産細菌群に若干の悪影響を及ぼしたもののメタン生成アーキアの活性を効果的に抑制できたことが報告されている[13]。

微生物の生息環境を物理化学的に制御するだけでなく，バイオフィルム形成の足掛りとなる電極自体の改変も試みられている。微生物燃料電池の研究では電極としてカーボングラファイトの使用例が非常に多いが，その表面構造は非常に滑らかであり微生物にとって生息し易い環境とはいい難いものがある。そこで導電性のポリアニリンを用いて直径10～100 nmサイズの多孔を有する電極が作製され10倍から100倍の効率的発電に成功した例も報告されている[1]。この高効率的発電の要因としては，電極上へのバイオフィルム形成と微細孔内においてメディエータが再利用され，直接的電子伝達とメディエータを介した電子伝達の両方が成立しているためと推測されている。

2.4　有機性廃棄物利用型微生物燃料電池における微生物生態ネットワーク構造

これまで個々の電気生産微生物の利用可能な電子供与体や選択的集積に適切な電位といった電気生産にかかわる特性，さらには電子を巡る競合の回避に向けた生態系の制御について解説してきた。それらの研究では，接種源として廃水処理汚泥といった複雑微生物系が用いられているものの，電子供与体としては酢酸などの単一の物質を供給し，かつ比較的短期間の運転である。微生物生態系はそれ自身が持つ多面的機能性が故に自己組織化能と動的平衡機構を兼ね備えているため，短期間の運転では微生物生態系の実像を把握していない可能性がある。それでは，実際の有機性廃棄物といった複合基質が供給され長期間運転された場合，どのような特徴を持った微生物生態系が構築されるのであろうか。そこで著者らの研究の一部を紹介したい。

私達は，家庭の電気エネルギーを補完する手段として微生物燃料電池の適用を考えている。そこで接種源に水田土壌を，電子供与体として一般生ゴミを用いた空気正極型MFCを構築（図5）し，その発電特性と微生物生態系の関係性について研究を実施している。生ゴミ分解溶液の酸化還元電位は約－250 mVから－360 mV，pHは5.6から7.8で変動し，電子供与体と期待される有機

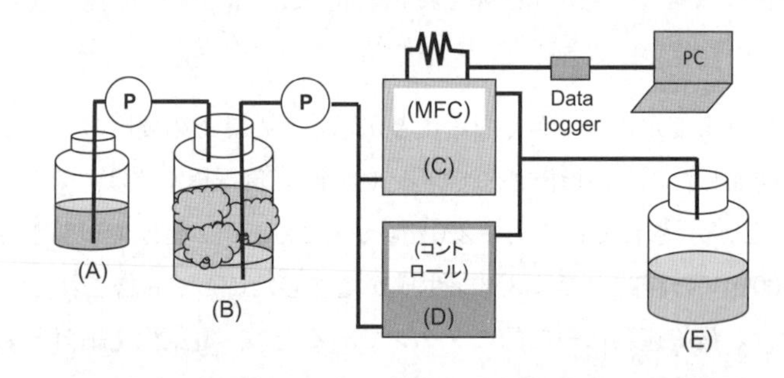

図5　有機性廃棄物（生ゴミ）供給型微生物燃料電池の概略図
(A)pH調整用の$NaHCO_3$溶液（pH 7.5），(B)生ゴミ分解槽，(C)外部抵抗10ΩのMFC，(D)開回路のMFC，(E)廃水槽。

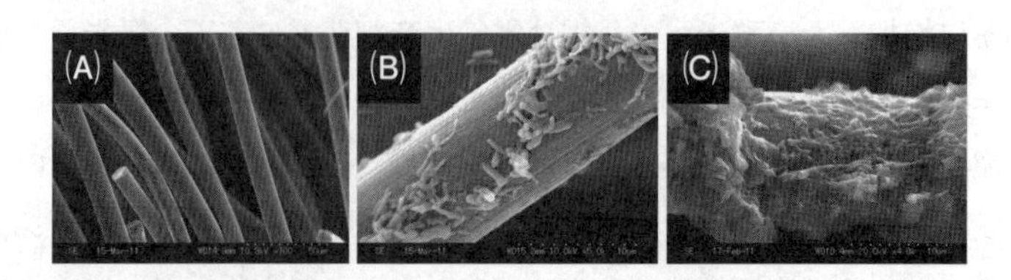

図6　負電極表面で発達するバイオフィルムの電子顕微鏡による観察
(A)培養7日目，(B)培養30日目，(C)培養140日目。微生物の付着から次第に厚みが増していく様子が伺える。

酸は乳酸，酢酸，プロピオン酸，酪酸など複数種が数mMから数十mMの範囲で変動しながら滞留時間1日で連続的に供給された。有機酸の生成量が減少した時点で生ゴミを追加した。培養時間とともにバイオフィルムの発達（図6）と電気生産特性の向上が確認され，最大電流密度は220 mA m^{-2}_{anode}，最大出力は8.4 mW m^{-2}_{anode}に達した。生ゴミ分解槽，MFCおよびコントロール（開回路状態のMFC）の微生物群集構造を培養34日目（電流密度64 mA m^{-2}_{anode}および出力0.81 mW m^{-2}_{anode}）と168日目（電流密度205 mA m^{-2}_{anode}および出力8.2 mW m^{-2}_{anode}）で比較した。MFC内の微生物群集構造は負極溶液とバイオフィルムに分けて解析した。生ゴミ分解槽，MFCおよびコントロールにおける微生物生態系がどのような動態を示したのかを調べるため多次元尺度構成法による解析を行った。その結果，生ゴミ分解槽では大きな変動を示しながらもある特定の微生物生態系へ収束していることが伺えた。MFCの微生物生態系も，培養30日から67日目までとそれ以降では異なっていたことが示された。また，コントロールと比較して，MFCではより早くある特定の微生物生態系へ収束し，負極溶液中とバイオフィルムの微生物群が同じ挙動を示していた（図7）。16S rRNA遺伝子を標的としたクローンライブラリー解析では，生ゴミ分解槽中の微生物とMFCの微生物群集は，全く異なることが示された。以上の結果から，ある電位の下で微生物生態系に強い選択圧が生じ，しかも負極溶液中の微生物群とバイオフィルムとが互いの関係を保ちながら適応していることが示唆された。このことは生ゴミから電極へ至る電子移動の微生物生態系ネットワーク構造が構築されていることを伺わせる。すなわち，有機性廃棄物の分解者，発酵性細菌による有機酸の生成，電気生産微生物による有機酸から電極への電子移動，さらに電気生産微生物による有機酸（発酵性細菌の最終産物）の消費に伴うさらなる廃棄物処理の効率化と電気生産というネットワーク構造が考えられる（図8）。

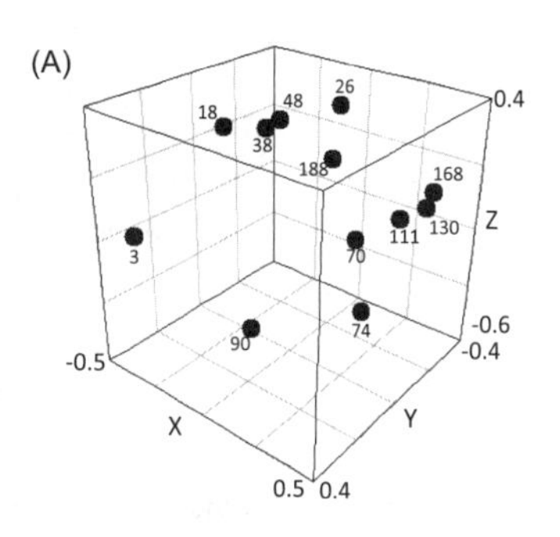

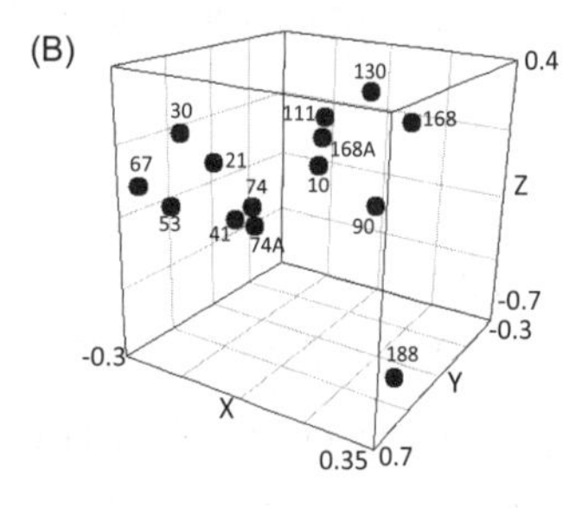

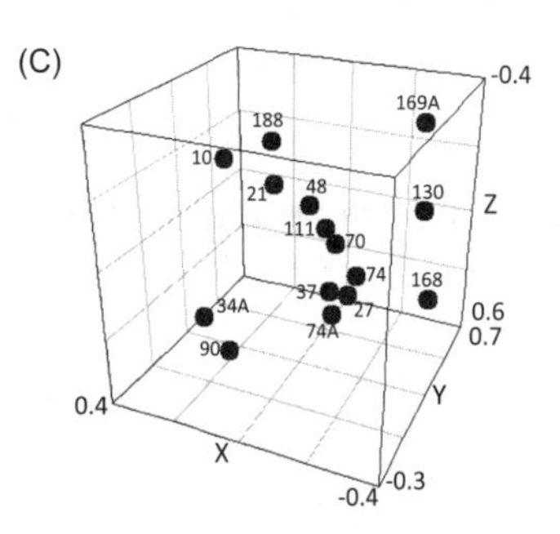

図7　多次元尺度構成法による微生物生態系の動態解析

(A)生ゴミ分解槽，(B)MFC（外部抵抗10Ω），(C)コントロールMFC（開回路状態）。プロット脇の数字はサンプル回収時の培養日数，数字脇の「A」はバイオフィルム由来を示す。

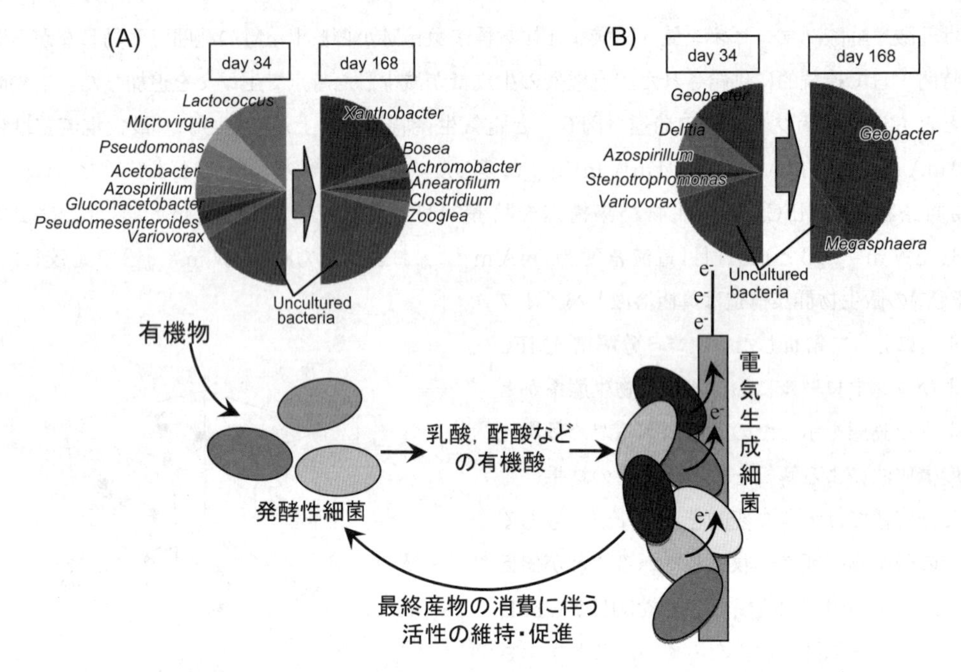

図8　微生物燃料電池における微生物生態系の変遷とネットワーク構造の構築
(A)負極槽溶液中の細菌群集構造の変化，(B)バイオフィルム構成微生物構造の変化。

2.5　まとめ

効率的な電気生産と高い電流密度の発揮には，電子供与体から電極へ至る電子フローをスムーズにする必要がある。微生物燃料電池の実用化を廃棄物処理との併用とするならば，電極上に高電気生産微生物を選択的に高度集積させる必要があるし，さらには電気生産微生物に電子供与体を供給する発酵性微生物の制御も重要な課題であることが見えてきた。効率的な電気生産には電気生産微生物と発酵性微生物の群集構造（微生物の種類と数のバランス）が重要であり，電位や基質に対する微生物の発電特性や微生物間の相互作用などを通した制御手法の確立が期待される。

文　　献

1) Y. Zhao *et al.*, *Chem. Eur. J.*, **16**, 4982 (2010)
2) DF. Call *et al.*, *Appl. Environ. Microbiol.*, **75**, 7579 (2009)
3) DR. Lovley *et al.*, *Arch. Microbiol.*, **159**, 336 (1993)
4) JC. Biffinger *et al.*, *Biosens. Bioelectron.*, **23**, 820 (2008)

5) R. Nakamura *et al.*, *Angew. Chem. Int. Ed.*, **48**, 508 (2009)
6) GJ. Newton *et al.*, *Appl. Environ. Microbiol.*, **75**, 7674 (2009)
7) S. Ishii *et al.*, *Appl. Environ. Microbiol.*, **74**, 7348 (2008)
8) DR. Bond *et al.*, *Science*, **295**, 483 (2002)
9) NT. Phung *et al.*, *FEMS Microbiol. Lett.*, **233**, 77 (2004)
10) K. Chung *et al.*, *Appl. Microbiol. Biotechnol.*, **83**, 965 (2009)
11) DR. Bond *et al.*, *Environ. Microbiol.*, **4**, 115 (2002)
12) U. Michaelidou *et al.*, *Appl. Environ. Microbiol.*, **77**, 1069 (2011)
13) K-J. Chae *et al.*, *Bioresource Technol.*, **101**, 5350 (2010)
14) PD. Kiely *et al.*, *Bioresource Technol.*, **102**, 361 (2011)
15) CI. Torres *et al.*, *Environ. Sci. Technol.*, **43**, 9519 (2009)
16) S. Srikanth *et al.*, *Biotechnol. Bioeng.*, **99**, 1065 (2008)
17) CI. Torres *et al.*, *FEMS Microbiol. Rev.*, **34**, 3 (2010)
18) S. Jung and JM. Regan. *Appl. Environ. Microbiol.*, **77**, 564 (2011)
19) S. Freguia *et al.*, *Envrion. Sci. Technol.*, **42**, 7937 (2008)
20) B. Virdis *et al.*, *Envrion. Sci. Technol.*, **43**, 5144 (2009)

第7章　電気培養

1　電気培養とは

松本伯夫＊

1.1　序論

生物の呼吸や生体内の代謝反応には，多くの酸化還元反応が関与している。高等生物では，このような反応は細胞内の小器官で起こっているが，単一細胞であるバクテリアなどの微生物に関しては，外界である培養液との間で直接的な酸化還元反応が生じている場合が少なくない。この外界との直接的な酸化還元反応を利用して，電気化学的ポテンシャルを取り出すのが微生物電池であるとすれば，外界の電気化学ポテンシャルを操作し，微生物に作用させるのが「電気培養」である。すなわち，電気培養と微生物電池は，電気化学エネルギーの移動方向が異なる表裏一体の作用であるといえる。本節では，電気培養の最も基本的作用である，微生物の呼吸促進効果に着目し，電気培養の原理について説明する。

1.2　呼吸と電気化学

微生物が行う呼吸の本質は，外界にある電気化学的ポテンシャルの差，すなわち電位差を利用して生命維持に必要なエネルギーを獲得する作用といえる。いい換えれば，外界に形成された自然の「電池」からエネルギーを得ている，と見ることができる。以下に，一般的な亜鉛空気電池と，鉄酸化細菌という微生物の呼吸について比較をしてみたい。図1(a)に示したのは，一般的な亜鉛空気電池の模式図である。この電池を電球などの負荷につないだ場合，負極では亜鉛の酸化反応が起こり，溶液から電子を受け取る。この電子は負荷を経由して正極へと移動するが，その際に負荷がエネルギーを消費する。一方の正極では酸素が還元され水になる反応が起こり，電子が溶液に渡される。このように電池内部では，酸化反応と還元反応の対ができており，電子が移動する過程でエネルギーが消費される仕組みとなっている。次に，化学独立栄養細菌として知られる鉄酸化細菌の呼吸形態を図1(b)に示す。この場合，電子供与体である二価鉄イオンから電子受容体である酸素に電子が移動する過程で細菌がエネルギーを受け取ることになる。前述の電池反応と，この微生物の呼吸の電子移動過程を比較し，＜負極＞と＜電子供与体＞，＜正極＞と＜電子受容体＞，そして＜負荷＞と＜微生物＞を重ね合わせて見ると，酸化還元反応，電子の動き，そしてエネルギー消費が見事に重なることがわかるだろう。

呼吸の本質が電子の受け渡しにある，という視点に立てば，微生物を培養する際の，溶液の酸化還元電位が非常に重要な意味を持つことがわかる。また，この酸化還元電位を人為的にコント

＊ Norio Matsumoto ㈶電力中央研究所　環境科学研究所　バイオテクノロジー領域　上席研究員

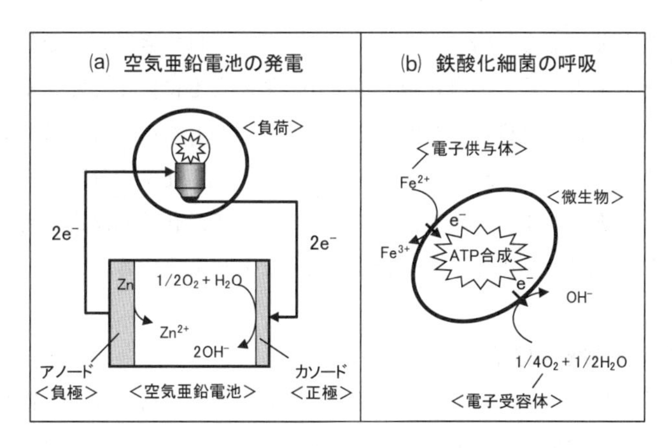

図1　電池の発電と微生物の呼吸の比較

ロールすることができれば，微生物の生育を促進させるなどの効果が期待できるだろう。電気培養とは，微生物を培養する際に培養液の酸化還元電位をコントロールすることで，呼吸や代謝を促進，改変することを狙った培養法ということができる。

1.3　電気培養の構成

電気培養を実施する培養装置の基本構成を図2に示す。培養槽はイオン交換膜で中央を仕切った二槽式で，各槽に電極が設置される。この片側を培養槽として使用し，もう一方は電解質を充てんした対極槽とする（以後，培養槽側の電極を作用極，対極槽側の電極を対極と記す）。各槽に設置される電極には，酸化還元反応によってそれ自身が溶解しないような材質が要求される。そのため，白金や金などの貴金属の網，または炭素板が用いられる。各槽に設置した電極間に電位差を与えれば，培養槽に設置した作用極上で酸化，または還元反応を起こすことができるが，こ

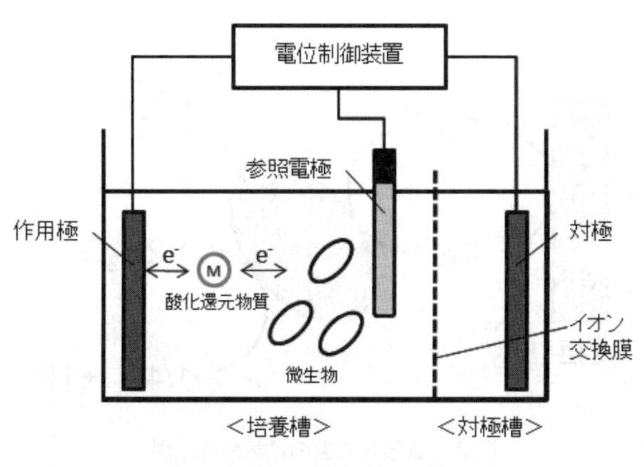

図2　電気培養装置の模式図

の場合，作用極で生じる反応を厳密にコントロールすることはできない。それは，二極間の電位差を一定に保ったとしても，双方の酸化還元電位が時間とともに変化してしまう可能性があるからである。そこで，作用極の電極電位を厳密にコントロールしたい場合には，培養槽側に参照電極という第3の電極を設置し，ポテンシオスタットという電気化学の分野で使用する装置によって電位制御する必要がある。また，培養液中には，電極上で酸化還元反応を起こす化学物質を含有させる。具体的には鉄イオンやキノン化合物などがこれに該当する。

1.4　電気培養による高密度培養

電気培養による高密度培養について，鉄酸化細菌の培養を例に解説する。鉄酸化細菌は，温泉や鉱山などに生息する化学独立栄養微生物で，鉱山において有用金属を溶出・回収する「バクテリアリーチング」に利用されるなど，産業的に有用な微生物としても知られている。この微生物は，前述のとおり二価鉄イオンを電子供与体，酸素を電子受容体として呼吸し生育する微生物である。したがって，この微生物を培養する際には，二価鉄イオンを含む培地に通気を行えばよいが，二価鉄一酸素の酸化還元対から得られるエネルギーは非常に乏しいため，すべての二価鉄イオンが消費された時点での最終到達菌密度は10^8cells mL^{-1}程度である。これは，グルコースなどの高いエネルギー密度の物質で呼吸をする大腸菌の増殖密度と比較すると，およそ100分の1の値である。鉄酸化細菌が必要とする二価鉄イオンは，高濃度で培養液に溶解させると増殖阻害が生じるため，単に高濃度の試薬の投入による鉄酸化細菌の高密度培養は困難である。

ところで，鉄酸化細菌の呼吸によって生じた三価鉄イオンは，培養液中に浸した電極に負の電位を与えることにより，還元反応によって二価鉄イオンへと容易に変化させることができる。再生された二価鉄イオンは，再び鉄酸化細菌の呼吸に用いられ，微生物の増殖が起こる。これが繰り返されることによって，微生物の増殖を阻害しない低濃度の鉄イオンを維持しつつ，微生物が電子供与体として使用する二価鉄イオンを延々と供給することができる。その結果，最終的には通常の培養法では達成し得ない高密度の微生物懸濁液を獲得できることになる（図3）。我々の実

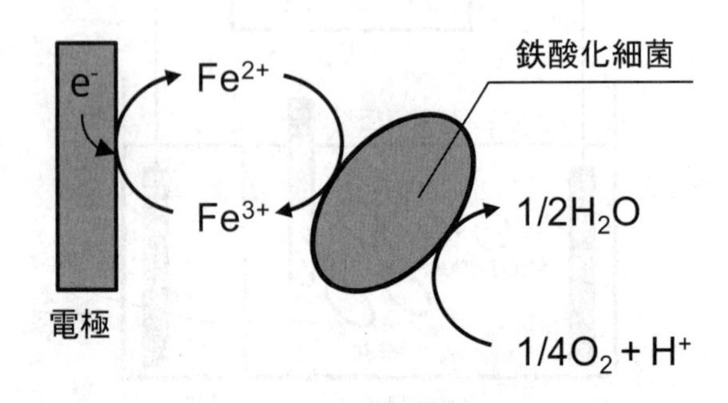

図3　鉄酸化細菌の電気培養原理
二価鉄イオンが電極で再生されるため微生物の増殖が半永久的に継続する。

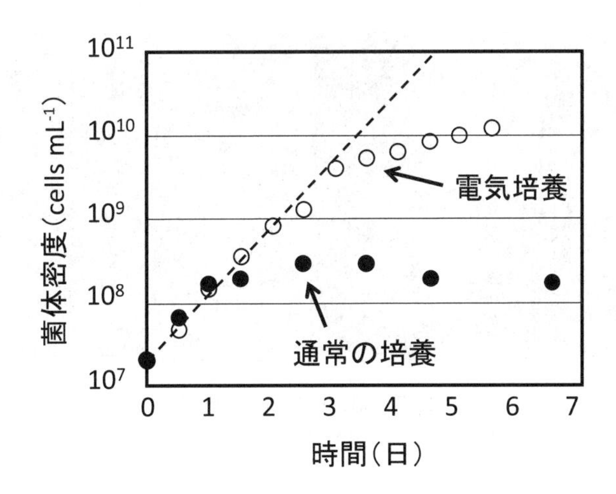

図4　電気培養による鉄酸化細菌の培養結果

験によれば，1週間の培養期間で，電気をかけない通常の培養に比べて50～100倍の高密度培養が可能となることがわかった（図4）[1]。図に見られるように，電気培養の結果，鉄酸化細菌の呼吸に必要な二価鉄イオンを電気化学的に再生することによって，理想的な対数増殖の期間を長期間維持できたことがわかる。電気培養の後半で，微生物の増殖曲線が対数増殖のラインから外れているのは，電極上で二価鉄を生成する速度が，鉄酸化細菌の呼吸速度に追いつかなくなり，増殖が電極反応律速となったためである[2]。

鉄酸化細菌の高密度培養では，従来法で達成が困難であった高密度培養が達成されることはもとより，必要とされる鉄イオンを電気化学的に再利用できることから，試薬の大幅な削減につながるというメリットがある。さらに電気エネルギーによって微生物生産がなされる点は，非常に興味深い特徴といえるだろう。

1.5　電気培養装置の種類

電気培養装置は，微生物の特性や目的に応じて，形状ならびに様式に工夫が図られている。最も基本的な電気培養装置の形状を，図5(a)に示す。この装置では本体に直径75 mm，高さ90 mmの深底シャーレを使用し，中央にイオン交換膜（Nafion® N-117，デュポン社製）を接着剤で貼り付けてある。作用極，および対極には炭素板（縦70 mm，横35 mm，厚さ5 mm）を用い，参照電極は銀塩化銀電極（HS-205C，東亜DKK社製）が使用されている。シャーレの上面にプラスチック製の蓋をすることで，電極を固定する仕組みとなっている。必要に応じて，通気や撹拌をすることで，ガス供給や培養液の均一化を図ることができる。嫌気性の微生物の中には，わずかな酸素の混入も増殖の阻害となるものがある。そのような微生物の電気培養を試みる場合には，図5(b)に示すような嫌気性ガスを充てんした密閉容器（嫌気ボックス）を用意し，その中に電気

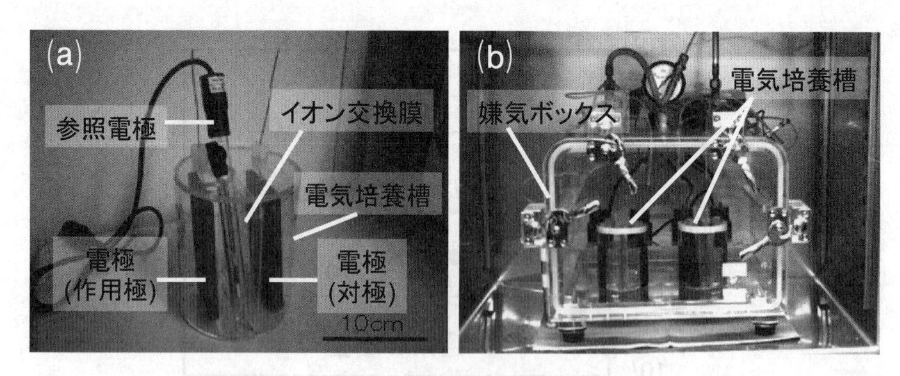

図５　汎用的な電気培養槽
(a)培養槽の構成，(b)嫌気的電気培養装置の構成

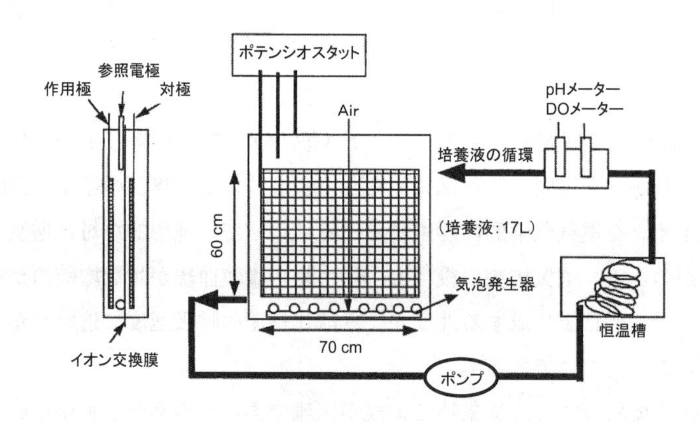

図６　鉄酸化細菌の大型電気培養装置

培養槽を設置することで嫌気度を保持しながら電気培養を実施することができる。

図６は，鉄酸化細菌の大量高密度培養を目的に製作した大型電気培養装置の例である。電気培養装置のスケールアップを考える際には，相似形での拡大は困難である。その理由は，スケールアップに伴い，作用極と対極の間隔が大きくなると，溶液抵抗が高くなり，電位制御が困難になる上，投入エネルギーの大半が溶液抵抗によって損失することになるからである。ここでは縦，横方向のスケールアップによって，電極間隔を短く保ったまま17Ｌの培養槽を作製している。本培養装置の運転では，10～14Ａの電流が流れる状態で安定した電位制御が可能で，一日当たり約33g-wet cellsの菌体生産が達成された[3]。

電気培養は新規微生物の探索にも応用が期待される（第７章２節）。図７に示す装置は，厚さ約３mmの炭素板の表面に直径８mmの円筒形の穴を計18個所設け，この内側を個々の電解槽として使用するアレイ型の電気培養装置で，微小な培養空間で一度に多数の電気培養を実施すること

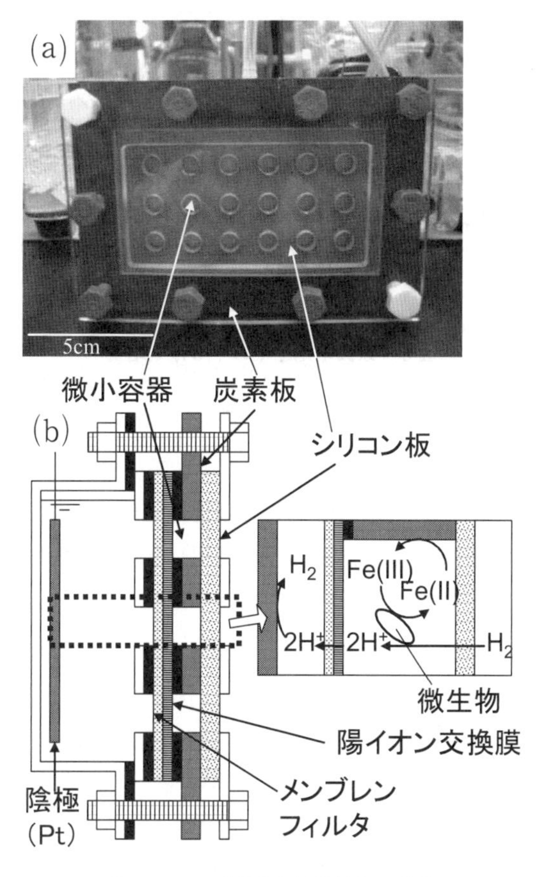

図７　アレイ型電気培養装置の構造
(a)正面図，(b)側面からの断面図

ができる。この微小培養空間に，ちょうど一匹の微生物が含まれるように希釈調整した土壌懸濁液などを封入することで，電気培養によって生育する特殊な微生物を純粋培養することができる[4)]。

上述の電気培養法は，微生物の懸濁液が対象であったが，一般的な微生物の培養法である寒天上での平板培養に電気培養を適用する試みも始めている。我々は，シャーレの底部に作用極，対極，参照電極を固定し，その上に酸化還元物質を含む寒天層を設けることで，平板電気培養装置を作製した（図８）。この状態で電位制御を行うと，作用極上に位置する寒天中の溶液電位を任意の値に制御できる。平板電気培養のメリットは，特定の電気培養条件で増殖する微生物のコロニーを形成させることができるため，単離操作が容易に行えることである。

1.6　まとめ

電気培養は，微生物の呼吸や代謝において重要な因子である酸化還元電位を人為的にコントロ

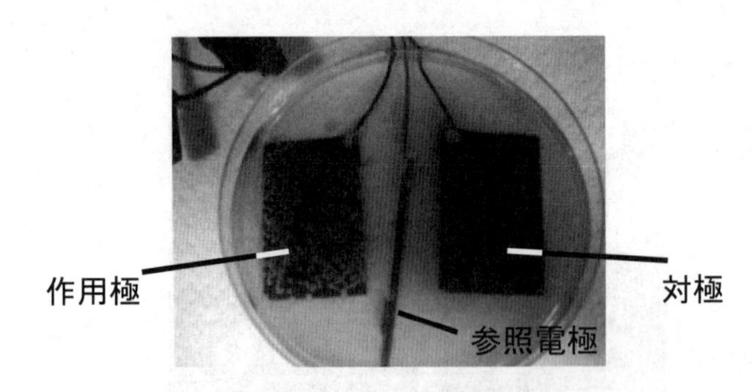

図８　寒天培地上での平板電気培養

ールする培養法である。本節で紹介した微生物の呼吸促進効果以外にも，様々な効果が期待される。次節以降では，電気培養の新規微生物探索への利用，さらに微生物の代謝制御への応用例について紹介する。

文　　献

1）N. Matsumoto *et al.*, *Biotechnol. Bioeng.*, **64**, 716（1999）
2）松本伯夫ほか，電力中央研究所報告，**U97012**（1997）
3）中園聡ほか，電力中央研究所報告，**U96011**（1996）
4）松本伯夫ほか，電力中央研究所報告，**U02034**（2003）

2　電気培養による微生物の探索

平野伸一*

2.1　序論

微生物はこれまで発酵分野をはじめとして様々な分野で利用されてきた。さらに，近年エネルギーや環境分野などへの微生物利用が拡大している。そこで，自然環境中からこれまでにない機能，より高い機能を有した微生物の探索が盛んに進められている。自然環境中には土壌１gに10億cellsを超える膨大かつ多種多様な微生物が存在しているが，これまでに人為的に培養が可能であり，利用可能である微生物はその中で極僅か１％程度である。残り99％の微生物は「難培養性微生物」と呼ばれその培養法や環境中での挙動が明らかになっておらず，いまだ膨大かつ有用な微生物・遺伝子資源が眠っているといえる[1)]。近年，環境中の微生物・遺伝子資源を理解し，有効利用するために分子生物学的手法を用いた環境中の遺伝子の網羅的解析や目的とする遺伝子群の効率的なスクリーニング手法が開発されているが[2,3)]，微生物の持つ機能を最大限利用するためには人工的に作り出した環境で微生物そのものを増殖させることが依然として重要である。これまでの微生物利用の歴史を考えれば培養できる微生物の範囲を拡大することは学術的にも産業的にも非常に波及効果が大きいといえる。これまでに，国内外において微生物の生育環境を模擬するなど難培養微生物の単離のために様々な手法が開発されている[4)]。私たちは前節で示した電気培養の開発を行う過程で，このような未利用微生物を培養可能とする手段として電気化学的手法が有効である可能性を見出した。ここでは電気培養の応用事例として，特に多くの微生物資源が眠っていると推定される地下など嫌気環境に存在する微生物の嫌気呼吸・代謝を促進することによる選択的な集積効果および機能微生物の獲得について紹介する。

2.2　通電による微生物の生育促進

パスツールやコッホの時代から続く微生物培養の長い歴史において，なお培養できない微生物が多数存在するという事実は従来の培養法からアプローチを変える必要性を提示している。そこで，改めて微生物の生育という事象を見直し，単純化していくと根源はエネルギー獲得反応（呼吸など）を構成する一連の酸化還元反応における電子の移動反応であるという考えに行き着く。このエネルギー獲得反応における電子供与体（有機物，水素など）から電子受容体（酸素，鉄，硝酸など）への電子の流れを促進することが微生物の生育促進に繋がるといえるだろう。具体的にこの電子の流れを促進するための方策としては，①微生物の呼吸に必要な電子供与体や電子受容体を電気化学的に再生することで絶対量を増加させる，②電子伝達に適した電位環境を電気化学的に調整するという２つが挙げられる。

＊　Shin-ichi Hirano　㈶電力中央研究所　環境科学研究所　バイオテクノロジー領域
主任研究員

2.3 電子受容体の再生による微生物の高密度培養

環境微生物が生育する微小空間においては様々な微量物質の間で電子の受け渡しが行われ，その過程で微生物の呼吸が成立していると考えられる。このような環境微生物においては個々の生物の呼吸形態を探ることは非常に困難である。一方，酸化還元性を有する鉄やフミン質はそれぞれ表層土壌において最も多く含まれている金属元素，有機化合物であるため[5]，多くの微生物がこれらを電子受容体として呼吸を行う能力を潜在的に有していることが推定される。そこで，鉄およびフミン質を通電対象とし，微生物に還元された電子受容体を再生することで，環境中の未培養微生物を高密度培養できることが期待される。

2.3.1 電気培養による鉄還元菌の生育促進と環境中からの集積

嫌気環境において鉄は多くの土壌微生物の呼吸において最も重要な電子受容体であり，Fe(III)を電子受容体とし，Fe(II)に還元する過程でエネルギーを獲得する呼吸様式は鉄呼吸と呼ばれている。鉄呼吸を行う微生物の生育を促進し，高密度化するためには電子受容体であるFe(III)が大量に必要であるのに対して，Fe(III)は中性域において10^{-9}M程度しか溶解しないため[6]，実験室レベルにおいて鉄呼吸を行う微生物を高密度培養することは容易ではない。このような実験的な問題点を解決するために，鉄呼吸により還元され減少したFe(III)を電気的に電極上で酸化，再生し，連続的に供給することで鉄呼吸を持続させることが有効と考えられる。そこで，湖沼底泥・下水汚泥・堆積性軟岩といった試料を植菌源とし，電子受容体として2mMのFe(III)のみが存在する培養条件下，+0.4V（vs. Ag/AgCl，以下の電位に関しても同様）の電位を印加することで，Fe(II)を酸化しながら嫌気電気培養を実施した[7]。その結果，それぞれの試料において通電しない通常の培養手法で培養を行った場合と比較して，電気培養では10～100倍の高密度の菌体を含む培養液を得ることができた（図1）。これらの培養液に対して遺伝子解析を行ったところ，電気培養を行った試料においては少なくとも5種のこれまで培養が確認されていない未培養微生物が含まれていることが明らかとなった。このように，電気培養は難培養性微生物を発掘する有力な手段となりうることが示された。

2.3.2 電気培養によるキノン還元菌の生育促進と単離

フミン質は土壌だけでなく水域環境を含めて最も多く含まれる高分子有機化合物である。また，フミン質はその複合構造内に酸化還元性を持つキノイド構造を有しているため，自然環境において微生物の呼吸の一般的な電子受容体として機能しうる[8]。しかし，フミン質そのものを直接電子受容体として実験を行うことは，不均一の複合構造であることおよび酸化鉄と同様にその中性域での低い水溶性から簡単ではない。そこで，フミン質に含まれるキノイド構造に対するモデル化合物（機能的なアナログ）としてアントラキノン2,6-ジスルホン酸（AQDS）が一般的に使用されている。このようなキノン化合物を呼吸基質もしくは種間電子移動のための電子キャリアとして利用することができる微生物が報告されており[9]，環境中に広く存在している可能性がある。よって，鉄呼吸の場合と同様にキノン還元を促進することにより微生物の集積を図ることが可能かもしれない。2mMのAQDSを電子受容体として培養液に添加し，前項の鉄還元菌の場合と同

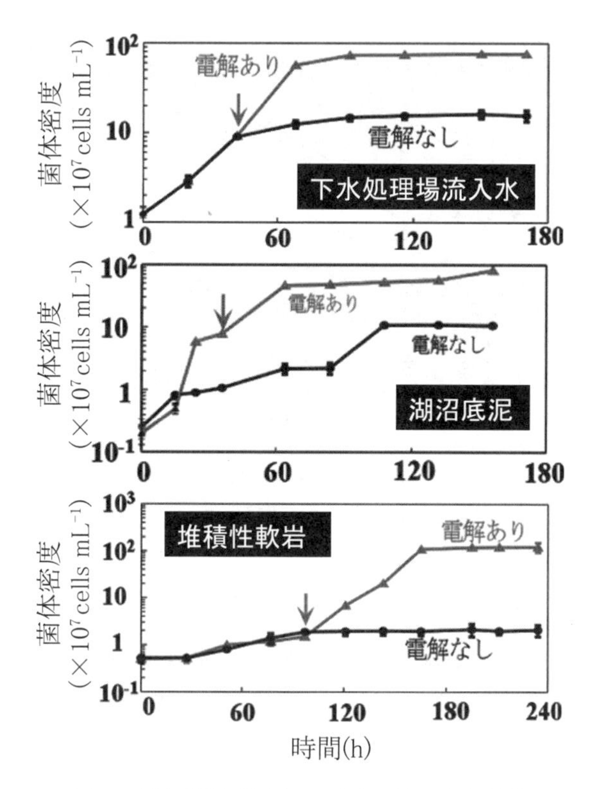

図1　環境試料を対象とした鉄還元菌の電気培養

様に酸化電位（+0.1 V）を印加しながら電気培養を行い，キノン還元菌の集積を試みた（図2）。土壌試料を植菌源として，水素雰囲気下5日間の電気培養の結果，非通電時の通常の培養法と比べてキノン還元菌の増殖を促進し，約7倍にあたる 4×10^8 cells mL^{-1} の高密度の培養液を得ることができた[10]。さらに，電気培養で高密度に集積されたキノン還元菌を含む培養液からキノン還元菌の単離を行ったところ，2種類のキノン還元活性を有する微生物を単離することに成功した。一方は，絶対嫌気性微生物*Desulfitobacterium*属に位置する微生物であり，*Desulfitobacterium*属細菌は塩素化合物の脱塩素能力を持つ種を含み，一般的に培養が難しく単離事例も少ない[11]。*Desulfitobacterium*属細菌が潜在的に有するキノン呼吸を電気培養で促進することで，高密度化が可能となり本研究において比較的容易に単離することができたのではないかと考えられる。他方は通性嫌気性微生物*Enterobacter*属に近縁である微生物であり，増殖の過程でAQDSを還元することが示された。

2.3.3　電気培養によるクロム還元菌の選択的培養

電子受容体を電気化学的に再生する効果は必ずしも呼吸を促進することに限定されない。本項では通電による電子受容体の再生を通して，目的微生物の集積に適した環境を保持し続けることによって集積培養を行った事例を紹介する。

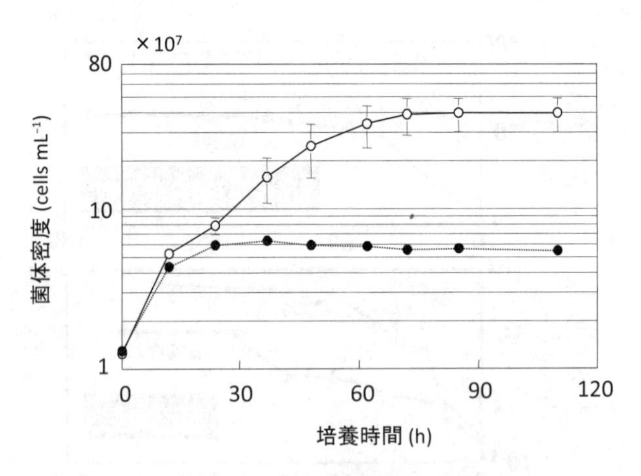

図2　キノン還元微生物群の電気培養
○：電気培養，●：通常の培養手法（非通電）

メッキ産業などにおいて使用されてきたCr(VI) は，水溶性であり酸化力が強く，皮膚障害，呼吸器障害，腎・肝障害，鼻中隔穿孔などの人体への影響が報告されている。そのため，Cr(VI) は環境汚染物質のひとつとして安価な処理が必要とされている。一方，還元型であるCr(III) は難溶性であり毒性も低い。よって，Cr(VI) に汚染された環境の浄化においてクロム還元能を有する微生物による処理が有効な手法と注目されている。通常，Cr(VI) 還元菌を集積するためには，一般的な微生物の生育を抑制する0.1 mM程度のCr(VI) 存在下において培養が行われる。しかし，クロム還元菌の増殖に伴い，培養液中のCr(VI) が無毒のCr(III) に変換されるため，培養後期では雑多な微生物の繁茂を許してしまう。その結果，クロム還元菌の高密度化とともに他の夾雑微生物も高密度化することが，クロム還元菌の集積を困難にしている。そこで，還元されたクロムを電気化学的に酸化することで連続的に電子受容体であるCr(VI) を再生し，かつその他の微生物を抑制することでクロム還元菌を効率的に集積できると考えられる（図3）。0.1 mMのCr(VI) を含む培地中で，クロム還元菌を含む微生物群を嫌気的に2週間培養したところ，通常の培養では少なくとも3種類の微生物の増殖が見られたのに対して，Cr(VI) が電気化学的に再生される＋1.0 Vの電位を培養液に与えながら培養した場合には，AFM観察および微生物叢の遺伝子解析結果から電気培養により単一微生物のレベルまで選択的に集積されていることが明らかとなった（図4）。さらに，この培養液を用いて従来の平板培養法で培養を行ったところ容易にクロム還元能を有する単離株を獲得することができた[12]。電気培養法の適用により雑多な微生物群集の中から特定の機能を有する微生物の高密度化および単離を劇的に効率化できることが示された。

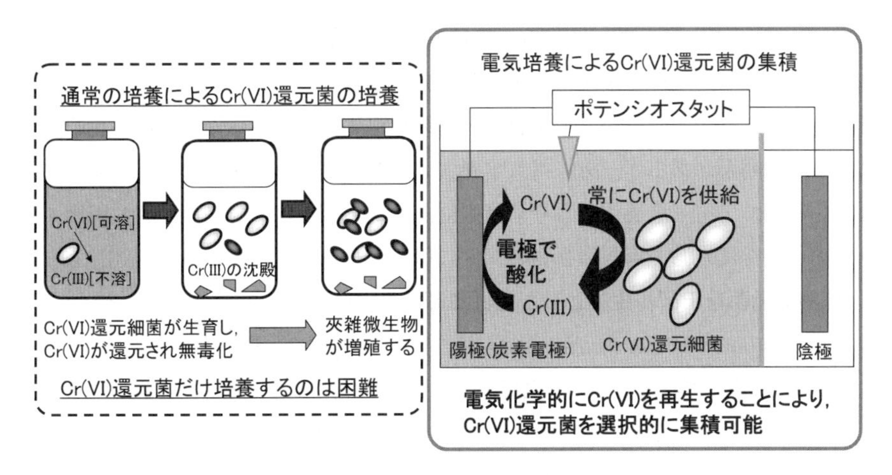

図3　Cr(VI) 還元菌の電気培養のコンセプト

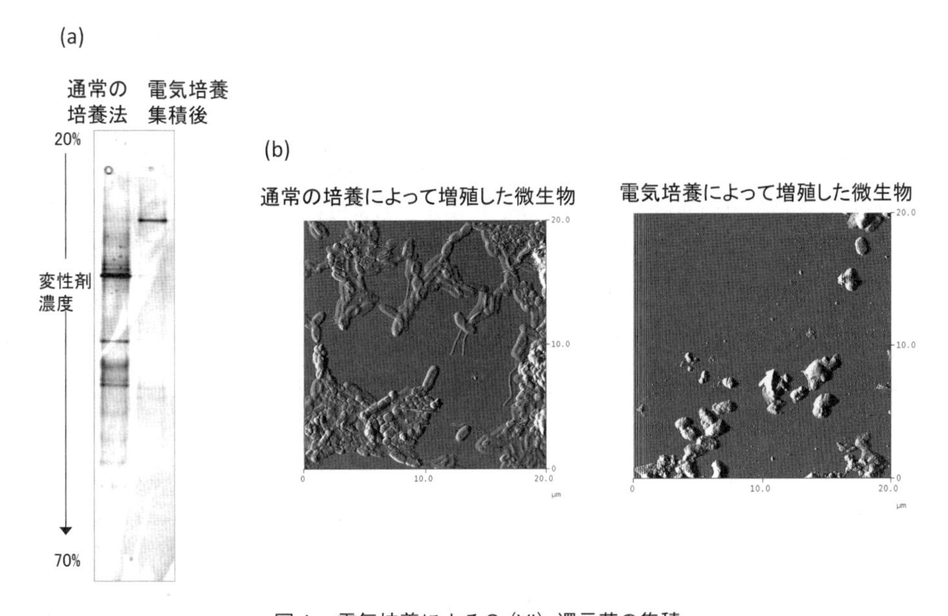

図4　電気培養によるCr(VI) 還元菌の集積
(a)16S rRNA遺伝子を対象としたPCR-DGGE解析，(b)AFMによる培養液中の細胞観察像

2.4　電位制御による微生物の生育促進と集積効果

生育を支える呼吸などエネルギー獲得反応は多くの酸化還元反応で構成されている。一般的に電子伝達を伴う酸化還元反応は反応場（溶液）の酸化還元電位に影響される。よって，微生物の生育も溶液電位の影響を大きく受け，微生物ごとに適した電位環境が存在すると考えられてきた。

しかし，従来，溶液電位調整は酸化剤もしくは還元剤の添加によって行われてきたため，厳密な電位制御は困難であり，電位が微生物の生育に与える影響も明確ではなかった。また，強力な酸化剤，還元剤の添加は微生物に対して生育阻害効果を示す場合もあるため，微生物の生育促進を図る手法としては問題がある。一方，電気培養法では溶液電位を電気的に任意の値に調整することができる。よって，電気培養法により溶液電位を特定の微生物の好適な範囲に制御することにより微生物の生育を促進し，新規微生物の探索に利用できる可能性がある。

2.4.1　硫酸還元菌をモデル生物とした電位制御の生育に与える効果の検証

硫酸還元菌*Desulfovibrio desulfuricans*は有機物（乳酸など）を電子供与体，硫酸イオンを電子受容体として嫌気条件下で呼吸を行い，生育する偏性嫌気性微生物である。通常，*D. desulfuricans*の培養を行う際には，培養液に還元剤としてNa_2Sを添加することで－0.45 V程度に培養液の電位環境を調整する。電気培養法を用いて電位調整を行うことが*D. desulfuricans*（NBRC13699）の生育へ与える影響を評価するために，＋0.4～－0.8 Vの範囲で設定した電位で通電しながら培養を行った。通電していない条件や－0.45 Vより高い電位に電気的に調整した培養条件では培養開始後約37時間で生育が始まったのに対して，還元剤の添加で設定される電位よりも低い－0.6 V以下に電位を電気化学的に調整した場合では生育開始時間が約10時間早い，約25時間後に生育が始まった。還元剤の添加などでは設定が困難である電位環境を人為的に創出することにより，*D. desulfuricans*の生育開始時期を早めることが可能であると初めて示された[13]（図5）。よって，微生物には好適な溶液電位の領域が存在し，培養環境をその電位に設定することにより，対象とする微生物の本来有している機能を引き出し，生育を促進することが可能ではないかと考えられた。このような電位調整の効果が，異種微生物が混在する場合にも適用可能であれば，これまで通常の培養法では非優占種であった微生物を集積培養できる可能性がある。そこで，様々な微生物種を含む湖沼底泥上澄みと*D. desulfuricans*を混合し，＋0.4 V，－0.1 V，－0.6 Vに電位を調整し

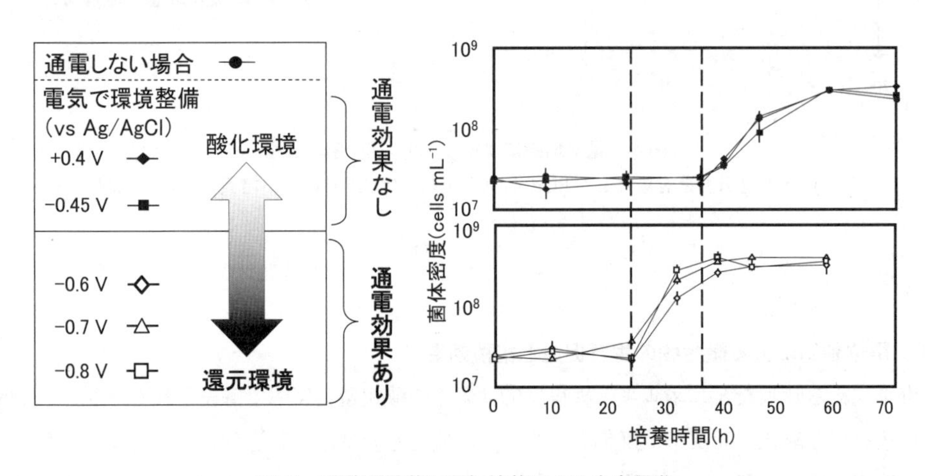

図5　硫酸還元菌の電気培養による生育促進

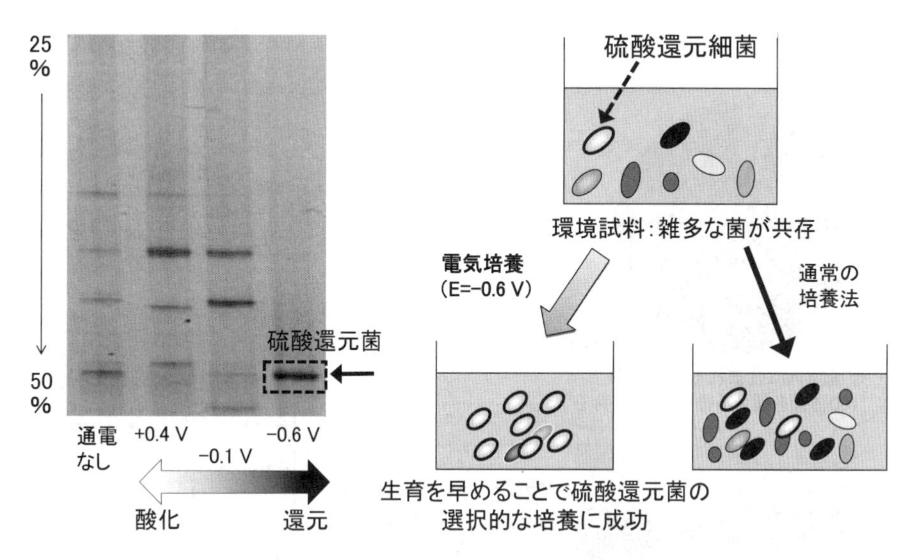

図6　硫酸還元菌を含む模擬環境試料への電気培養の適用

ながら培養を行うことで電位の効果の検証を行った。通電しなかった場合には種々の微生物の生育が観察される一方，電気的に電位を調整した培養条件では異なる微生物種の集積が確認された（図6）。さらに，*D. desulfuricans*の生育に好適であった−0.6Vに電位を調整した培養条件では，*D. desulfuricans*が優占的に生育していることが明らかとなった[13]。以上，微生物の種類に応じて適した溶液電位が存在することが明らかとなり，任意の電位環境を電気的に創出することにより多様な微生物種が含まれる試料から通常の培養法では非優占種であり，これまで選択的に培養することが困難であった微生物種を培養できる可能性が示された。

2.4.2　環境微生物への適用による未培養微生物の集積

培養液の電位環境が環境微生物の集積培養へ与える効果を実際の環境試料を対象として検証した。電位調整をサポートする電子メディエータ6種（キノン，マンガン，コバルト，鉄，亜ヒ酸，硝酸）と5つの電位条件（−0.6V，−0.2V，+0.2V，+0.6V，電位調整なし）を組み合わせた結果，キノン，マンガン，コバルト含有培地で培養した場合は電位調整を行わない培養と比較し，生育の促進が確認された。ここでは代表例としてマンガンを電子メディエータとして使用した場合を示す（図7）。電位調整を行わない培養条件と+0.6〜−0.2Vの範囲で電位調整を行った場合では菌叢のパターンに大きな差異は見られなかったが，−0.6Vに電位を調整した条件では，その他の条件ではほとんど検出されなかった*Rhizobium*属に近縁の未培養微生物が顕著に集積された。電位調整により集積された微生物について，接種源とした環境微生物の中での存在割合を調べたところ，少なくとも108種類の微生物種を含む母集団に対して，0.01%から0.08%程度の非優占的な微生物が集積されたことが明らかとなった[14]（図7）。以上，電位調整により，環境試料からこれまで獲得できなかった微生物を選択的に培養できることが立証された。電気培養を

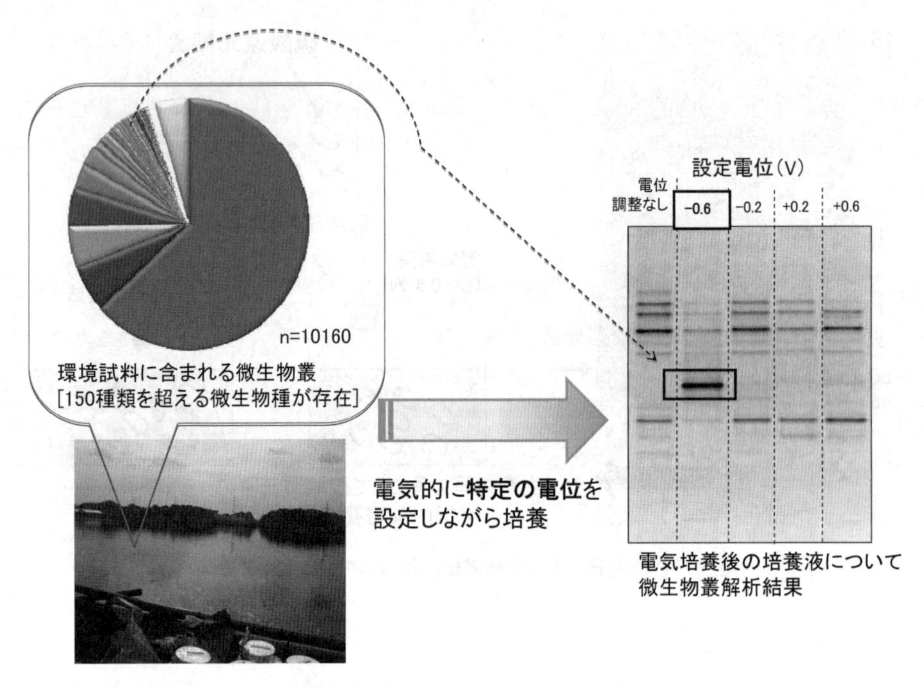

図7　環境試料を対象とした電気培養の集積効果

用いて任意の電位環境を創出する技術が未知の有用微生物の発見に繋がることが期待される。

2.5　まとめ

電気培養法を適用することで，従来の培養法では集積培養することが困難であった微生物種を培養できる可能性を複数の事例を挙げて紹介した。今後は，培養に際して有用物質生産能力などの機能を微生物選抜の指標として取り入れることで，電気培養法が高い機能を有する微生物などのスクリーニングに貢献することが期待される。

文　　献

1）R. I. Amann *et al., Microbiol. Rev.*, **59**(1), 143-169 (1995)
2）W. Streit *et al., Curr. Opin. Microbiol.*, **7**, 492-498 (2004)
3）T. Uchiyama *et al., Curr. Opin. Biotechnol.*, **20**(6), 616-22 (2009)
4）Y. Aoi *et al., Appl. Environ. Microbiol.*, **75**(11), 3826-33 (2009)
5）K. L. Straub *et al., Methods in Enzymology, Environmental Microbiology*, **397**, 58-77

(2005)
6) S. M. Kraemer *et al.*, *Aquat. Sci.*, **66**, 3-18 (2004)
7) 松本伯夫ほか，電力中央研究所報告，**U01052** (2002)
8) G. R. Aiken *et al.*, Humic Substances in Soil, Sediment, and Water: geochemistry, isolation, and characterization, Krieger Pub. Co. (1985)
9) J. D. Coates *et al.*, *Appl. Environ. Microbiol.*, **64**, 1504-1509 (1998)
10) 松本伯夫ほか，電力中央研究所報告，**V05031** (2006)
11) N. Tsukagoshi *et al.*, *Appl. Microbiol. Biotechnol.*, **69**(5), 543-553 (2006)
12) 松本伯夫ほか，電力中央研究所報告，**V04006** (2005)
13) 平野伸一ほか，電力中央研究所報告，**V07018** (2008)
14) 佐藤宏ほか，電力中央研究所報告，**V08038** (2009)

3　微生物の電気化学的代謝制御

平野伸一*

3.1　序論

微生物の呼吸，発酵，光合成といったエネルギー獲得系をはじめとした微生物の代謝反応は電子供与体から電子受容体への電子の流れを伴う多数の酸化還元反応で構成されている。この酸化還元バランスの偏りは微生物の生育や代謝の停止に繋がるため，生物の代謝は全体としてこれら酸化還元のバランスを巧みにとりながら行われている。そのため，酸化還元反応における電子の流れや酸化還元バランスを人為的に制御することができれば微生物の生育および代謝反応を望むように制御できる可能性がある。近年，地球温暖化対策，エネルギー安全保障の観点から従来の化石資源依存から脱却し，低炭素・循環型社会を形成するために微生物の代謝能を利用したバイオマスからの有用物質生産技術（バイオ燃料，基幹物質）がバイオリファイナリー技術のひとつとして推進されている[1)]。本技術成立のためには有用物質生産プロセスにおける微生物代謝の高効率化が重要な研究課題となっている。近年，糖などバイオマスの持つエネルギーを電流として取り出す微生物電池とともに微生物の培養に際して通電することで微生物の代謝制御を行う手法，電気培養法が注目されている[2)]。第7章2節のように我々はこれまでに通電による特定微生物の生育促進に基づき，環境中の微生物探索および単離を行ってきた[3,4)]。そこで，この技術を既存の微生物を用いたバイオプロセスへ応用することで，生育・代謝の促進に基づいたプロセスの高効率化を試みている。このような電気を用いて代謝を制御するという流れは国外においても増加傾向にある。そこで，本節では筆者らが取り組んでいる事例を含め電気を用いた微生物反応の代謝制御について概説する。

3.2　電気培養装置および代謝制御技術の実例

電気培養法は第7章1節で示されたイオン交換膜で分離された2つの培養槽およびそれぞれに挿入された陽極，参照電極，陰極で構成された培養装置を用いて行われる。電気培養による微生物の代謝制御についてもこの培養装置を用いるが，その通電のコンセプトは大きく2つに分けられる。①微生物に電子を還元力として供給するもしくは電極を電子受容体として微生物から電子を引き抜く電極―微生物間の電子授受反応に立脚した培養法，②溶液電位を通電により目的とする微生物に適した領域に調整する培養法。上記2つのコンセプトにかかわる技術およびその実例について分けてとりまとめた。

3.2.1　電極―微生物間の電子授受反応に立脚した代謝制御技術

電極―微生物間の電子授受反応については微生物電池の分野において長い歴史があり，電子授受機構などについて多く研究されている[5)]。また，これまでに細胞外の電子メディエータと呼ば

＊　Shin-ichi Hirano　㈶電力中央研究所　環境科学研究所　バイオテクノロジー領域
主任研究員

表1　電気化学的手法による微生物代謝の制御事例

年	微生物	代謝制御の効果	文献
1999	*Actinobacillus succinogens*	コハク酸の生産20％増加	9）
2001	*Trichosporon capitatum*	6-Bromo-2-tetranolの生産15％向上	7）
2002	*Clostridium thermocellum*	エタノールの生産61％増加	10）
2007	廃水由来の複合微生物群	酢酸など有機物から水素を生産	8）
2009	廃水由来の複合微生物群（優占種*Methanobacterium palustre*）	電気を還元力としてメタンを生成	11）
2010	大腸菌	通電による生育の促進と有機物の持つエネルギーを水素として回収	12）
2010, 2011	*Sporomusa ovata*など酢酸菌	CO_2から酢酸，オキソ酪酸生産に電気を利用	13, 14）
2011	*Clostridium acetobutylicum*	通電によりブタノール生産性2倍向上	15）
2011	*Shewanella oneidensis*	グリセロールからエタノール生産	6）

れる化合物（メチルビオロゲン，ニュートラルレッドなど）を電子受容体として利用する細胞外電子授受能を有する微生物が報告されている。微生物電池の分野では，これら細胞外電子授受能を有する微生物が電子供与体である有機物を分解し，獲得した電子を電子受容体である電極を介して回収することで，より大きな電流を生成することを目的としている。その一方で，このような微生物の細胞外電子授受能に着目し，電子を電極から還元力として細胞に供給する，もしくは代謝経路における余剰の電子を細胞から引き抜くことにより代謝をコントロールすることが近年提案されている[2,6]。細胞内の代謝は酸化還元反応と密接に関与している。発酵においては代謝の継続のためにはNADH, NADPHなど電子キャリアのリサイクルのために副産物の生産を必要とする。呼吸においては電子受容体の供給が常に必要である。外部から微生物が必要とする還元力（電子供与体，電子そのもの），もしくは酸化力（電子受容体）を電気として供給することで，発酵や呼吸を促進することや経路を望む産物の生産に向けることが可能と考えられる。筆者らのグループを含め物質生産にかかわる種々の代謝形態において表1に示すように実績が報告されている[6~11]。そのなかでいくつか事例を挙げて以下に紹介する。

(1)　通電による大腸菌の生育促進に基づいた物質・エネルギー生産の促進

物質生産に一般的に用いられている微生物のひとつとして大腸菌が挙げられる。大腸菌は嫌気条件下で硝酸イオンを電子受容体とした硝酸呼吸を行い，硝酸イオンを亜硝酸イオンに還元しながら生育する。我々はこの嫌気条件下で最大のエネルギー獲得様式である硝酸呼吸に着目し，電気培養の適用を試みた。大腸菌の硝酸呼吸により蓄積する亜硝酸イオンを電気的に酸化し，大腸菌に対して増殖毒性を有する亜硝酸イオンを呼吸に必要である電子受容体＝硝酸イオンへ再生し，連続供給することで生育および物質生産の促進を検討した[12]。亜硝酸イオンを電極上で酸化することができる条件を検討した結果，作用極（炭素電極）に対して＋0.9V（vs Ag/AgCl，以下同様）以上の電位を印加することにより，亜硝酸イオンの迅速な酸化が可能であることが明らかに

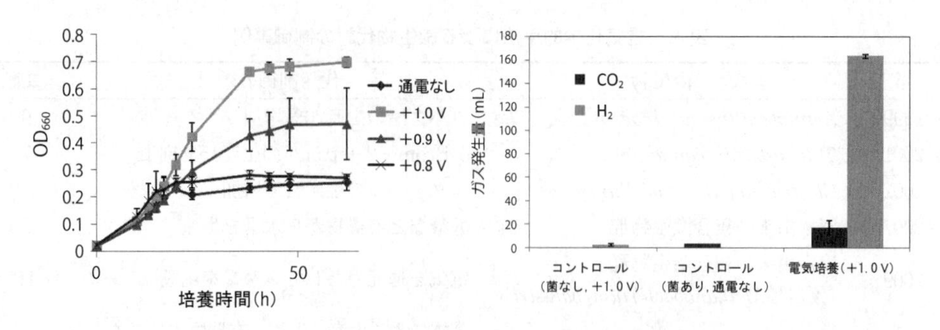

図1　通電による大腸菌の生育促進および水素生産

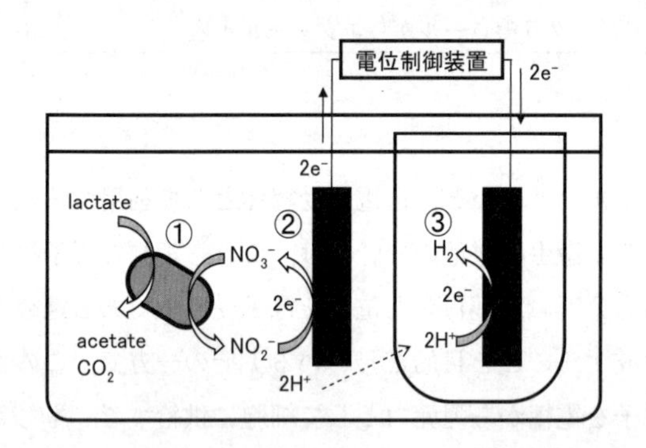

図2　大腸菌の電気培養の概念

なった。この電位印加条件で通電を行いながら乳酸イオンを炭素源として大腸菌JM109株の培養を行ったところ，非通電時に対して対数増殖期が延長され，最終的な菌体密度を3.6倍に向上することができた（図1）。大腸菌は遺伝子操作により物質生産能の付与・改善が容易であるという利点を有している。シンプルなモデル系として大腸菌にβ-galactosidase遺伝子を導入したところ，培養液全体としての酵素活性は11倍に向上した。増殖期間と最終菌体密度の増加は単純に物質生産の時間と反応場を増大させ，物質生産量の増加に繋がったといえる。さらに，本培養系において大腸菌が有機物から獲得した電子は電子受容体である硝酸イオンを介して，電極に伝達し，対極上で最終的に水素に変換され，顕著な量の水素生産が得られた（図1）。大腸菌が有機物から得た電子の回収率は電気量としては95%程度，水素としては65%程度であった。本培養システムは大腸菌の生育および細胞内での物質生産を促進するとともに，バイオマスの有するエネルギーを水素として回収する二重の意味を持つ物質生産システムである（図2）。

(2)　酢酸菌（*Sporomusa ovata*）への還元力供給に基づいた二酸化炭素からの酢酸合成

二酸化炭素の再資源化の手法として，電気的に二酸化炭素を直接還元する手法が存在する。二酸化炭素の電気還元は熱力学的に可能であり，100年以上の研究の歴史がある。しかし，電極の寿命と価格，副反応との競合がネックで実用化は難しいと考えられてきた。一方，酢酸菌は水素を電子供与体として二酸化炭素を還元することで酢酸やその他の有機物を合成しながら生育する。しかし，電子供与体となる水素の確保は難しく，水素生産自体が重要な研究ターゲットとなっている。そこで，Lovleyらは電気的に還元力を酢酸菌に供給することで，直接的な電気還元よりも緩和な条件で二酸化炭素の還元反応を進行させせることを試みている[13)]。まず，酢酸菌*Sporomusa ovata*（DSM2662）を水素・二酸化炭素存在下で培養を行い，作用極上でバイオフィルムを形成させた。このバイオフィルムを作用極ごと新しい培養液に移し替え，水素非存在下，－0.4Ｖの電位を作用極に印加することで作用極上の*S. ovata*に還元力を供給した。培養液中の産物の解析を経時的に行ったところ，電気量と相関した酢酸イオンとオキソ酪酸イオンの生産が確認された。投入した電気量のうち有機酸の生産に使用された電気量の割合は最大で86±21％と高い値が得られている。電極反応と微生物反応を組み合わせることで直接的な電気還元と比較して大幅に低い電位の印加で二酸化炭素の還元が可能となった。また，このような現象は他のいくつかの酢酸菌についても報告されている[14)]。以上，電子を還元力として微生物に直接供給し，物質生産が可能であることが示唆された。このようなプロセスは光合成photosynthesisに対してCO_2の固定に還元力として電気を利用することからmicrobial electrosynthesisと命名されている。近年，自然エネルギーなどを利用した持続可能な電力の生産において大きな進展が得られていることから，本技術は自然エネルギーを利用した持続可能な物質生産法として，今後期待される重要技術であろう。

⑶　通電による*Clostridium acetobutylicum*のブタノール生産性向上

バイオ燃料として注目されているブタノールは糖類から*Clostridium*属細菌のブタノール発酵により生産されている。*Clostridium*属細菌のブタノール発酵は多くの酸化還元反応が関与し，電子の出入りが伴う上，増殖の過程で代謝が切り替わり定常期においてのみブタノールを生産する複雑な経路を有している（図３）。糖類由来の炭素および電子が増殖の過程で種々の代謝産物に分散されるため，目的とするブタノールの収量が低いことが問題となっている。ブタノールを含めた代謝産物は電子の流れや細胞内の酸化還元バランスにその生産が影響されると考えられている。そこで，効率的なブタノール増産のためには電子の流れを考慮に入れた代謝制御が重要な研究課題となっている。まず，*Clostridium acetobutylicum*（NBRC13948）を対象として，細胞外電子受容体として報告のあるメチルビオロゲン（MV）をグルコースを含む培地に添加し，培養を行ったところ生育に対して遅延効果が見られた。その一方で，ブタノールの生産量はMV添加時に向上した。培養過程において培地中のMVは還元されたため，ブタノール発酵経路過程で放出された電子がMVに移った結果，代謝が改変され副産物の生産量が減少，ブタノールの生産が上昇したことが推定された。そこで，MV存在下，作用極に対して－0.8～＋1.2Ｖの電位を印加することでMVを還元もしくは酸化しながら*C. acetobutylicum*の培養を行った。その結果，MVが還元される－0.6～－0.8Ｖの範囲では生育は阻害され，ブタノール生産も見られなかった。それに対して，MVの電気的な酸化が可能である＋0.3～＋1.2Ｖの範囲で通電を行ったところ，MV添

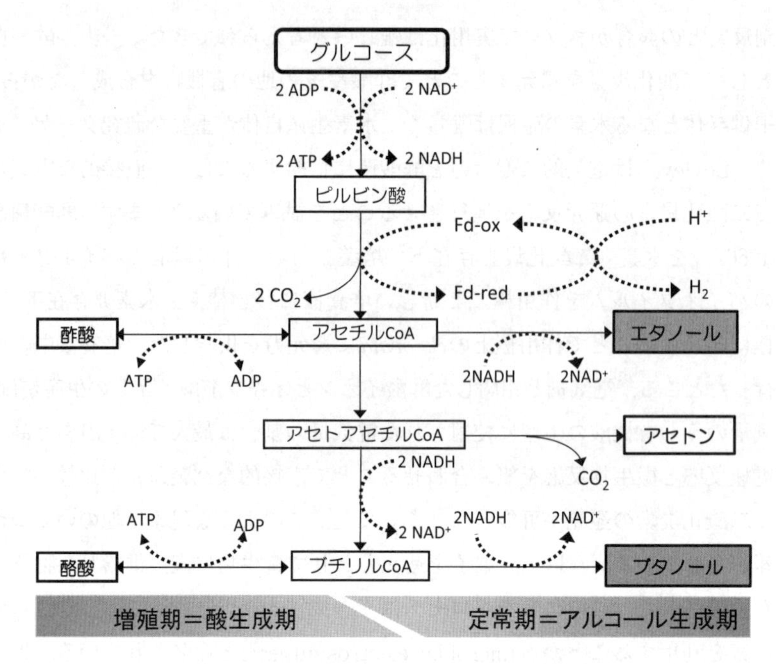

図3　*Clostridium acetobutylicum*の代謝経路

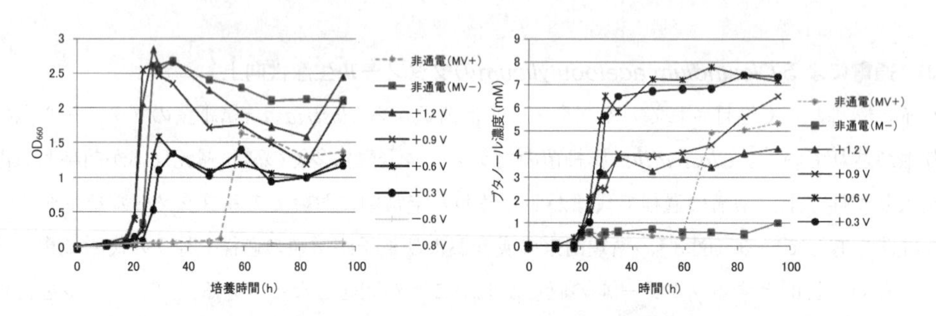

図4　電気培養による生育およびブタノール生産の促進効果

加による生育の遅延効果は解消され，さらにブタノールの生産性を向上させることが可能であった。特に＋0.3〜＋0.6 Vの範囲で通電を行った場合には，最終到達菌体密度が低く抑えられ，ブタノールの生産性は最も高い値となった。*C. acetobutylicum*から電子を細胞外に引き抜くことができる酸化型MVを電気的に再生，連続的に供給することで，菌体バイオマスの合成に使用されるはずの炭素の流れがブタノール生産経路にシフトしたことが推定される。電気を用いて代謝における電子の流れを制御することで，副産物の生産を抑制し，目的産物の生産性を向上させることができる可能性が示された[15]（図4）。

3.2.2　培養環境における溶液電位の電気的な制御

生体を構成する個々の酸化還元反応は反応に適する溶液電位領域があり，周辺環境の電位に影響を受け，反応の進行しやすさが変動する。また，微生物の代謝は多くの酸化還元反応から構成されていることから溶液電位が微生物を制御するための重要なパラメータであり，微生物プロセスごとに適した電位領域が存在すると考えられてきた[16)]。環境の電位は環境に含まれる全酸化還元物質の酸化体と還元体の比により決定される。しかし，従来の培養法では微生物の呼吸や代謝により酸化・還元物質の濃度が変動するために一定の溶液電位を保ちながら培養を行うことは困難であり，電位による代謝制御はおろかその影響についても定かではなかった。電気培養では，微生物が培養液中の糖・有機酸などを代謝することにより酸化体と還元体の濃度比が変化した場合でも，培養液に添加した可逆的電極反応をする酸化還元物質（電子メディエータ）を電気化学的に酸化還元することで培養液全体として一定の濃度比に保ち，培養液自体の溶液電位を一定値に保ちながら培養を行うことが可能である。このコンセプトにおいて電子メディエータは微生物との電子授受を伴わないものを選定し，電気は培養環境の電位調整に用いられる。電気的に電位の調整を行うため，細胞毒性がある強力な酸化剤や還元剤の添加を回避できるだけでなく，酸化剤や還元剤の添加では設定が困難である電位環境を安定して設定できるという特性を有する。また，前述の電子の授受に立脚した培養法では物質生産と電流量は正比例の関係にあり，生産性の向上のためには多くの電気エネルギーの投入が必要になる。それに対して，このコンセプトでは特定の電位環境を設定するために電流が使用され，設定電位に到達後は微小の電流が流れるのみである。そのため，投入エネルギーに対する高い代謝への効果が期待される。ここでは筆者らのグループが新エネルギー・産業技術総合開発機構（NEDO）の支援のもと実施しているメタン発酵に関する研究を事例として紹介する。

廃棄物処理およびエネルギー生産の両方の観点からメタン発酵は重要な微生物プロセスである。我々のグループではメタン発酵にかかわる微生物群集を制御することで，廃棄物を処理し，メタンを効率的に回収することを目指している。メタン発酵槽内に微生物の固定化担体として炭素電極を設けることでメタン発酵に寄与する複数種の微生物を安定保持させ，かつ電位制御に基づいたメタン発酵関連微生物の代謝制御を行うことによってプロセス高効率化を試みている。ドッグフードスラリーを模擬生ゴミ基質として55℃で固定床式メタン発酵槽の連続運転を行った。非通電時のメタン発酵槽では培養液の自然電位は－0.47 V であった。それに対して－0.6 V 以下で電位制御を行うことにより従来法では到達できない高負荷の有機物処理およびメタン生成が可能となり，容積効率として3倍以上の高負荷運転を達成することができた[17)]（図5）。また，本法では培養期間において200 μA 程度の電流が流れる程度であり，積極的な微生物による電流の消費は認められなかった。よって，メタン発酵の処理安定化効果は特定の電位に制御したことに起因すると推定された。投入電気量（エネルギー）に対して得られるメタン生産量は燃焼エネルギー換算が十分大きく，エネルギー的に有効なプロセスであることが示された。これは実験室スケール（250 mL）でのデータであるが，現在スケールアップ型電気培養リアクター（4 L）を構築し，実

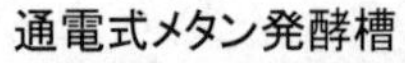

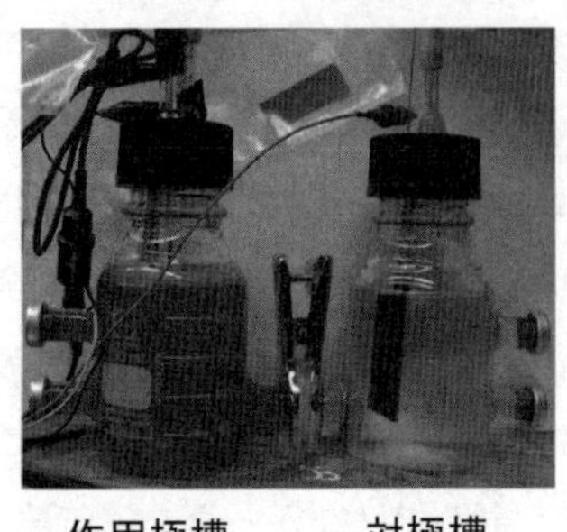

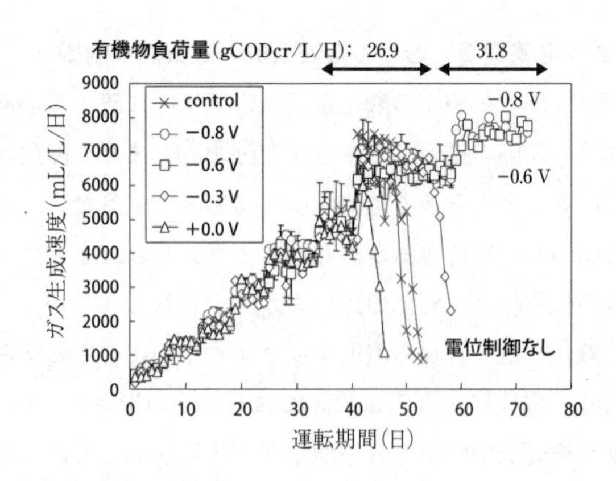

図５　通電によるメタン発酵の安定化

証を行っているところである。また，この電位制御によるメタン発酵処理向上のメカニズムを推定するために，通電型メタン発酵槽内において優占的に存在していた水素資化性メタン菌 *Methanothermobacter thermoautotrophicus* について単独での電位制御の影響を検討した。*M. thermoautotrophicus* と細胞外電子授受を行わない電子メディエータ（アントラキノン2,6-ジスルホン酸）を用い，メタン発酵槽と同一の電位である−0.8 V以下の電位を印加しながらメタン生成速度を評価したところ，静止菌試験において水素／二酸化炭素を基質としたメタン生成速度が約３倍向上することが明らかとなった。以上，培養環境の溶液電位を制御することにより微生物の生育および活性を制御可能であることを知見するに至った。

3.3　今後の展望

バイオプロセスを効率化するという点において，これまでに遺伝子組換えによる代謝改変は有用な微生物を多数生み出してきた。しかし，細胞内の電子の流れや酸化還元バランスの制限から遺伝子組換えのみでは必ずしも望むような効果が得られない場合も存在した。その点において，本節で紹介した電流が微生物の代謝を制御できるという発見は既存の微生物プロセスを含めた多くのアプリケーションへ展開が期待される。特に，バイオマスの有効利用にかかわる微生物変換技術（バイオ燃料やバイオマテリアル生産，下水，生ゴミの再資源化，高付加価値物質，バイオマスプラスチック）への適用は低炭素・循環型社会の構築に貢献できるかもしれない。微生物代謝反応と電気化学をリンクさせる電気培養法はまだ成長過程の技術であり，バイオマスの高度利用や有害な副産物の除去などバイオリファイナリー全般の技術課題に加え，代謝制御効果の最大化，費用対効果，大型化など検討事項は山積みであるが，次世代の物質生産戦略を形作るシーズのひとつと考えている。

文　　　献

1)　松本伯夫ほか, 電力中央研究所報告, **V10010** (2011)
2)　K. Rabaey *et al., Nat. Rev. Microbiol.*, **10**, 706-16 (2010)
3)　佐藤宏ほか, 電力中央研究所報告, **V08038** (2009)
4)　松本伯夫ほか, 電力中央研究所報告, **V04006** (2005)
5)　B. E. Logan *et al., Nat. Rev. Microbiol.*, **7**, 375-381 (2009)
6)　J. M. Flynn *et al., mBio*, **1**(5), e00190-10 (2010)
7)　H. S. Shin *et al., Appl. Microbiol. Biotechnol.*, **57**(4), 506-10 (2001)
8)　S. Cheng *et al., Proc. Natl. Acad. Sci. USA.*, **104**(47), 18871-3 (2007)
9)　D. H. Park *et al., Appl. Environ. Microbiol.*, **65**(7), 2912-7 (1999)
10)　H. S. Shin *et al., Appl. Microbiol. Biotechnol.*, **58**(4), 476-481 (2002)
11)　S. Cheng *et al., Environ. Sci. Technol.*, **43**(10), 3953-8 (2009)
12)　平野伸一ほか, 電力中央研究所報告, **V09026** (2010)
13)　K. P. Nevin *et al., mBio*, **1**(2), e00103-10 (2010)
14)　K. P. Nevin *et al., Appl. Environ. Microbiol.*, **77**(9), 2882-2886 (2011)
15)　平野伸一ほか, 電力中央研究所報告, **V10028** (2011)
16)　C. Riondet *et al., J. Bacteriol.*, **182**(3), 620-6 (2000)
17)　K. Sasaki *et al., Bioresour. Technol.*, **101**(10), 3415-3422 (2010)

第8章　微生物電池の応用

1　電池の構造およびカソード反応

渡邉一哉*

1.1　はじめに

微生物燃料電池（Microbial fuel cell, MFC）とは，細胞外電子伝達能を持つ微生物の電極呼吸（電極を電子受容体とする呼吸）を利用して，有機物の持つ化学エネルギーを電気エネルギーに変換する装置である[1,2]。装置の基本構造は高分子型の水素燃料電池と似ており，負極（アノード，水素燃料電池では燃料極という）と正極（カソード，空気極）からなる。それらは高分子イオン交換膜で仕切られ，お互いの電解液が他方へ浸出しないようになっている（図1）。アノードでは，微生物が触媒として有機物を酸化分解し，それにより放出される電子が電極へ渡される。一方カソードでは，アノードから外部回路を経由して移動してきた電子，およびイオン交換膜（プロトン交換膜）を経由して拡散移動してきたプロトンと酸素が反応し，水が生成する。アノードの有機物酸化反応（標準酸化還元電位は約－0.3V）とカソードの酸素還元反応（約＋0.8V）の間に電位差があることから，アノードからカソードに電子が流れる過程でエネルギーが得られる。

微生物燃料電池のメリットは，微生物の多様な代謝能力を利用できることである。その結果，

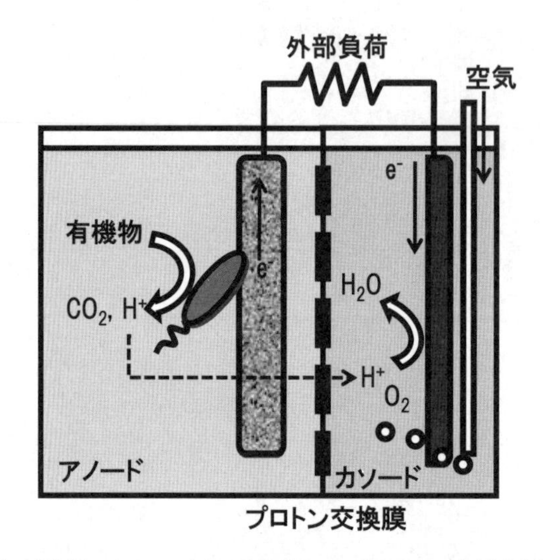

図1　空気（酸素）をカソードの酸化剤として用いる二槽式微生物燃料電池

＊　Kazuya Watanabe　東京薬科大学　生命科学部　教授

様々な化合物を燃料として利用できる。一方，化学触媒を利用する燃料電池は，水素など限られた反応性の高い化合物しか燃料にできない。さらに，単一微生物ではなく多数の微生物からなる微生物群集をアノード触媒に用いると，廃棄物系バイオマスなど，複雑・多種多様で，しかも組成が変化する有機物を燃料として用いる微生物燃料電池を構築することも可能である。このようなことは，微生物を使う以外には不可能であろう。そこで微生物燃料電池は，廃棄物バイオマスからのエネルギー回収プロセスに加え，省エネ型廃水処理プロセス（有機物濃度の低い廃水を処理する場合，エネルギー生産というよりは，省エネ化技術になる）として実用化が期待されている。一方，微生物燃料電池の出力密度（例えばアノード電極面積当たりの出力）は低く，水素燃料電池の1/100程度かそれ以下である。そこで，微生物燃料電池の研究開発の最大の課題は，出力向上といわれている。

微生物燃料電池の出力を左右する因子として，①微生物の活性，②アノード電極の素材や構造，③カソード電極の素材や構造，④アノード・カソード間のプロトン移動機構，⑤装置の構造，などが挙げられる。本節では，このうち装置の構造についてまず解説し，次にカソードの反応について述べる。

1.2　電池の構造

今までに，様々な形状の微生物燃料電池が開発されてきている[1,2]。2000年以前は，図1に示すような二槽式のMFCが主に用いられていた。中でも，装置の組みやすさから，図2に示すようなH型と呼ばれるMFCが広く使われてきた[3]。このような装置においては，微生物が植えられるアノードの電解質と酸素還元が起こるカソードの電解質をプロトン交換膜で隔てて，両者が混合しないようにする。それは，アノードに酸素が混入すると，アノード電極に渡る電子の量がその分

図2　H型微生物燃料電池
アノード槽（右）とカソード槽（左）がプロトン交換膜を挟んだ架橋で繋がっている。

減少するからである。しかし，アノードでは電流が流れた分だけプロトンが発生し，またカソードでは酸素分子が還元されて水分子ができる際にプロトンが消費されるので，電流生成にはアノードからカソードに向けてのプロトンの移動が伴わなければならない。そこで，アノード電解液とカソード電解液を隔てるために“プロトン交換膜”が用いられる（図１）。今まで数多くの研究で二槽式MFCが用いられてきたが，それらの出力は概してあまり大きなものではなかった（～１mW/liter程度）[3,4]。これは，それらMFCではカソードの酸素還元反応が律速になるからであり，その原因としては，酸素の溶解度が低いこと（0.25mM以下）とプロトンの供給が十分でないこと（中性においてプロトン濃度が低いこと）が挙げられる。よって，二槽式MFCのアノードにおける微生物活性を上げる試みをしても（あるいは，アノードの微生物を解析しても），MFCの出力には影響を及ぼさない場合が多い。

このカソード律速の状況は，酸素拡散電極（Air cathodeまたは空気正極と呼ばれることが多い）をカソードに用いる一槽式MFCの出現で大いに改善された（次項参照）[5,6]。図３に，一槽式MFCの構造を示す。Air cathodeにおいては，電極膜を経て外気から拡散移入してくる酸素をカソード反応に使うことができるため，カソード槽が不要になる。また，Air cathodeにおける酸素拡散速度を適切に保つことにより電解質液中の酸素濃度を低く保てるので，現在の一槽式MFCにおいては，Air cathodeと電解質液の間にプロトン交換膜を設置しないことも可能である（図３）。MFCの出力は燃料となる有機物の種類，電解質液の組成，など様々な因子の影響を受け，装置構造の影響を一概には議論できないが，一槽式リアクターの出現によりMFCの出力は大いに上昇したといわれている[1,2]。これは，カソード反応への酸素供給が改善されたからである。

MFCの出力向上において重要となるリアクター構造として，次にmembrane/electrode assembly（MEA）が挙げられる[2,7]。この構造（図４）では，アノード電極とAir cathodeを隔膜

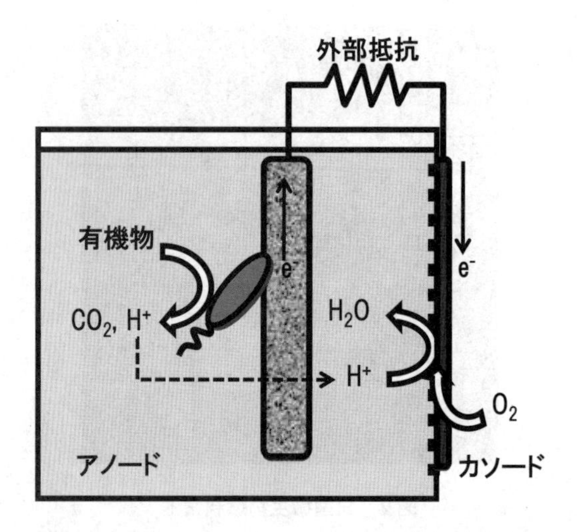

図３　Air cathodeを用いた一槽式微生物燃料電池

（絶縁を目的としたもので，電解質やプロトンは自由に通過できる膜）を挟んで一体化させる。これにより，アノードからカソードへプロトンが速やかに移動し，MFCの高出力化が図られると考えられる。

以上を考慮して実用化・大型化可能なリアクターとして提案されたのが，図５(A)に示すカセット電極システムである。これにおいては，空気正極ボックスの内側に空気を満たし，外側の微生物反応槽側の面に触媒を固定する。さらに隔膜を挟んで空気正極上に負極（グラファイトフェルトを使用）を固定する。この正極・隔膜・負極一体の構造をカセット電極と呼んでいる[8]。これ

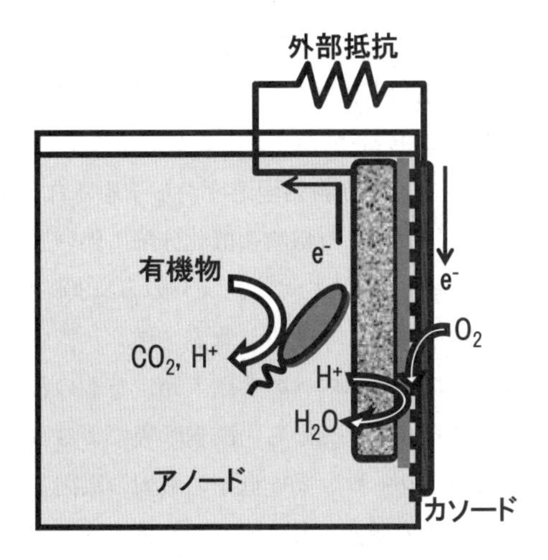

図４　MEA型の一槽式微生物燃料電池

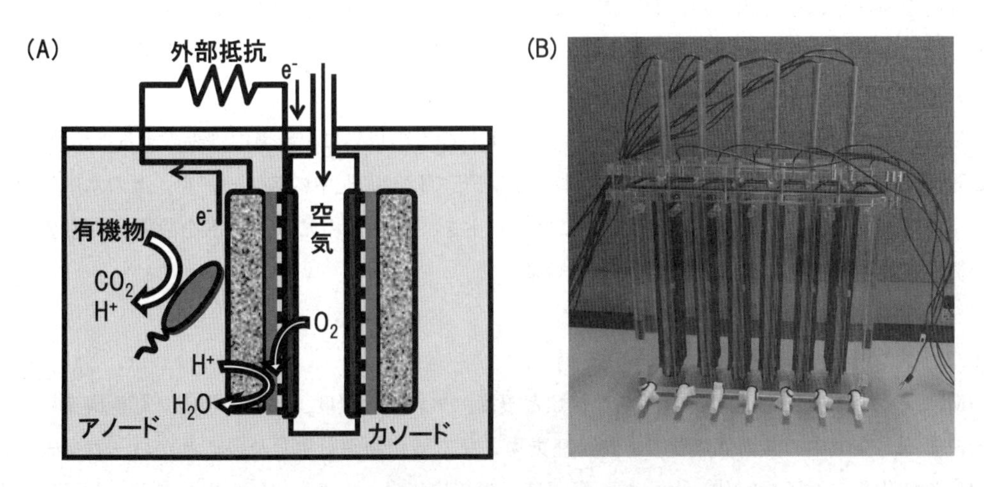

図５　(A)カセット電極を用いた一槽式微生物燃料電池
(B)カセット電極システムを６個挿入したリアクター

を図5(B)に示すように嫌気発酵槽に差し込むと，MFCができあがる。カセット電極システムの利点として以下が挙げられる。

① アノード・カソード一体型のためにプロトンが効率よく移動し，発電効率が上がる。
② カセットの大きさや数は任意に設定できるので，MFCの形状に自由度が増すとともにスケールアップが容易である。
③ 電極の取り外しを可能にできるので，メンテナンスが容易になる。

我々は，ベンチスケールのカセット電極MFC（内容積1リットル）を構築し，モデル廃棄物系バイオマス（スターチ，ペプトン，魚肉エキスからなる）の処理と発電に関する実証実験を行った[8]。このMFCには，電極を両面に持つカセット電極を12個挿入してある。その結果，処理速度5.8 kg COD m^{-3} day^{-1}において90％以上の有機物除去率を示し，廃棄物処理槽としての性能は満足のいくものであった。また発電効率に関しては，容積当たりの電力密度で129 W m^{-3}という数値が得られたが，これは今までに報告されたリットルレベルのMFCの中でも極めて高い数値であった。しかし，この時の発電値は，有機物処理速度から予想される値より低いものであった。その理由は，クーロン効率（電子回収率，有機物の酸化分解に伴い放出される電子のうちの電流として回収された電子の割合）が低くなったためと考えられる（30％程度）。電子の行き先としては，電極から回収された電流，微生物により生成されるメタン，微生物の酸素（空気正極から反応槽へのリーク）呼吸，増殖した微生物体内への蓄積，が主なものとなる。槽内のメタン濃度の測定や空気正極の酸素透過速度を用いた計算から，酸素呼吸による電子ロスはクーロン効率で50％に相当することが判明し，これがクーロン効率低下の最大の原因と考えられた。この点を解決するための空気正極の改良が，今後の研究における一つの重要課題と考えられる。また，残りの20％は，余剰の有機物が微生物の増殖に使われたためのものと推測された。この点に対しては，MFCの全体の効率を上げることにより電子を引き抜く力を上げるという方向性が考えられるが，具体的な解決策はまだ明らかになっていない。このように検討項目はまだあるものの，ここで紹介したカセット電極システムは，今後のMFC実用化研究において広く使われるようになると期待される。

MFCとしては，上に述べたようなリアクター形状のもの以外に，環境中に設置する堆積型MFCと呼ばれるものも検討されている。このようなMFCでは，底泥中にアノードを，上の水中にカソードを設置したもの[9]，水田の稲の根圏にアノードを，上の水中にカソードを設置したもの（水田微生物燃料電池）[10]，などが報告されている。

1.3 カソード

MFCのカソードの性能は，酸化剤の種類と濃度，プロトン濃度，触媒の性能，電極構造によって決まる。空気中の酸素は無料であり，廃棄物となる酸化物が発生しないことから，カソードにおける酸化剤（電子受容体）として酸素が最も頻繁に用いられる[2]。しかし，酸素を還元し水が生成する反応は大きな活性化エネルギーを必要とするため，ただのカーボン素材上での反応速度は遅い。そこで，MFCのカソードにプラチナ触媒がよく用いられている。プラチナ触媒はカソード反応の速度を上げるだけでなく，低酸素濃度でのカソード反応を可能にする[11]。この点は，水溶液中の酸素を利用するMFCのカソードにおいては非常に重要である。しかし，効率のよいMFCにおいては，酸素の水溶液への溶解速度よりカソードでの酸素消費速度の方が大きくなる可能性もあり，その場合は酸素溶解速度がMFCの電流値を規定することになる。この現象は，二槽式MFCでよく起こる。

水溶液中への酸素の溶解による制限を克服する方法として，Air cathodeが導入されている[5]。Air cathodeでは，水の蒸発を防ぎ空気拡散速度を制御する拡散層（外気に面した疎水性ポリマー膜，polytetrafluoroethylene［PTFE］がよく用いられる）の構造（素材や厚さ）が非常に重要である[6]。また現在，カソード触媒としてプラチナがよく用いられるが，コストの面からその大型リアクターへの適用は不可能である。そこでプラチナ代替品として，酸化マンガン[12]，鉄やコバルトのキレート体[13]，などの利用も試みられている。Chengらは空気正極に用いる触媒とバインダー（触媒をカーボンクロス基盤に保持するためのポリマー）の検討を行い，コバルトポルフィリンはプラチナと同等の触媒性能を示すこと，バインダーとしてはナフィオンがPTFEより優れていることを報告している[14]。しかし，これらの検討がカソード律速条件で行われたかは定かではなく，さらなる検討の余地がありそうである。

最近，バイオカソード（触媒として微生物を使ったカソード）の検討もなされている[15]。バイオカソードの利点は，微生物の呼吸は酸素に対する親和性が高く低濃度の酸素でも酸化剤として使用できること，触媒の費用はほとんど不要であること，様々な応用（例えば，硝酸呼吸をカソード反応とすることによりカソードで脱窒ができるなど[16]）の可能性があること，などである。カソードから電子を受け取った好気性微生物が呼吸により酸素を還元することによるバイオカソードが一般的に考えられる。その他には，マンガン酸化細菌により酸化マンガンをカソード上に沈着させ，それをカソードに到達する電子の受容体としてリサイクルするシステムの検討もされている[12]。ただし，バイオカソードでは化学触媒に対する微生物のメリット（多様な化合物を燃料として酸化分解できること）を十分に生かせず，酸素を還元することのみを目的とするならば化学触媒（安価で高活性な酸素還元触媒が開発できるなら）で十分という指摘もある。

1.4　おわりに

本節では，微生物燃料電池の出力を左右する因子として「装置の構造」および「カソード電極」について解説した。微生物燃料電池の出力を上げるためには，複数の技術を結集しなければならない。本節で記述した装置構造やカソード触媒は，その中でも特に重要な部分と考えられる。廃棄物系バイオマスを用いた発電や排水処理に微生物燃料電池システムを用いようとする場合，微生物としては自然発生的な微生物群集を用いるので，それらに適した装置をつくることが最も重要となる。このような意味からも，微生物燃料電池の高効率化研究への触媒化学や電気化学の専門家の積極的な参加を期待したい。

文　献

1) B. Logan *et al.*, *Environ. Sci. Technol.*, **40**, 5181 (2006)
2) K. Watanabe, *J. Biosci. Bioeng.*, **106**, 528 (2008)
3) S. Ishii *et al.*, *BMC Microbiol.*, **8**, 6 (2008)
4) S. Ishii *et al.*, *Biosci. Biotechnol. Biochem.*, **72**, 286 (2008)
5) D. H. Park *et al.*, *Biotechnol. Bioeng.*, **81**, 348 (2003)
6) H. Liu *et al.*, *Environ. Sci. Technol.*, **38**, 4040 (2004)
7) Y. Fan *et al.*, *Environ. Sci. Technol.*, **41**, 8154 (2007)
8) T. Shimoyama *et al.*, *Appl. Microbiol. Biotechnol.*, **79**, 325 (2008)
9) C. E. Reimers *et al.*, *Environ. Sci. Technol.*, **35**, 192 (2001)
10) N. Kaku *et al.*, *Appl. Microbiol. Biotechnol.*, **79**, 43 (2008)
11) T. H. Pham *et al.*, *J. Microbiol. Biotechnol.*, **14**, 324 (2004)
12) A. Rhoads *et al.*, *Environ. Sci. Technol.*, **39**, 4666 (2005)
13) F. Zhao *et al.*, *Environ. Sci. Technol.*, **40**, 5193 (2006)
14) S. Cheng *et al.*, *Electrochem. Commun.*, **8**, 489 (2006)
15) Z. He *et al.*, *Electroanalysis*, **18**, 2009 (2006)
16) P. Clauwaert *et al.*, *Environ. Sci. Technol.*, **41**, 3354 (2007)

2　微生物燃料電池を用いる廃棄物バイオマスの分解処理

柿薗俊英*

2.1　はじめに

微生物燃料電池（Microbial Fuel Cell，以下MFC）は，微生物を用いてその有機物の分解代謝から電子を外部回路へ取り出すことにより，有機物の化学エネルギーを電気エネルギーへ変換する技術である。それゆえ，MFCは様々なバイオマスを原料とするバイオ燃料の一つと捉えることができる（表1）。これらのバイオ燃料のうち，ディーゼル油に変換される植物バイオマスには，油脂成分を多く含む菜種，大豆，パーム，ヒマワリなどがあり，微細藻についても油脂成分を重量比40～70％で高含量に含むものがある[1]。また微細藻には，炭化水素を生産する種も見出されている[1]ので，淡水または海水培地で大規模に培養して抽出される。

バイオエタノールに変換するためには，コーンのようにデンプンを酵素糖化して，あるいはサトウキビのようにショ糖が主成分の場合には，直接アルコール発酵酵母や遺伝子組換え大腸菌によりアルコール発酵させる。いずれの場合も，原料は糖質である必要があり，原料濃度の都合で生産されるエタノール濃度は実質7～15％（w/w）程度である。ガソリン添加とするには，エタノールを含む培養液を蒸留と脱水により精製して，エタノールの純度を99.5％に上げる後処理が必須である。

さらに，近年，特にコーンの茎葉などストーバと呼ばれる非可食部を構成するセルロース，ヘミセルロース画分の有効利用に向けて，これらを酸・セルロース分解酵素の処理を経て，グルコースにまで分解してエタノール発酵する第2世代バイオエタノール生産技術が注目される。コーンの非可食部を使えば，コーンの食用用途との競合を避けることができるからである。

他方，メタン，水素については，糖質，タンパク質，脂質を問わず，嫌気性混合微生物の作用によって生じる。嫌気分解には，窒素成分がアンモニア，硫黄が硫化水素へそれぞれ変換される

表1　バイオマス原料とバイオ燃料

バイオマス原料	転換法	燃料
植物油（高等植物，微細藻）	抽出・エステル転換	ディーゼル油
糖質（コーン，サトウキビ）	アルコール発酵	バイオエタノール
油糧生産微細藻	培養・抽出	原油代替炭化水素
有機性廃棄物	メタン発酵	メタンガス
有機性廃棄物	水素生成嫌気培養	水素ガス
植物残渣	高温ガス化	バイオメタノール（水素，メタン，CO, CO_2なども同時生成）

＊　Toshihide Kakizono　広島大学　大学院先端物質科学研究科　准教授

ため，メタン・水素の利用においては，CO_2をはじめ，これらの成分の除去が前提となることが多い。バイオメタノールにおいても，原料には植物残渣や間伐材，あるいは自治体の可燃ゴミなどが用いられ，600～1,300℃の高温下でCO，水素，メタン，CO_2やタール成分と合わせて変換され，このうちの可燃性ガス成分を燃料としてガス発電が行われる。

MFCについては，好気性または嫌気性，純粋培養または多様な微生物の混合系が用いられ，原料としても，糖質はもとより多様な混合有機物が適用されてきているので，基質多様性の観点からメタン発酵と同等の広い適用性があるといえよう。バイオ燃料の観点からは，直流電圧の電子として直接取り出し得るため，活用にあたって前後処理が必要でない利点がMFCにはある。MFCの基礎・応用に関する論文報告は，多数が有志によりMFCウェブサイトに集められ，無料でリポジトリを閲覧できるのも多い[2)]。

以上，バイオ燃料について概観すると，バイオ燃料の原料には2つあり，エネルギー変換作物として栽培・培養するか，または廃棄物バイオマスを使うかである。そのコスト評価について，後者では廃棄物処理を兼任するため，従来技術の処理費と比べて，バイオ燃料変換費がバイオ燃料の販売でどれほど相殺されるのかを観る必要がある。従来処理費と変換費が原油価格に強く依存すること，またバイオ燃料価格については再生可能エネルギーの全量買取制が導入されれば上乗せ分で変動するため，算定に一意性がなく，容易ではない。ただ，国際エネルギー機関が2010年11月に“World Energy Outlook 2010”において，2006年に世界全体の原油生産が最大であると表明し，それ以降の生産量が減衰している，いわゆるピークオイルを公認したことからすると，今後の新興国の需要増を前提とすれば，国産エネルギー枠として，バイオ燃料の活用は有意義であろうと考えてよい。

本節では，バイオマスとして固形廃棄物のうち，国内で年間900万t（2006）におよぶ稲わらを選んで，セルロース分解菌を含む混合汚泥を微生物触媒としたMFCを稼働した例を紹介する。

2.2 稲わらを分解して電力源にする利点

農林水産省の資料によれば，稲わらは国内でその10％が飼料用に用いられ，堆肥に6％，畜舎敷料に4％が利用され，残りのほとんどの76％が田畑へすき込みされる[3)]。すき込まれた稲わらはその後地温の上昇とともに土壌微生物の嫌気分解を受け，一部はメタンまで分解される。メタンは地表へ放出されれば，CO_2の21倍の温暖化係数を持つため，温暖化を顕著に促進する。稲わらの水分を12％とすれば，$9,000,000 \times 0.76 \times (1-0.12)$tのセルロースと仮定して，これをセルロース中のグルコース相当の分子量の162で除したのち，メタンへすべて変換されたとすればその3倍量のメタン，すなわち1.12×10^{11} gが生じる。それゆえ，CO_2の分子量44とメタンの温暖化係数21を乗じると，現状では稲わらから，1.03億t-CO_2/年発生する概算値が得られる。環境省によれば，2009年度の温室効果ガスの総排出量が，12億900万tであるので，稲わらからのメタンは総排出量の9％近い。地球資源観測衛星ランドサットの公開画像からも，日本を含めたアジア稲作地域が強い温暖化ガス発生域であることが示されている。

そこで，稲わらすき込みの通気性など土壌改良を考慮しても，７割強の稲わらをすき込まず，代替案として農水省によりバイオエタノール転換策が提案されている。ところが，バイオエタノールには前述のように，稲わらセルロースの酸・酵素分解と，アルコール発酵後の蒸留，さらに蒸留したバイオエタノールの数倍におよぶ蒸留廃液の処理など，前後プロセスに多大の費用とエネルギーを要する。多様なエネルギーの有効性評価として，エネルギー利益率（Energy Profit Ratio, EPR）が提唱されており，EPR＝[回収したエネルギー]／[投資したエネルギー] と定義される。経済収益率と同様の考え方である。EPRを用いれば，米国コーン由来バイオエタノールのように，投資エネルギーが大きい場合，EPRは0.9～1.2とわずかに１を超えるかまたは１以下となるが，ブラジルのサトウキビ由来バイオエタノールの場合では，サトウキビからショ糖を圧搾して得た搾り滓のバガスを燃焼して蒸留の熱源とし，蒸留廃液を畑に肥料として還元するなどの対処法を採ると，EPRが８まで改善されている。バイオエタノールではEPRが２を超えないと国内では温暖化抑制効果があるとは判断されないためEPR評価では厳しいであろう。MFCにおいては稼働温度の管理がほとんどなりゆきの大気温度で反応が進むため，嫌気処理とは違って冬期加温（37℃維持）が必要でないし，また堆肥化とは違って切り返しや通気が不要であるので，これらの省エネルギー型エネルギー変換法の利点を活かせば，EPRの分母が小さい，すなわち高いエネルギー収益率が得られよう。またメタン発酵では，稲わらのようなセルロース性固形廃棄物は１割程度しか分解されず，堆肥化には夏場の高温期に３ヶ月を要するなど，MFCでは，より高速に，かつ高い分解率が得られると期待される。さらに，MFCでは上述の前後プロセスが不要であるため大きいEPRが予想されるが，報告例は見当らない。

2.3　2槽型微生物電池による稲わら分解

稲わらを分解するにあたり，研究室においてセルロース模擬基質であるカルボキシメチルセルロース（CMC）を単一炭素源に１年以上継代培養を続けた食品工場由来の汚泥を用いた[4]。本汚泥には当初より多様な野生酵母が存在し，比較的高いセルロース分解活性が観察された。CMCはグルコースユニット中の水酸基がカルボキシルメチル化されるので，固形セルロースと異なり結晶性がなく，可溶性である。粘性が高く，増粘効果のために多くの加工食品にも用いられる。まず，このCMC継代汚泥を用いて，微生物培養系として，フードミルサーで開口径１mmふるいを透過するまで粉砕した稲わらを炭素源に28℃で培養した結果，２～３日でほとんどの稲わらが0.15mmふるいを透過できるまでに分解された。そこで，この汚泥280mL（2.5 $g\,L^{-1}$ 相当）を，内径7.4cm，高さ7.0cmのアクリル製筒型負極反応槽（容量300mL）に入れ，粉砕した稲わらを3.0 $g\,L^{-1}$ になるように混ぜ，メディエータに１mMメチレンブルーを使って，MFCを稼働した。正極には負極と同様の反応器を用いて，10mMフェリシアン化カリウムを入れた。正負極反応器の間にプロトン交換膜としてNeoSepta CMS（アストム社製，約8.0cm円形）を使い，ゴムパッキンを介して挟み込んだ。また，両反応槽には３×５cmの炭素繊維フェルト（アンビック工業製，２mm厚）をチタン線（0.3mmワイヤ）をつないで入れた。負極内はマグネットスターラ

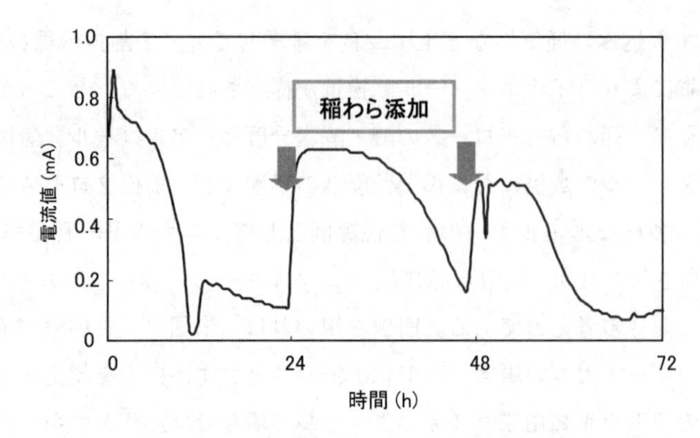

図1　計3回の稲わら添加による電流発生

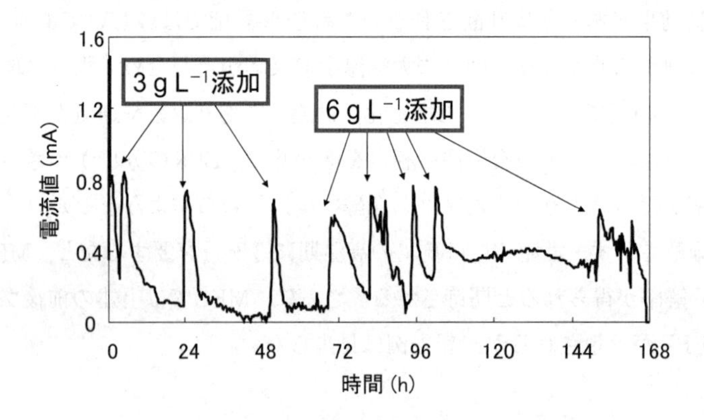

図2　電流発生に対する稲わらの逐次添加効果

(25 mm長）でゆるやかに撹拌し，正極には小型空気ポンプで細泡を通気した。2本のチタン線に100 Ω抵抗とマルチメータ（三和電気計器 PC-20）を直列に接続して発生電流を計測し，USBでつないだノートPCに自動記録した。このように本2槽型MFCでは，電子の流れが稲わらセルロースに始まり，メディエータ，負極炭素フェルト，正極炭素フェルト，Fe^{3+}，Fe^{2+}，そして最終的に酸素分子に達することになる。

2回の稲わら追加添加時の発生電流を図1に示す。稲わらの分解が進むのと並行して，0.7～0.8 mA前後の発生電流を観察した。稲わら分解の試料は経時的に抜き取り，ろ物として計量した結果，およそ1日で約30％が分解されていた。発生電流が1日後に下がった時点で稲わらを添加したところ，30分程度で電流値が0.6 mAまで回復し継続した。電圧は実験期間を通しておよそ0.40～0.52 V程度であった。発生電気量は電流の経時変化の曲線部の面積から求めることができ，3回分の稲わら分解の合計値は95.4 Cであった。これはクーロン収率の23.9％に相当する。このような毎日の稲わら添加を8回繰り返して1週間MFCの発電稼働を継続した結果を図2に示す。

表2　稲わらの持つ電力パワー

稲わら	NiH単3電池（2,400 mAh）本数	電力量（kWh）	収率（%）
0.9 g	0.016	—	23.9
56.3 g	1	2.88×10^{-3}	
871万t（2003）	1,550億	55.7億	

稲わら添加濃度は4回目から2倍に上げて，6 g L^{-1}になるように添加した。発生電流はいずれも稲わら添加で回復し，0.6～0.7 mA前後の発生電流を観察した。実験終了後に電池を解体して，試料を採取し，稲わら濃度を計量したところ，最終値で66%残量となり，それまでの試料抜き取りの結果と同等の33%分解であった。それゆえ，合計42 g L^{-1}相当の稲わらが34%分解することができた。

2.4　稲わら分解から電力を生み出す可能性

稲わらの分解と電力変換について，0.3 Lの小型反応槽の結果を考えると，撹拌混合が十分でなく，また空気の混入による電力損失，炭素フェルトの電子回収率の低さなど，改良点がまだまだ数多く見えるものの，分解率が3割，電力変換率が2割少しであったのは，電池反応槽を大型化する際の利点を考えれば期待できる数値であった。そこで，この現状の変換率をもとに国内稲わらをMFCで電力資源化した場合のポテンシャルを試算した（表2）。反応槽あたりの稲わら1回分の使用量は0.9 gであり，その発生電力は，ニッケル水素電池（2,400 mAh容量）と比べると，0.016本に相当する。この化学電池1本分に換算すれば，稲わら56.3 gを分解する必要がある。国内には，2003年統計で871万tの稲わらがあるので，1,550億本相当の化学電池である。これは電力量換算では，55.7億kWhとなり，国内の総発電量である9,800億kWhからすればやや小さく見える。ところが，たとえば，東北大震災を免れた宮城県女川原子力発電所2号炉の年間発電量26.9億kWhと比べれば十分大きい。実際には稲わら輸送に多大なエネルギーがかかるため，大規模に集結してMFCによる稲わら分解・発電を提案しているのではない。むしろ，他に適切な処分法がないために田畑にすき込まれている稲わらが意図されず温暖化促進に関わってしまうくらいなら，その分解処理と電力資源化に役に立つ手段としてMFCの有効性が示せたと捉えたい。農水省試算では，バイオエタノールになら200万kLへ転換できるようである。

2.5　稲わら以外のセルロース性廃棄物の分解処理

稲わらはかつて著者の親以上の世代では様々な生活用品に無駄なく加工され利用されてきた。多少水につかってもまた乾燥させれば繰り返し利用ができることが多かった。それはもともとの稲穂が天日乾燥を受けて微生物の作用，すなわち腐敗などを受けにくくなっていたためである。それゆえ，稲わらとなった乾燥品でなく，稲穂状態であれば，他の草本植物と同様，十分な水分のもとで，同等の短期間で8割以上の高い分解率で微生物分解できることを示している（未発表）。現実には，このように容易に腐敗するが，保管や管理に困るため，いったん屋外乾燥して焼却されるバイオマス廃棄物が数多い。たとえば，ゴルフ，サッカー場や学校運動場の刈り芝，農産物としては，非可食部，落果や規格外，過剰作物などである。これら以外にも，河川敷に生育する葦や，河川や湖沼に生育するようになったウォーターレタスなどの外来植物なども乾燥後に野焼きされる。その燃焼温度は低すぎてゴミ発電の熱源にすらならない。MFCにおいて，本節で述べたようなセルロース分解性汚泥を活用する場合，廃棄バイオマスにほとんど制約条件はなく，あるとすれば腐敗しやすいことぐらいであるため，乾燥前の微生物分解を受けやすい状態で，電池反応槽へ入れれば，ゆるやかな撹拌程度の投入エネルギーで，廃棄物を電力源として再生利用できるので，未利用廃棄物が廃棄物発生の地元において発電所として貢献できよう。

多くの自治体で可燃ゴミの焼却とその焼却灰の処理に多大の費用をかけてきている。焼却法では灰となるミネラル分は，MFCでは可溶化したままであり，生物分解ゆえ，基本的に処理後の排出物は水とCO_2だけである。生ゴミ一般にMFCを適用するのはまだ時期尚早であっても，比較的均質な料理残渣や，賞味期限切れ食品などにMFCは対応できると期待できる。負極槽内は無酸素状態であるが，電子が外部へ引き抜かれる結果として，一般的な嫌気分解と違い，MFC反応ではアンモニアや硫化水素など悪臭成分が生成しない利点がある。

本節では固形廃棄物を標的としたMFCに限定したが，廃水処理にはいっそうMFCの実用可能性が期待されており，高速嫌気処理であるUASBやその改良版と比較した論評が報告されている。廃水処理場を正味のエネルギー生産基地に活用できるか，比較論評している[5]。ピークオイルと世界的な景気後退のもとで，排水処理分野において，国内外のMFC実証実験が強く期待される。

文　献

1) 渡邉信編，新しいエネルギー 藻類バイオマス，みみずく舎（2010）
2) Microbial Fuel Cells, http://www.microbialfuelcell.org/
3) 国産稲わらの利用の促進について，
http://www.maff.go.jp/j/chikusan/souti/lin/l_siryo/koudo/h200901/pdf/data04.pdf
4) もともとの汚泥は，西原環境テクノロジーより分与を受けた。
5) P. L. McCarty *et al.*, *Environ. Sci. Technol.*, **45**, 7100-7106（2011）

3　廃水処理

岡部　聡*

3.1　下水処理の現状

2008年度の下水道統計によると，全国の下水量は約145億m^3，最初沈殿池汚泥約2.39億m^3，余剰汚泥約2.22億m^3が発生している。この膨大な下水を処理するために，日本の総使用電力量（約10,756億kWh）の0.67％にあたる約72億kWhの電力が使用されている。これは，処理水量1m^3あたり約0.5kWhを使用していることになる[1)]。内訳は約30％が活性汚泥法の曝気のために，30～50％が汚泥（最初沈殿池汚泥と余剰汚泥）処理のために使用されている。これからもわかるように，現行の下水処理，特に曝気と汚泥処理のために膨大なエネルギーが投入されており，低炭素社会実現のためには，下水処理の省エネルギー化が強く望まれている。

下水処理過程で発生する下水汚泥は，現在78％が建設資材（セメントや路盤材料など）としてリサイクルされているが，汚泥成分の約80％を占める有機物（バイオマス）の利活用は進んでいないのが現状である[2)]。下水汚泥からのエネルギー回収技術として，現在最も利用されている技術はメタン発酵である。この技術は，エネルギー回収・利用，汚泥の減量化・安定化の観点から重要な技術である。しかし，実際にメタン発酵を実施している下水処理場は，15％程度（2007年度）であり，さらに消化ガス発電を行っている処理場はわずか1.4％である。すなわち，嫌気性消化や固形燃料化技術が存在するにもかかわらず，依然として下水汚泥中の多くのエネルギー（70％以上）が未利用のままである[2)]。

また，下水道施設からの温室効果ガス排出量はCO_2換算で約700万トンであり，全国の温室効果ガス排出量の約0.5％を占めている（2004年度）。内訳は処理場の電力に起因するものが約50％，汚泥焼却に伴う一酸化窒素（N_2O，地球温暖化係数は310）の排出量が約24％である[2)]。下水処理過程からの温室効果ガス排出削減の方策が検討されているが，発生汚泥量の削減が最も効果的であると思われる。

したがって，地球温暖化防止や循環型社会の構築のためには，質・量ともに安定した集約型の未利用有機性資源である下水および下水汚泥からのエネルギー回収・利用は重要な課題である。

3.2　下水のエネルギーポテンシャル

2008年度に発生した221万トン（乾燥重量）の下水汚泥中のエネルギー量は原油換算で約100万kLに相当すると試算されている[2)]。また，発生する下水量は年間145億m^3であり，平均的な有機物（溶存BOD）濃度を200 mg L^{-1}と仮定すると，年間約290万トンの有機物が排出されており，下水中のエネルギー量も原油換算で約140万kLに相当すると試算できる。したがって，下水と下水汚泥には，240万kLの原油相当のエネルギーが残存していることになる。下水道施設にかかる全エネルギー消費量は年間で190万原油換算kL[2)]と推定されており，下水中には処理に費やされる

*　Satoshi Okabe　北海道大学　大学院工学研究院　環境創生工学部門　教授

エネルギーと同等またはそれ以上の潜在的なエネルギーが残存していることになる。

3.3 微生物燃料電池の下水処理への適用

現在，嫌気性消化によるメタン・水素への転換，汚泥の固形燃料化が検討されているが，いずれも残渣処理や熱エネルギーから電気エネルギーへの転換効率の低さなどの問題が残されている。また，施設面でもバイオガス貯蔵タンクや炭化炉など，現行の下水処理システムの大規模な施設変更が必要となる。今後の下水処理システムは，高効率・省エネルギー型かつエネルギー回収利用を可能とするものでなくてはならない。

このような背景から，下水を都市の持続利用可能な重要なエネルギー源として適切に処理し，効率的にエネルギー回収できる技術の開発が必要不可欠である。微生物燃料電池を下水処理に適用すると，微生物を触媒として利用し有機物の分解（下水処理）と直接発電を同時に行うことができる。さらに，エネルギー（電子）を電気として回収するので，微生物の増殖が抑制され発生する余剰汚泥量が著しく減少するという特徴を有している。したがって，余剰汚泥の処理費用，消費エネルギー，および温室効果ガス（N_2O）の排出を大幅に削減し，かつ再生可能なクリーンエネルギー（電力）まで回収できる。まさに，画期的な環境調和型の次世代下水処理技術となる。下水処理と直接発電が同時に可能なため，特に小規模自律分散型下水処理施設に適している。また，膨大な賦存量を持つ農業・畜産廃水や廃棄物（家畜排泄物など）や食品廃棄物など，種々の未利用バイオマスにも応用することが可能である。さらに，廃水・廃棄物処理問題を抱え，水と電力インフラの整備が不十分な発展途上国において，より利用価値が高いと考えられる。

3.4 微生物燃料電池の現状と適用例

現在のところ，微生物燃料電池により得られるエネルギーはメタン発酵などの嫌気性処理プロセスと比較して小さく，実用化に向けては電力生産能力の向上が必須である。微生物燃料電池が実際に廃水処理に適用されるためには，有機物負荷10 kg-COD $m^{-3}d^{-1}$の条件で，最低でも1000 W m^{-3}以上の電力密度を常時安定して産出する必要があるといわれている[17)]。近年，微生物燃料電池の研究は非常に盛んとなり，より良いプロトン交換膜の開発に加え，電気生産能力の高い微生物の選択，電極の高活性化，反応槽の形状や運転条件の最適化などにより，最近の10年間で最大電力密度は10^{-3}mW m^{-2}（アノード表面積）のオーダーから10^3mW m^{-2}まで，実に100万倍もの電力生産能力の向上が達成された。電力密度が1000 W m^{-3}を超える研究例が幾つか報告されている[8,15)]。高出力発電を達成している微生物燃料電池の特徴として，空気カソード（Air-cathode）型リアクターを採用し，アノード槽の体積が小さく，電極の充填率が大きく，両電極間の距離が小さいことが挙げられる。両電極間の距離が小さいほど，電極槽間でのイオンの伝達が容易になり，効率的な電子の移動が可能となる。しかし，これらの比較的高い電力密度は，マッチ箱程度（容積が数cm^3）の小さな微生物燃料電池を用い，単一の有機化合物をエネルギー源とし電気伝導性の高い培地を用い，純粋培養の電気生成細菌から得られたものである。これまでに，実廃水を基質として電力密度1000 W m^{-3}を達成した報告はない。

一般的に，微生物燃料電池の出力は，カソードでの酸素還元反応（$4H^+ + 4e^- + O_2 \rightarrow 2H_2O$）に依存しており，特に，アノード槽からカソード槽へのプロトン（H^+）の移動が律速していると考えられている。アノード槽にはH^+よりもNa^+やK^+などのカチオン濃度が高く存在しており，カソード槽へH^+が十分に供給されない。また，MFCの出力低下の要因として，酸素還元反応の副産物としてカソードにおける過酸化水素（H_2O_2）の生成が考えられる。過酸化水素の生成はMFCの電力生産の観点からは防止・制御すべきであるが，過酸化水素は貴重な有価物である。逆転の発想で，廃水を処理しながら過酸化水素を生産する（この場合，外部から若干の電気エネルギーを負荷し生産を促進させる必要がある）という考えから，Microbial Electrolysis Cell（MEC）が生まれた[19]。

このように，現行の廃水処理に，アノード，カソードを付加し，両者を電気回路で繋ぐことにより，電気エネルギーを直接回収したり（MFC），外部から若干の電気エネルギーを負荷し有価物を生産したりする（MEC）ことが可能になる。では，実際にMFCやMECを廃水処理に適用した場合，現行の処理に比べてどれだけ環境負荷を低減できるのか？興味深いところである。最近，Foleyらは[11]，高濃度廃水処理を目的とし，①現行の高速嫌気性消化法，②MFC，③過酸化水素生産型のMEC，を適用した場合，それぞれの環境負荷をライフサイクルアセスメント（LCA）を用いて評価した。その結果，現行の嫌気性消化法と比較して，MFCを適用しても環境への負荷はさほど低減できないが，MECを適用した場合は，過酸化水素の生産や温室効果ガスの排出削減などにより，現行の嫌気性消化法よりも環境負荷が低減できると試算された。このような解析は，前提条件の設定が重要であり，リアクターの運転性能や使用する材料などの組み合わせを考慮しさらなる検討が必要である。

Cusickらは，ラボスケールのMFCとMECを用いて，ワイン醸造廃水と都市下水の処理特性（COD除去率），電気エネルギー回収率，および水素ガス生成（MECのみ）を測定し，MFCとMECを適用した場合の処理コストの比較を行った。その結果，ワイン醸造廃水と都市下水とも，COD除去率（%）およびエネルギー回収率（kWh kg-COD^{-1}）はMFCを用いた場合がMECより高かった。しかし，MECによる水素ガス生成にかかるコストは，ワイン醸造廃水を用いた場合1 kg-H_2あたり$4.51であり，都市下水を用いた場合は$3.01であった。両者の値は，予想される水素ガスの販売価格（$6.0/kg-$H_2$）よりも安く，MECを廃水処理へ適用する経済的メリットが示された。しかし，これらの試算は，ラボスケールの実験結果を基に行われており，実規模におけるMFCおよびMECの性能評価および同様のコスト計算が望まれる。

3.5　ビール醸造廃水への適応例

微生物燃料電池の実用化を目指した，パイロットスケールで実廃水を使用した研究例は極めて少ない。パイオニア的な適用例として，オーストラリアのクイーンズランド州で，フォスター（Foster）ビール醸造所でパイロットスケールMFCの運転が，クイーンズランド大学の研究グル

図1　オーストラリアのクイーンズランド州フォスター（Foster）
ビール醸造所のパイロットスケール上向流型MFC
（www.microbialfuelcell.org）

ープによって行われている（www.microbialfuelcell.org）。このMFCは，12本の高さ3 mの円筒型モジュールから成り立っており，全反応槽容積約1 m^3である。それぞれのモジュールは，内側にカーボンファイバーブラシ（アノード電極）があり，これを取り囲むようにグラファイトファイバー（カソード電極）が配置されており，廃水はモジュール内部を上向きに流れる構造となっている（図1）。基本的なMFCの構造は，同グループが行ったラボスケールのMFCに準拠していると思われる[16]。しかしながら，MFCの運転性能に関する情報は限られている。実廃水を用いているため電気伝導度が低いことや構造上カソード電極表面にバイオフィルムが過剰に付着するため，十分な電力は得られていないものと推察される。

その他にも，アメリカのコネチカット大学のグループもパイロットスケールのMFCを運転しているとの情報がある。彼らのMFCは，グラニュールタイプのグラファイトをアノードとし，白金含有カーボンクロスをカソード電極としたものである[12]。MFCの性能に関しては，COD除去率80％以上を達成しているが，電力生産に関する詳細なデータは報告されていない。

リアクターサイズはあくまでラボスケールではあるが，ビール醸造廃水に微生物燃料電池（MFC）を適応した例を紹介する。この研究は，中国の年間全廃水量の1.5～2.0％を占めるビール工場廃水の処理コストおよびエネルギー削減を目指し，MFCの適用を試みたものである[10]。廃水の特徴として，COD濃度は2250 ± 418 mg L^{-1}，pHは6.5 ± 0.2であった。このMFCは運転開始から約17日で出力が安定し始め，最大電力密度5.1 W m^{-3}を記録した。さらにこの研究では，実験条件を変化させMFCの運転性能に及ぼす影響を検討している。その結果，COD濃度，バッファー濃度，イオン強度のいずれについても濃度が増大するほど出力が増大すること，特に，廃水のバッファー濃度，イオン強度は電力出力に大きな影響を及ぼすことが分かった。この結果は，実際の下水や工場廃水は，バッファー濃度やイオン強度，すなわち，電気伝導度（下水の電気伝導度は約1 mS cm^{-1}）が比較的低いため，十分な電力密度が得られないことを示しており，MFCを一般下水や廃水へ適用する際の重要な課題である。

3.6　ワイン醸造廃水への適用例

次に，アメリカカリフォルニア州においてワイン醸造廃水処理へ微生物燃料電池を適応した例を紹介する[6]。この研究で使用されたものは，厳密には微生物燃料電池ではなく，外部から電圧を負荷しカソードのポテンシャルを下げて，様々な有価物（例えば，水素ガス，メタンガス，エタノール，プロピオン酸など）を生産するタイプのMECである。実験は，合計24個のモジュールに144対の電極を組み込んだ反応槽容積1000 Lのパイロットスケール MECを用いて，水理学的滞留時間（HRT）1日，加電圧0.9 Vで，ワイン醸造廃水を連続的に投入し，その廃水の有機物除去率，発生電流，および発生ガス量・組成を100日間モニタリングした（図2）。バイオフィルム

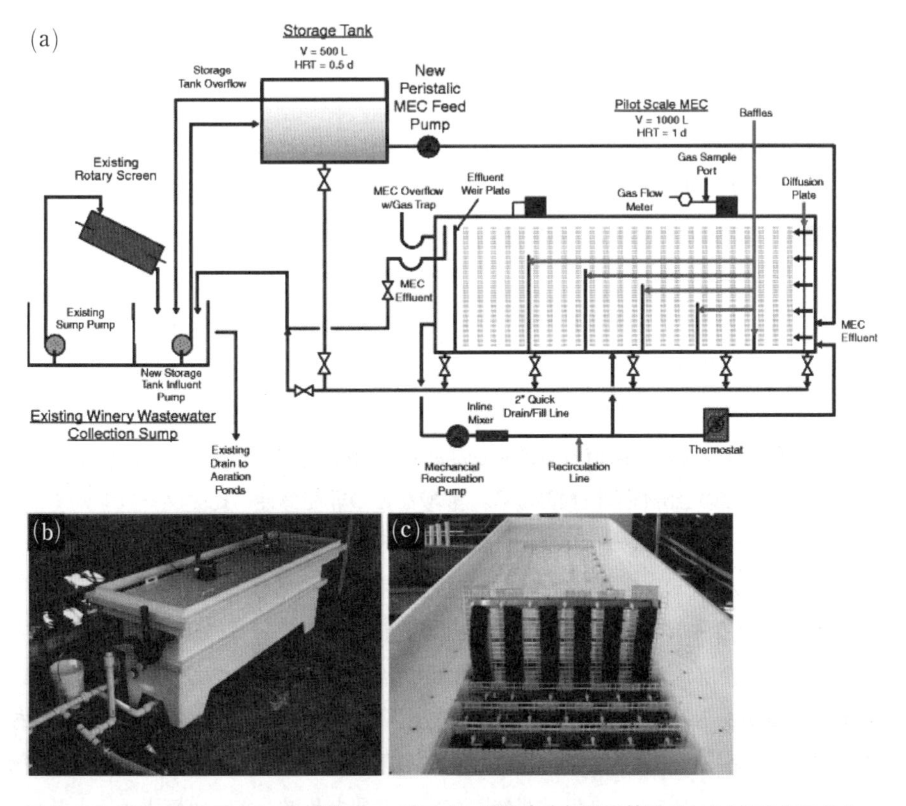

図2　アメリカカリフォルニア州においてワイン醸造廃水処理で使用されたMFCリアクター
(a)概略図，(b)全体像，(c)アノードモジュール[6]

の形成までに約60日間を要したが，バイオフィルムが形成され運転が安定した後は，溶解性COD除去率62±20%，最大電流密度7.4 A m^{-3}，最大ガス（ガス組成86±6%メタン）生成速度0.19±0.04 L L^{-1} d^{-1}を達成した。本パイロットスケールMECでは，十分な水素ガス生成が得られなかったが，将来的に効率的な水素生成を行うためには，適切な植種汚泥の選択や運転開始初期の馴養条件をさらに検討し，水素生成に適したコンソーシアムを形成することが重要であると結論付けている。さらに，運転開始初期には，基質として酢酸の添加，水温管理，およびpH調節が重要であることを明らかにしている。

このパイロットスケール実験に先立ち予備実験として，同じ廃水を用いてラボスケールMEC（反応容積0.03 L）を用いて実験を行っている[7]。予備実験では，アノード電極としてグラファイトファイバーブラシ，カソード電極として白金含有（0.5 g-Pt m^{-2}）30%防水カーボンクロスを用い，温度を30±1 ℃に設定して回分式で運転を行い，電力密度17 A m^{-3}，水素ガス生成速度0.17±0.04 L L^{-1} d^{-1}を達成した。この予備実験の結果に基づいて，本パイロットスケール実験を行ったわけであるが，コストや構造上の問題からパイロットスケールMECでは，カソード電極をステンレススチールメッシュに変更した上，アノード電極は，1つのモジュールに6本のグラファイトファイバーブラシを取り付けたものを，合計24モジュール反応槽内に挿入しており，ラボスケールからパイロットスケールに単純にスケールアップしたものではない。

3.7　実用化への課題

MFCやMECの実用化を図る場合，様々な問題点を解決しなければならない。最も重要な点は，高い建設コストと電力出力の低さであろう。以下に，主な問題点を挙げる。

3.7.1　課題①　実廃水の使用による問題

実廃水を燃料として用いる場合，避けられない問題として，イオン強度，電気伝導度の低さが挙げられ，これは，電力出力の低下に直結する。一般的にラボスケール実験では，リン酸バッファーなどの添加により基質のイオン強度は比較的高いため，高出力が得られている[9]。

また，これまでの多くの研究例は酢酸，グルコースなどの単一基質を用いたものであり，複合基質を用いた研究例は少ない。高出力を達成した例も酢酸などの単一基質によるもののみである。また，グルコースなどの発酵性有機物の場合，酢酸などの非発酵性に比べクーロン効率が低くなる[14]。その他にも難分解性物質の存在など，電気産生細菌が容易に利用できない有機炭素の存在が考えられ，電力出力，COD除去率やクーロン効率の低下を引き起こすと考えられる。

3.7.2　課題②　スケールアップによる構造上の問題

一般的に研究室で使用されているリアクターは数～数百mLの容積であり，実用化に際し，容積を拡大する必要がある。容積を拡大する際問題となるのは，まず，両電極間の距離である[18]。リアクターが拡大することで，電極間，特にアノード電極からセパレータまでの距離が広がる可能性がある。加えて，ラボスケール時に供給していた基質と比較して，実廃水はナトリウムやカリウムなどの陽イオン濃度が低いため，両極間の電荷輸送が潤滑に行われない。これらにより両電極間の液相電位が大きくなり，電位の損失による出力低下は免れない。実廃水を用いた場合の出力低下の原因の多くはこの点にある。

3.7.3　課題③　スケールアップによるコストの増大

出力を増大させるために多くの素材が開発されてきたが，いずれもコストが高く，実規模への適用のためには，材料費をより安価に抑える必要がある[13]。触媒とセパレータはなかでも高価であり，多くのラボスケールの研究では触媒として白金を，セパレータとしてイオン交換膜を用いている。パイロットスケールへの適用を考えるとこれら高価な材料の使用は困難であり，より安価な代替素材の開発が望まれる。

イオン選択性のない膜，例えば，J-Clothをセパレータに用い，電力密度1000 W m^{-3}以上を達成している[8]。J-Clothは不織布であり，微生物による分解などが指摘されているため長時間の運転には向かないが，セパレータにはイオン選択性膜を用いる必要がないことが示唆された。このように，高価なイオン交換膜を用いずとも微生物燃料電池を構築できる可能性が出てきており，これを皮切りに，CCA（Cloth Cathode Assembly）など新素材を用いたリアクターの開発が進められている[22]。ただし，イオン選択性がなく孔径が大きい膜を用いた場合，セパレータを介したアノード槽への溶存酸素の侵入が問題となる。酸素がアノード槽に溶存する場合，クーロン効率は著しく低下する。

金属触媒を用いない例としてバイオカソードへの注目も高まっている。バイオカソードとは，微生物を触媒としてカソードにおける酸素還元反応を促進させる技術であり，コストを格段に低く抑えることができる。金属触媒に比較してカソード反応速度は劣るが，メリットとしてカソード槽で廃水の脱窒処理を同時に行うことが可能となる[20]。

3.8　実用化に向けて―今後の展望

上記の通り，微生物燃料電池が実用化に至るまでには幾つもの問題を解決しなければならない。最後に，現在進められている微生物燃料電池の実用化に向けた研究を紹介し，今後の展望について述べる。

高価な白金触媒に代わる新規材料の開発が積極的に進められている。代替触媒として，コバルトテトラメチルポルフィリンを用いた場合，白金を使ったものに比べ，出力は若干減少したものの十分使用可能である[21]。他にも鉄利用型触媒[3]や白金の使用量を減らす方法[5]などに関して研究が行われている。

これまでに少なくとも，ラボスケールMFCでは実用化の目安とされている1000 W m^{-3}は達成された。当初のMFC開発の目的は，廃水処理と発電を同時に行う，かつ，発生汚泥の削減であったが，近年，さらに価値を付加する研究も行われている。外部から電圧を負荷することにより，カソード槽において様々な有用物質（例えば，水素ガス，メタン，H_2O_2など）の生産を可能とするMECの開発や，セパレータを介してのイオン交換に着目した脱塩を同時に行える微生物燃料電池MSC（Microbial Desalination Cell）[4]などが開発されている。これらの新しい技術は，電気回

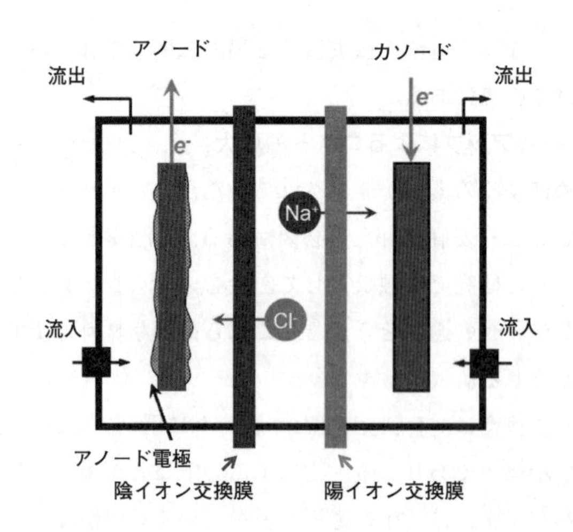

図3　脱塩を並行して行えるMSC（Microbial Desalination Cell）の概略図[4)]

収を目的としたものではなく，微生物燃料電池（MFC）と呼ぶには語弊があり，総称してMFCテクノロジー（MxCs）と呼ばれている。

ここでは，脱塩を並行して行えるMSCについて簡単に説明する。

図3に示すように，MSCの原理はセパレータとして陽イオン交換膜と陰イオン交換膜を用い，カソードとアノードを分離する。陽イオン交換膜と陰イオン交換膜で挟まれた中間槽内の溶液を脱塩することができる。アノードからカソードへ電子が流れた時，従来の微生物燃料電池ならばアノード槽内の陽イオンがカソード槽に流れることでアノード槽とカソード槽内の電気的中性が保たれる。しかし，MSCの場合は，海水などの中間槽を設けることにより，アノードからカソードへ電子が流れた時，アノード槽には陰イオンが，カソード槽には陽イオンが中間槽からそれぞれ供給されることで電気的中性を保つことができる。この原理により，中間槽内のイオンの濃度が減少し脱塩されていくという仕組みである。中間槽に塩化ナトリウム溶液を用いた場合，図3のように陰イオンである塩化物イオンがアノードへ，陽イオンであるナトリウムイオンがカソードへと流れ，中間槽内の塩化ナトリウム濃度が減少していく。

海水淡水化施設との併用により，さらなる省エネルギー化の期待がかかる一方，脱塩が進むにつれ中間槽の溶存イオンの濃度が減少し，リアクターの内部抵抗値が増大してしまうことが指摘されている。このため，リアクターの出力を維持するためには，全てのイオンを除去することはできない。既に，スタック型リアクターを用いたラボスケールでの研究が実施されており，発電以外の効果をさらに加えていけば，出力がそこまで高くなくても実用化に近づく可能性も考えられる。

3.9　おわりに

低炭素社会構築のためには，廃水は都市の安定的に利用可能な重要なエネルギー源として位置付け，省エネルギー型で効率的な廃水処理技術で適切に処理・再利用する必要がある。今後は，化石燃料の枯渇がより一層深刻となることが予想されるため，これからの廃水処理は，エネルギー（電力）回収型であることが望まれる。このような背景より，微生物燃料電池の廃水処理への応用は，まさに革新的な技術イノベーションとなりうる。しかし，実用化までの道のりは決して平たんではなく，多くの解決すべき問題が山積している。実用化への最大の障害は，装置のコストとスケールアップの問題である。今後実用化に向け，ナノテクノロジーや材料科学，化学工学，環境工学などの様々な分野の技術を結集し，これらの問題を解決することが必要である。さらには，微生物（生態）学観点より，電気生成細菌の探索・育種を行うと同時に，微生物の電気生成メカニズム（電子を菌体から電極に受け渡す）を解明し，より効率の良い微生物生態系の構築，運転条件の最適化などを行うことも今後の課題として挙げられる。様々なアプローチから微生物燃料電池は研究が進められており，10年前には考えられなかったような著しい進歩が今なお展開されている。今後，微生物燃料電池の実用化への期待がさらに高まるのは間違いない。

文　　献

1) 下水道協会 下水道統計（平成20年度）
2) 国土交通省 資源のみち委員会 資源のみちの実現に向けて報告書（平成19年）
3) L. Birry, P. Mehta, F. Jaouen, J.-P. Dodelet, S. R. Guiot, and B. Tartakovsky, *Electrochimica Acta*, **56**(3), 1505-1511 (2011)
4) X. Cao, X. Huang, P. Liang, K. Xiao, Y. Zhou, X. Zhang, and B. E. Logan, *Environ. Sci. Technol.*, **43**(18), 7148-7152 (2009)
5) S. Cheng, H. Liu, and B. E. Logan, *Environ. Sci. Technol.*, **40**(1), 364-369 (2006)
6) R. D. Cusick, B. Bryan, D. S. Parker, M. D. Merrill, M. Mehanna, P. D. Kiely, G. Liu, and B. E. Logan, *Appl. Microbiol. Biotechnol.*, **89**(6), 2053-2063 (2011)
7) R. D. Cusick, P. D. Kiely, and B. E. Logan, *Int. J. Hydrogen Energy*, **35**(17), 8855-8861 (2010)
8) Y. Z. Fan, H. Q. Hu, and H. Liu, *J. Power Sources*, **171**, 348-354 (2007)
9) Y. Z. Fan, E. Sharbrough, and H. Liu, *Environ. Sci. Technol.*, **42**(21), 8101-8107 (2008)
10) Y. Feng, X. Wang, B. E. Logan, and H. Lee, *Appl. Microbiol. Biotechnol.*, **78**(5), 873-880 (2008)
11) J. M. Foley, R. A. Rozendal, C. K. Hertle, P. A. Lant, and K. Rabaey, *Sci. Technol.*, **44**(9), 3629-3637 (2010)
12) D. Jiang and B. Li, *Biochem. Eng. J.*, **47**, 31-37 (2009)
13) B. E. Logan, *Appl. Microbiol. Biotechnol.*, **85**(6), 1665-1671 (2010)
14) B. Min and B. E. Logan, *Environ. Sci. Technol.*, **38**(21), 5809-5814 (2004)
15) K. P. Nevin, H. Richter, S. F. Covalla, J. P. Johnson, T. L. Woodard, A. L. Orloff, H. Lia,

M. Zhang, D. R. Lovley, *Environ. Microbiol.*, **10**(10), 2505-2514 (2008)
16) K. Rabaey, P. Clauwaert, P. Aelterman, and W. Verstraete, *Environ. Sci. Technol.*, **39**(20), 8077-8082 (2005)
17) K. Rabaey and W. Verstraete, *Trends Biotechnol.*, **23**(6), 291-298 (2005)
18) R. Rozendal, H. V. M. Hamelers, K. Rabaey, J. Keller, and V. J. N. Buisman, *Trends Biotechnol.*, **26**(8), 450-459 (2008)
19) R. Rozendal, E. Leone, J. Keller, and K. Rabaey, *Electrochem. Commun.*, **11**(9), 1752-1755 (2009)
20) B. Virdis, K. Rabaey, Z. Yuan, and J. Keller, *Water Res.*, **42**(12), 3013-3024 (2008)
21) F. Zhao, F. Harnisch, U. Schröder, F. Scholz, P. Bogdanoff, and I. Herrmann, *Environ. Sci. Technol.*, **40**(17), 5193-5199 (2006)
22) L. Zhuang, S. Zhou, Y. Wang, C. Liu, and S. Geng, *Biosens. Bioelectron.*, **24**(12), 3652-3656 (2009)

4　水田発電

渡邉一哉*

4.1　はじめに

微生物燃料電池（Microbial fuel cell, MFC）とは，細胞外電子伝達能を持つ微生物の電極呼吸（電極を電子受容体とする呼吸）を利用して，有機物の持つ化学エネルギーを電気エネルギーに変換する装置である[1]。今までの研究において，土壌や底泥，下水汚泥など様々な環境サンプルを微生物の植種源として微生物燃料電池が構築できることから，細胞外電子伝達能を持つ微生物は環境中に広く分布することが明らかになってきた。同時に，海洋などの底泥と水中に負極と正極をそれぞれ設置すればその間に電流が発生することも示され[2]，微生物燃料電池システムは閉鎖的バイオリアクター内だけではなく，環境中でも機能すると考えられるようになってきた。この考えを展開し，有機物を豊富に含む植物根圏に負極を設置して発電を試みるのが，Plant MFCである。今までにいくつかの研究室でPlant MFCの実験がされてきている。そのうちオランダ[3]とベルギー[4]のグループはポット（植木鉢）の系での実験であるが，我々のグループは世界で唯一実際の水田を使って発電実験を行ってきた[5,6]。本節では，水田発電を含め，Plant MFCに関する研究を紹介する。

4.2　ポットでの実験

ここでは，まずオランダのグループのポットを使った実験を紹介する[3]。彼らは，Reed manna grass（ヨーロッパからアジアにかけての湿地帯や湖の浅瀬に生息するイネ科の植物）をポットで培養し発電実験を行った。本実験では，グラファイト顆粒を入れたアノードポットに植物を植え，横にプロトン交換膜を介して連結させたカソード槽を置いた（図1）。カソード槽では，空気ポンプで送られた酸素が電子受容体となり，アノードから送られてきた電子を消費する。発電実験を開始する際には，酢酸を燃料にして運転した微生物燃料電池のアノード菌液をアノードポットに入れ，立ち上がりの迅速化を図った。しかし，電圧が上昇するまでには時間がかかり，電池の電圧が100 mVを超えるまでに50日を要した。その後90日目には最大出力として67 mW m^{-2}が記録されたが，100日目以降電圧が低下して実験が終了した。短期間（50日目から60日目）ではあるが電気出力の振動現象が観察され，これは，植物が光合成を行い有機物が根から放出される日中に微生物による電流生成が上昇し，夜には低下するためと推測された。しかし，60日目以降は振動現象が徐々に弱まり，夜でも一定の電気的出力が出るようになった。これについて彼らは，Plant MFCには蓄電能があると説明している。

オランダのグループは次に，同様のPlant MFCシステムにおいて，ヨーロッパから中国の塩沼に生育するイネ科の植物*Spartina anglica*を用いた実験の結果を報告している[7]。このときは最大出力として100 mW m^{-2}が得られたが，これは電解液として導電性の高い塩水を用いたことによ

＊ Kazuya Watanabe　東京薬科大学　生命科学部　教授

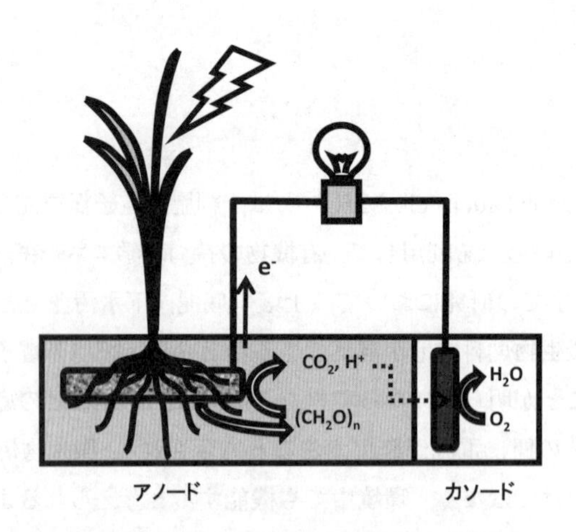

図１　ポットを用いたPlant MFCの構造

ると考えられている。また，空気曝気する代わりにカソード槽をフェリシアン化カリウム溶液で満たすことによりさらなる出力向上が期待されると述べられているが，酸化剤のフェリシアンは再生できず，持続可能なエネルギー変換システムとしての価値を失うことになる。本研究はポットを用いたものであったが，海の浅瀬に生育する水草生態系が発電に適したものであることを著者らは示唆している。

一方ベルギーのグループは，図１と同様の構成のPlant MFCを用いて稲のポット栽培を行った[4]。この実験では，アノードポットには，自然の土，バーミキュライト（園芸用の人工土），グラファイト顆粒のいずれかを入れ，カソード槽にはフェリシアンの溶液を入れた。さらに，アノードには酢酸を燃料としたMFCのアノード培養液やメタン生成汚泥を植えた。その結果，自然土のMFCが最も高出力で，最大でアノード面積当たり$33\,mW\,m^{-2}$の出力が報告された。コントロールとして稲を植えないシステムも設置したが，稲を植えたものの方が７倍程度高い出力が得られた。この程度の出力が得られるまでには50日以上を要したが，この理由としては，稲の根が有機物を放出するまでに要する時間，電極以外の電子受容体の消失までに要する時間，電流生成に適した微生物群集が形成されるまでに要する時間，などが示唆された。さらに，人工土中の有機物濃度の変動と電気的出力の変動の間に相関関係があったことから，研究者らは稲が根から放出する有機物が燃料となっていることを示唆した。

彼らは次に，分子生物学的手法を用い，自然土および人工土を使ったポット中のアノードグラファイトマット上に付着した微生物群集の解析を行った[8]。この際には，アノードとカソードを接続した電流生成条件と非接続の条件において検出される微生物を比較することにより，電流生成に関与する微生物の同定を試みている。その結果，*Geobacteraceae*科の*Desulfobulbus*属に近縁となる細菌由来の配列，および*Archaea*ドメインに属す未知のアーキアを示す配列が主要メンバーとして検出された。これらの電流生成への関与を知るためには，それらを単離し，活性測定を行う必要がある。

4.3　水田での実験

ポット栽培ではなく，実際の水田を使ったPlant MFC実験も行われている[5,6]。水田は稲を栽培する土壌の上が水で覆われた農耕地であり，日本の農耕地の50％以上（250万ヘクタール）を占める。水で覆われた水田土壌では，表面からすぐ下（～数mm）から嫌気的環境になり[9]，嫌気微生物生態系（発酵細菌，メタン生成アーキア，などからなる）が形成される[10,11]。よって，水田土壌と上の好気的な水の間には電位差が生じており，電極を設置すればその間に電流が流れることが予想された。この考えを実証するために，図２に示すように，グラファイトフェルト電極を鶴岡市の水田に設置し（2007年），稲（ササニシキ）を植え（図３），アノードとカソードの間の電

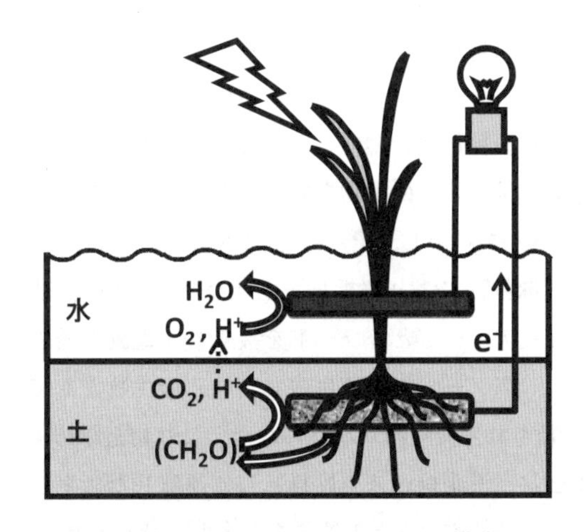

図２　水田を用いたPlant MFCの構造

図３　水田発電の様子
鶴岡の水田に設置したPlant MFC（左）と平塚の実験の様子（右）

圧をモニタリングした[5]。上記のポット実験とは異なり，この実験では速やかに電圧が上昇し，7日目には0.2Vに達した。この時期以降出力は安定し，最大出力として6 mW m^{-2}の出力密度が記録された。

またこれ以降夏にかけて，日中に電圧が上昇し，夜になると低下する日周期が観察されるようになった。これは，発電が日照射に依存していることを示すものと考えられた。この可能性を検証する目的で，日中に，稲全体を遮光した場合，水の表面を遮光した場合について電圧変化をモニタリングしたところ，稲を遮光すると電圧が低下することが明らかになった。これは，稲の光合成が発電に関与することを示すものと考えられた。植物が光合成した有機物の一部（糖や有機酸など）を根から放出し，根圏の微生物生態系に影響を与えることが報告されている[12]。これら有機物が発電に影響する可能性が考えられたので，発電実験に用いたのと同じササニシキの株を水田から引き抜き，根をアルコールで消毒したのちに純水につけ，日照射下，遮光下で2時間インキュベーション後に水中の有機物濃度の変化を測定した[5]。その結果，全有機物濃度は日照射下でのみ上昇し，酢酸など有機物が光に応じて根から放出されることが確認された。アノードのグラファイトフェルトを土壌中から取り出すと，多数の根毛が入り込んでいることからも，根から放出された有機物が微生物燃料電池の燃料となっていることが考えられた。

アノードおよびカソードに付着した微生物を同定する目的で，これら電極を水田発電実験中に取り出し，その一部からDNAを抽出し，そこからPCRにより増幅された16S rRNA遺伝子断片を変性剤濃度勾配ゲル電気泳動法により解析し，主要なバンドの塩基配列を決定した[5]。この際には，コントロールとして，アノードとカソードを接続せず電流を発生していない電極の微生物の解析も行った。その結果，アノードで電流生成している微生物として，*Alphaproteobacteria*の*Rhizomicrobium*属[13]に分類される微生物が挙げられた。これに近縁の微生物は，以前の研究において，水田土壌を植種源とし，セルロースを燃料として運転した微生物燃料電池においても主要メンバーとして検出されている[14,15]。以上の結果を総合し，水田発電のメカニズムとして，稲が光合成した有機物の一部が根から放出され，それらを使って*Rhizomicrobium*などの細菌が電流を生成することが示唆された。

次の水田発電実験（2008年に平塚の水田で実験を行った）では，発電に影響を与えると考えられた各因子（カソードの酸素還元触媒修飾［プラチナあり，なし］，アノードを埋める深さ［2 cmまたは5 cm］，アノードの枚数［1枚または5枚］，運転中の外部抵抗値［10,100または1000オーム］）についていくつかの異なる条件で発電実験を行い，最適の条件を探索した[6]。その結果，カソード修飾，アノード深さ5 cm，外部抵抗としては1000オームで高い出力が得られた。アノード枚数は出力に影響を及ぼさなかった。これらの結果を総合し，ポットにおける発電実験（図4）を行ったところ，約30 mW m^{-2}の出力が得られた。これは2007年の実験で得られた出力の5倍の数値になる。

水田発電の出力に影響を与える因子として，電極素材や根圏微生物生態系なども考えられる。近年微生物燃料電池に適した修飾電極が各種開発されてきており[16~18]，それらを水田発電に利用

図4 バケツに植えた稲を用いたPlant MFC

することによりさらなる出力の向上が期待される。また，根圏には電気生産能を持つ多様な微生物が生息すると考えられるので，それらのさらなる解析および制御法の開発による出力向上も期待されるだろう。

4.4 おわりに

水田発電は，自然エネルギーの一例としてマスコミなどにおいても注目されている。稲は世界で最も普及した作物であり，水田は1億4000万ヘクタールを超える。さらに，同様のシステムを設置できる湿地帯などの面積は膨大である。これらのことを考えると，さらなる発電効率の上昇は必要であるが，エネルギー供給において水田発電システムが将来一定の役割を担える可能性は十分にあると思われる。さらに，発電システムを設置することにより，水田などからのメタン発生が抑制される可能性も指摘されている。メタンは温室効果の高いガスであることから，この点に関する今後の検討は必要である。

また，水田発電は生態系を理解するという目的からも重要である。今までの研究で，発電が稲の根からの有機物の放出にリンクしていることが示された。今までに，植物の根から土中に放出される有機物をリアルタイムでモニタリングした例はなく，根から放出される有機物の根圏生態系への影響は不明であった。我々は，水田発電システムが，植物と根圏微生物の相互作用の理解に貢献するのではないかと期待している。

文　献

1) K. Watanabe, *J. Biosci. Bioeng.*, **106**, 528 (2008)

2) C. E. Reimers *et al., Environ. Sci. Technol.*, **35**, 192 (2001)
3) D. P. B. T. B. Strik *et al., Int. J. Energy Res.*, **32**, 870 (2008)
4) L. de Schamphelaire *et al., Environ. Sci. Technol.*, **42**, 3053 (2008)
5) N. Kaku *et al., Appl. Microbiol. Biotechnol.*, **79**, 43 (2008)
6) K. Takanezawa *et al., Biosci. Biotechnol. Biochem.*, **74**, 1271 (2010)
7) R. A. Timmers *et al., Appl. Microbiol. Biotechnol.*, **86**, 973 (2010)
8) L. de Schamphelaire *et al., Appl. Environ. Microbiol.*, **76**, 2002 (2010)
9) Y. Takai, *Jpn. Agri. Res.*, **4**, 20 (1969)
10) R. Grosskopf *et al., Appl. Environ. Microbiol.*, **64**, 960 (1998)
11) K. J. Chin *et al., Appl. Environ. Microbiol.*, **65**, 5042 (1999)
12) D. L. Jones, *Plant Soil*, **205**, 25 (1998)
13) A. Ueki *et al., J. Gen. Appl. Microbiol.*, **56**, 193 (2010)
14) S. Ishii *et al., BMC Microbiol.*, **8**, 6 (2008)
15) S. Ishii *et al., Biosci. Biotechnol. Biochem.*, **72**, 286 (2008)
16) Y. Zhao *et al., Chemistry*, **16**, 4982 (2010)
17) Y. Zhao *et al., J. Biosci. Bioeng.*, in press
18) Y. Zhao *et al., Phys. Chem. Chem. Phys.*, in press

5 微生物型太陽電池

西尾晃一*[1]，橋本和仁*[2]

5.1 はじめに

本節では，生きた光合成微生物を用いた光電変換デバイスである微生物型太陽電池について述べる。微生物型太陽電池とは，生物特有の自己増殖・自己修復能力といった性質を備えており，これはサステイナブルな社会を目指す上で重要な性質である。微生物型太陽電池の研究初期は微生物と電極を電気化学的に接続するメディエータ化合物を添加するメディエータ型微生物太陽電池が主流であった。一方，鉄還元細菌を含めた多くの微生物が，メディエータがなくても細胞外の電極へ電子を放出する能力を持つことが近年になり見出されてきた[1)]。この背景のもと，筆者らはメディエータを用いなくても光合成微生物と電流産生菌との共生系を構築することで微生物光電変換を起こすことのできる，微生物共生型太陽電池の開発を行っている。このような微生物型太陽電池の展開を初期の研究から最近の我々の研究まで概説し，今後の展望についても述べる。

5.2 微生物型太陽電池の原理

緑色の真核藻類やシアノバクテリアといった光合成微生物は，酸素発生型光合成を行う。このとき，図1に示すような光リン酸化反応をチラコイド膜上で進行させ，炭酸固定に必要なエネルギー源（ATP）と還元力（NADPH）を生成している。電子は，水を酸化することによって得られ，クロロフィルで吸収した光で励起することによって$NADP^+$を還元するのに十分なエネルギーを得ている。このとき，適切なメディエータ分子を光合成微生物と作用させると，光励起された電子をメディエータへと伝達することができる。この機構を負極槽内で起こすことでアノード反応が進行し，光電変換するデバイスが図2(a)に示すメディエータ型微生物太陽電池である。メディエータ型微生物太陽電池は，負極槽に光合成微生物とメディエータが導入され，正極には主に酸素還元反応が用いられる。図2(a)で示されているように，メディエータは微生物の細胞内に入り込むため，光化学系で励起された電子が，光化学系の末端に存在するフェレドキシンNADP還元酵素，あるいは中間電子伝達体などから電子を奪い電極に電子を渡すため，光照射によって電流が流れる。

光合成微生物は，メディエータ分子なしではアノード反応を起こすことができないために，メディエータの添加は必須のものであった。これまでの報告では光合成微生物として原核生物のシアノバクテリアに分類される*Anabaena variabilis*[2)]や*Synechococcus* spp.[3)]にメディエータを加えた系などが報告されている。メディエータ型太陽電池は，電流値が比較的高い特徴があり，光電変換効率（入射光エネルギーに対する最大出力の割合）が3.3%と，有機系太陽電池に近い値を示

＊1 Koichi Nishio 東京大学 大学院工学系研究科 応用化学専攻 博士課程
＊2 Kazuhito Hashimoto 東京大学 工学部 教授

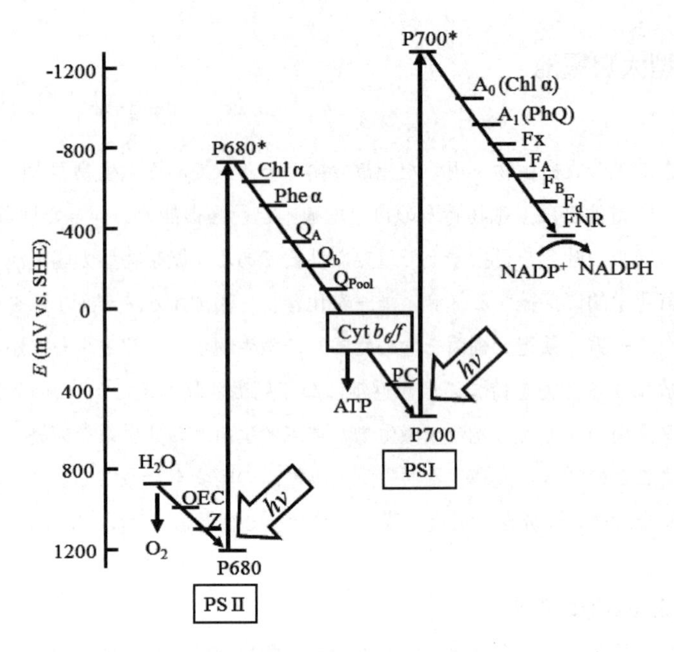

図1　酸素発生型光合成

PSⅠ：光化学系Ⅰ，PSⅡ：光化学系Ⅱ，P680：PSⅠの反応中心クロロフィル，P700：PSⅡの反応中心クロロフィル，OEC：光合成酸素発生錯体（マンガンクラスター），Z：チロシン残基，Chl *a*：クロロフィル*a*，Phe *a*：フェオフィチン*a*，Q_A，Q_b，Q_{Pool}：プラストキノン，Cyt b_6/f：シトクロムb_6/f複合体，PC：プラストシアニン，A_0：クロロフィル*a*，A_1：フィロキノン，F_x，F_A，F_B：鉄イオウクラスター，F_d：フェレドキシン，FNR：フェレドキシンNADP還元酵素

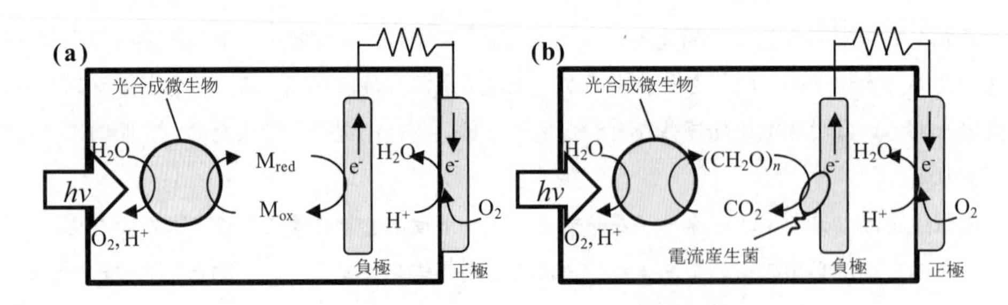

図2　微生物型太陽電池の模式図

(a) メディエータ型微生物太陽電池，(b) 微生物共生型太陽電池

している[3)]。しかし，メディエータの多くが不安定（光や微生物の作用で分解されやすい）なことから，メディエータ型微生物太陽電池の寿命は短く，微生物のサステイナブルな特徴（自己増殖・自己修復能力）を十分に活かせないものであった。

一方自然界には，有機物を酸化分解して電子を獲得し，細胞外の金属塊に電子を渡すことで生きている微生物が存在する。その代表種として鉄還元細菌*Shewanella*や*Geobacter*などが知られており，これらを利用すれば，メディエータを添加しなくても有機物をエネルギー源とした微生物燃料電池を構築できる[4]。このことを俯瞰すると，太陽光を一次エネルギーとした自然生態系では，光合成により有機物が生産され，その有機物を利用して金属や電極へと電子を渡す光電変換プロセスが存在すると考えられる。したがって，このような共生系をデバイス内に再現すれば，メディエータを必要としない微生物型太陽電池が構築できるといえる。つまり，光合成微生物と電気化学活性を持った微生物とが共生するような生態系をデバイス内に構築するのである。これが図2(b)のような微生物共生型太陽電池である。

5.3　自然微生物群集を用いた微生物型太陽電池

前述の着想のもと，我々は光合成微生物と電流産生菌とを含むような自然微生物群集を微生物太陽電池の植種源として用いることで，メディエータ化合物を添加しなくても駆動する微生物共生型太陽電池を構築することを目指し研究を行っている[5]。

図3に，実験に用いた一槽型の微生物太陽電池リアクターを示す。正極には空気拡散電極を用い，白金を触媒とした酸素還元反応を利用した。負極槽には微生物サンプルを含んだ培地を導入し，電極にはグラファイトフェルトを用いた。植種源としては，自然環境水（三四郎池，東京大学本郷キャンパス）や温泉微生物マットを含んだ鉱泉（尻焼温泉，群馬県）といった自然微生物群集サンプルを用いた。このサンプルに無機栄養源（NH_4Cl 5 mM，Na_2HPO_4 0.5 mM，$NaHCO_3$ 10 mM）を添加しリアクター内を嫌気状態にした後，30 W m^{-2}の光強度で光を照射して30℃で電流を測定した。

自然環境水を植種源として電流を測定した結果を図4(A)に示す。この結果から，光を照射した場合にのみ電流が増加することがわかる。このとき，電子メディエータとなる化合物を添加して

図3　微生物太陽電池リアクター

いない。したがって，メディエータを添加しなくても光エネルギーのみをエネルギー源として電流を発生する微生物型太陽電池が構築されたといえる。一方，鉱泉微生物群集を植種源とした場合も同様に光電流が流れた。図4(B)に電流ー電圧曲線，および電流ー出力曲線を示すが，自然環境水サンプルでは7 mW m^{-2}，鉱泉サンプルでは9 mW m^{-2}の最大出力を示し，光電変換効率は，それぞれ0.02%，0.03%に相当する。鉱泉微生物群集を用いた微生物太陽電池を数週間運転すると，電極表面が緑色の厚いバイオフィルム（微生物凝集体）に覆われていた。これを光学顕微鏡で観察したところ，図5のようにグラファイトフェルト電極の周りに微生物が高密度に凝集

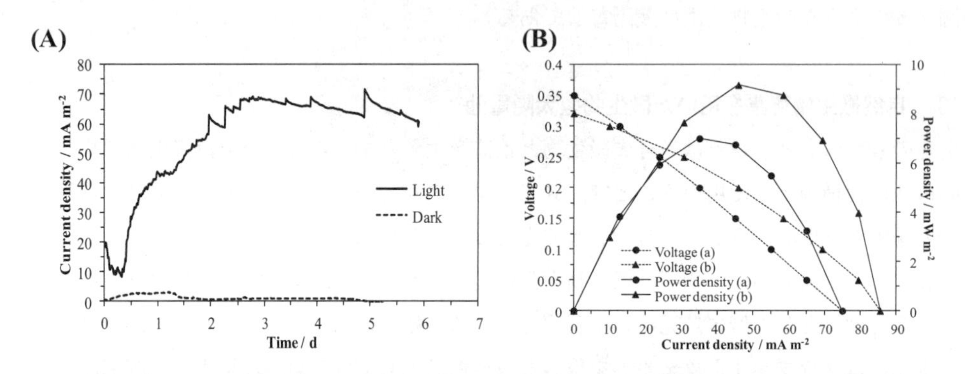

図4　自然微生物群集を用いた微生物型太陽電池の電流測定
(A)自然環境水を用いた微生物型太陽電池の電流値の時間変化，(B)電流ー電圧曲線（点線）および電流ー出力曲線（実線）。(a)自然環境水中の微生物群集，(b)鉱泉微生物群集。

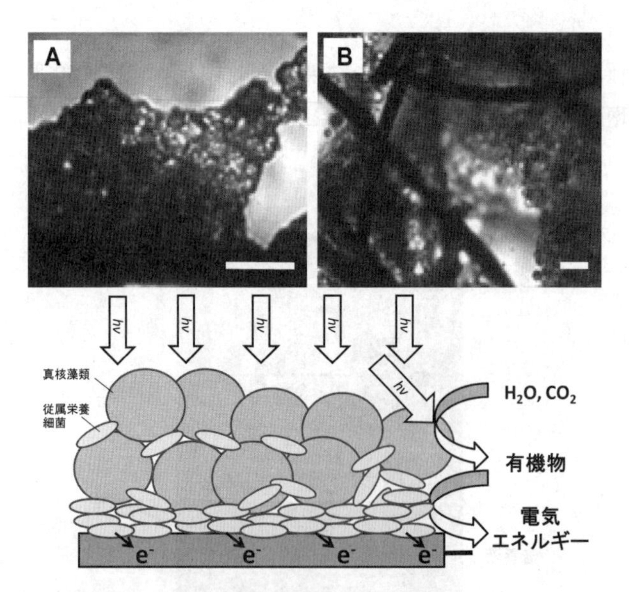

図5　鉱泉微生物を用いた微生物型太陽電池の電極表面の光学顕微鏡像とバイオフィルム構造の模式図（バー，20 μm）

する様子が見出された。蛍光顕微鏡でも観察したところ，クロロフィルの蛍光を示す微生物がバイオフィルム表層に多く分布していることがわかった。このリアクター内の培地を取り除き，滅菌済みの新鮮な培地に入れ換え，引き続き電流を測定すると，入れ換え前と同程度の電流が観測された。このことは，培地内に浮遊している微生物やメディエータよりも，電極上でバイオフィルムを形成している微生物が優勢的に光電変換に寄与していることを示唆している。この負極電極上の微生物群集をss rRNA遺伝子を用いた微生物菌叢解析を行ったところ，真核藻類である*Chlorophyta*と，従属栄養細菌である*Bacteroidetes*やβ-*Proteobacteria*などが優勢的に電極上のバイオフィルムに含まれていることがわかり，その中には電流生成能が報告されている*Rhodoferax*[6]に近縁な微生物が多く含まれていた。これらの結果をもとに光電変換メカニズムを考察すると，図5のように電極表面のバイオフィルムの表層に光合成微生物が，電極接触表面に従属栄養細菌が生息し，光合成微生物が光合成によって合成した有機物をエネルギー源として従属栄養細菌が電流を流していたと考えられる。以上のことから，自然微生物群集を用いることによって，メディエータを添加せずに駆動する微生物共生型太陽電池を構築することが可能であることがわかった。なお，光電変換効率はメディエータ型微生物太陽電池と比較すると2桁ほど低い値であり，さらなる上昇に向けた検討が必要である。

5.4　今後の展望

微生物共生型太陽電池は自然環境中に存在する微生物をそのまま使用することで構築することが可能であることを示してきた[5]。しかし，従来のメディエータ型太陽電池と比較すると変換効率が悪いという課題が残っている。この変換効率を向上させるためには，光合成微生物と電流産生菌のそれぞれの変換効率を向上することはもちろんであるが，両者の間での有機物などの物質移動を理解し，促進することが重要だと考えられる。このことを踏まえ，筆者らは光合成微生物と電流産生菌といった微生物をデバイス内で人為的に共生させることで，微生物共生型太陽電池のモデルシステムを構築し，変換効率の評価を行っている。現在，真核微細藻類*Chlamydomonas reinhardtii*と金属還元細菌*Geobacter sulfurreducens*が栄養共生関係を構築し，太陽電池として機能することを見出している。さらに，藻類を捕食し発酵するような微生物を用いることで，図6のように光合成微生物の細胞内に固定されているバイオマスのエネルギーも電流へと変換することができ，光合成で得たエネルギーをより効率的に電気エネルギーへと変換できるものと考えられる。実際に*Chlamydomonas*を捕食し発酵することが知られている乳酸菌*Lactobacillus amylovorus*[7]を添加したところ，1％程度の光電変換効率が得られることを見出している。このように微生物生態系内における微生物間の相互作用とエネルギー変換とを関連付けることによって，今後の微生物共生型太陽電池の基礎研究が展開されると考えられる。

微生物共生型太陽電池は，池水に生息するような微生物から構成されうるなど，高い環境調和性を有している。この性質はデバイス内という閉じた系内で微生物を用いるだけでなく，自然環境中にいる微生物をそのまま利用するオープンなエネルギー変換システムへと展開が可能である

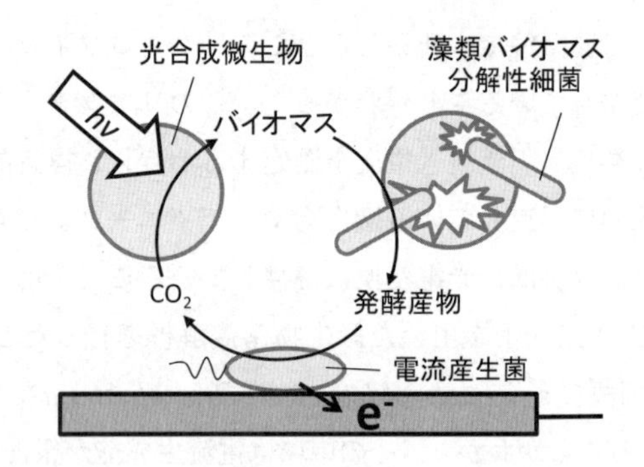

図6　藻類バイオマス分解性細菌を用いた微生物共生型太陽電池の模式図

と考えられる。例えば，藻類を捕食し発酵する微生物は，富栄養化により異常繁殖し環境を汚染するとして問題視されている光合成微生物群集（アオコ）の除去に効果があるため，図6のようなシステムを用いれば，アオコを除去・分解しながら発電する新しいエネルギー変換システムへと応用できると考えられる。サステイナブルな社会の構築へ向けて，このような環境と調和するような技術体系がますます発展することを期待したい。

文　献

1) D. R. Lovley, D. E. Holmes and K. P. Nevin, *Adv. Microb. Physiol.*, **49**, 219-286 (2004)
2) K. Tanaka, R. Tamamushi and T. Ogawa, *J. Chem. Tech. Biotechnol.*, **42**, 235-240 (1988)
3) T. Yagishita, S. Sawayama, K. Tsukahara and T. Ogi, *Solar Energy*, **61**, 347-353 (1997)
4) K. Watanabe, *J. Biosci. Bioeng.*, **106**, 528-536 (2008)
5) K. Nishio, K. Hashimoto and K. Watanabe, *Appl. Microbiol. Biotechnol.*, **86**, 957-964 (2010)
6) K. T. Finneran, *Int. J. Syst. Evol. Microbiol.*, **53**, 669-673 (2003)
7) A. Ike, N. Toda, K. Hirata and K. Miyamoto, *J. Ferment. Bioeng.*, **84**, 428-433 (1997)

バイオ電池の最新動向《普及版》 (B1241)

2011年12月13日　初　版　第1刷発行
2018年5月11日　普及版　第1刷発行

監　修　加納健司　Printed in Japan
発行者　辻　賢司
発行所　株式会社シーエムシー出版
東京都千代田区神田錦町1-17-1
電話03(3293)7066
大阪市中央区内平野町1-3-12
電話06(4794)8234
http://www.cmcbooks.co.jp/

〔印刷　あさひ高速印刷株式会社〕

ISBN 978-4-7813-1278-1 C3045 ¥4900E